水资源的人口
和产业承载力评价

党丽娟　著

中国建筑工业出版社

图书在版编目（CIP）数据

水资源的人口和产业承载力评价 / 党丽娟著. — 北京：中国建筑工业出版社，2019.8
ISBN 978-7-112-23874-3

Ⅰ. ①水… Ⅱ. ①党… Ⅲ. ①水资源 — 承载力 — 研究 Ⅳ. ① TV211

中国版本图书馆CIP数据核字（2019）第122715号

本书在对水资源承载力研究历程与研究成果梳理总结的基础上，通过借鉴国内外关于水资源承载力前沿学术思想和研究思路，搭建了区域水资源承载力评价总体框架，构建了水资源人口和产业承载力评价指标体系、方法及模型；针对榆林能源化工基地建设，以人口数量和产业规模作为承载对象，通过建立供水单元与最小用水单元的量化连接关系，以陕西省榆林市为例，按照不同情景下的高、低用水方案，测算了2020年、2030年锦界工业园区和榆林市的人口数量和产业规模，并提出了引导未来人口集聚和产业布局的对策建议。

责任编辑：周方圆　焦　扬
责任校对：赵　菲

水资源的人口和产业承载力评价
党丽娟　著
*
中国建筑工业出版社出版、发行（北京海淀三里河路9号）
各地新华书店、建筑书店经销
北京点击世代文化传媒有限公司制版
北京建筑工业印刷厂印刷
*
开本：787×1092毫米　1/16　印张：16¼　字数：307千字
2019年9月第一版　2019年9月第一次印刷
定价：76.00元
ISBN 978-7-112-23874-3
（34181）

前 言

水是人类生存和生产活动必不可少的珍贵资源。一定技术经济条件下的区域人口和产业集聚规模受到水资源总量有限、可再生循环和时空分布不均等固有属性的刚性约束。20世纪后半叶以来，随着全球人口快速增长、工业化、城市化以及集约农业的发展和人们生活水平的提高，水资源供需矛盾越来越突出，将水资源承载力纳入国家或地区发展规划已成为缺水国家应对水资源危机的关键举措之一。我国人均水资源量少、时空分布不均，属于典型的结构性缺水国家，将水资源作为资源环境承载力评价的关键要素已成为我国相关政府机构和学术界的普遍共识。基于我国大部分能源化工基地位于水资源供需矛盾较突出地区的现实背景，水资源已经成为能源化工基地建设发展的主要制约因素。随着能源化工基地的建设以及工业化和城镇化进程的加快，水资源供需矛盾开始显现，未来能够形成的产业集聚规模取决于水资源的有效供给。针对这类资源型缺水地区开展水资源承载力评价是确定合理的人口与产业集聚规模、实行最严格的水资源管理制度刻不容缓的基础性研究工作。

本书在对水资源承载力研究历程与研究成果梳理总结的基础上，通过借鉴国内外关于水资源承载力前沿学术思想和研究思路，搭建了区域水资源承载力评价总体框架，构建了水资源人口和产业承载力评价指标体系、方法及模型；针对榆林能源化工基地建设，以人口数量和产业规模作为承载对象，通过建立供水单元与最小用水单元的量化连接关系，以陕西省榆林市为例，按照不同情景下的高、低用水方案，测算了2020年、2030年锦界工业园区和榆林市的人口数量和产业规模，并提出了引导未来人口集聚和产业布局的对策建议。主要结论如下：

1）榆林市水资源相对贫乏，可利用量有限，空间差异显著，工业用水增长显著。榆林市人均水资源量876m^3，为全国平均值的42%，2010年全市水资源的利用量占总量的21.62%，低于黄河流域的平均水平（27%），北六县水资源量占全市的81.7%。1980～2010年，全市用水量持续增加，工业用水量快速增长，年均增长率为15.19%；农业用水比例显著下降，从92.35%降至71.09%；全市生活、生产、生态用水比例由3.69%、96.15%、0.16%变为9.68%、89.82%、0.50%。

2）锦界工业园区水资源的人口与产业承载规模测算结果表明，园区现状供水量仅能满足低方案现状用水需求，2020 年园区水资源可承载的人口增量在产业高、低方案下分别为 4.88 万人、1.66 万人，2030 年分别为 8.68 万人、7.31 万人；2020 年工业可供水增量为 6465.5 万 m^3，缺水量在高、低方案下分别为 2096.61 万 m^3、631.15 万 m^3；2030 年工业可供水增量为 7311.4 万 m^3，缺水量在高、低方案下分别为 5828.1 万 m^3、4013.64 万 m^3。

3）榆林市水资源的人口承载规模测算结果表明，水资源的承载状况在城镇、农村呈现出显著的差异。城镇人口始终处于超载状态，且超载程度在加重，2020 年、2030 年可承载的城镇人口数量分别为 110.48 万人、151.18 万人，预测结果分别超载 36.98 万人、27.05 万人；农村人口在水资源可承载范围内，2020 年、2030 年可承载的农村人口数量分别为 274.84 万人、252.70 万人，均高于预测的农村人口数量。

4）榆林市水资源的产业承载规模测算结果表明，按照相关规划设定的产业项目，榆林市六个工业区在高、低方案下的近期需水量分别为 4.25 亿 m^3、3.77 亿 m^3，缺水量分别为 2.2 亿 m^3、1.72 亿 m^3；远期需水量分别为 7.97 亿 m^3、6.51 亿 m^3，缺水量分别为 3.07 亿 m^3、1.03 亿 m^3。灌溉农业可稳定在水资源的可承载范围内，2020 年、2030 年，榆林灌溉农业供水量可承载的灌溉农田面积分别为 170 万亩、180 万亩，分别高于现状面积 35.91 万亩、45.91 万亩；各类牲畜数量可分别增加 361.19 万只（头）、611.83 万只（头）。

5）窟野河流域已超载，无定河流域接近承载临界值，秃尾河流域有承载潜力。窟野河流域应减少人口与产业集聚规模，流域内煤矿矿井项目应进行合并重组，将部分新建煤电工业项目转移至秃尾河流域的清水工业园区；无定河流域应通过调整种植结构，将 7 万亩水稻转换为水浇地，降低农业用水量；秃尾河流域应保留陶氏煤化工、锦界国华电厂以及兖州煤矿煤制油等优势项目，暂缓或取消其余高耗水的项目扩建计划。

目录

CHAPTER 1

第1章

绪　论

1.1 选题背景

1.1.1 选题背景及科学问题

水是人类生存和生产活动必不可少的珍贵资源。20世纪后半叶以来，随着全球人口快速增长、工业化、城市化、集约农业的发展和人们生活的改善，水资源供需矛盾越来越突出。针对水资源短缺在全球许多国家或地区的蔓延问题，联合国在1977年召开世界水问题会议，把水资源短缺提高到了全球战略高度加以重视。1991年国际水资源协会（IWRA）在摩洛哥召开的第七届世界水资源大会上提出“在干旱、半干旱地区，国际河流和其他水源地的使用权可能成为两国间战争的导火线”的警告。1997年联合国第一次发布了完整的《世界水资源综合评估报告》，指出“水资源正在取代石油而成为在全世界范围引起危机的主要问题”。2003年联合国又发布了《联合国水资源开发报告》，指出“水资源的枯竭或变得稀缺，只是个时间问题，超过承载力50%的情况目前存在于中东、南非、北非、亚洲的许多国家及欧洲的一些国家和古巴”。据国际人口行动计划发布的《可持续用水》报告，20世纪以来，世界人口数量增长了2倍，而人类的用水总量增长了6倍；1990年有28个国家、3.35亿人口经受用水紧张或缺水；2025年将有46 ~ 52个国家、27.8亿 ~ 32.9亿人口加入缺水国家的行列；21世纪中叶，非洲、中东、中国北部、印度部分地区、墨西哥、美国西部、巴西东北部、中亚许多国家将发生持续淡水短缺。缺水国家应积极开发水资源、推广节水技术和提高水资源重复利用率，加强水资源管理的政府行动，将水资源承载力纳入国家或地区发展规划。

我国人均水资源量少、时空分布不均，属于典型的结构性缺水国家，将水资源作为资源环境承载力评价的关键要素已成为我国相关政府机构和学术界的普遍共识。据20世纪80年代第一次水资源调查报告，全国淡水资源总量为2.8万亿m^3，居世界第四位，但人均只有2200m^3，仅为世界平均水平的1/4，是全球13个人均水资源最贫乏的国家之一。水资源年际、年内变化巨大，年际变化存在明显的丰枯交替及连续数年出现丰水或枯水的现象，长江以南的中等河流最大与最小年径流量的比值在5以下，北方则多在10以上。年径流量中连续4个最大月所占的比例，长江以南及云贵高原以东的地区为60%左右，西南地区为60% ~ 70%，长江以北则在80%以上。受降水分布由东南向西北递减的影响，水资源空间分布呈南多北少的格局。长江以南地区河川径流量约占全国总径流量的83%，而北方地区的河川径流量仅占17%。按流域面积平均，北方各大流域的水资源量均低于全国平均水平，海滦河流域仅达到全国平均值的1/2，黄河流域还不到全国平均值的1/3。北方水少地多、南方水多地少的水资源供求极端不一致性一直是严重制约我国经济社会发展的瓶颈。目前，我国656个城市中有333个城市缺水、114个城市严重缺水，几乎全部分布在北方地区，水资源供需矛盾非常突出。2003 ~ 2006年期间，以晋陕蒙能源化工基地为代表的北方资源型缺水地区的工业开发对黄河支流水量产生过度消耗，煤电基地集中分布的黄河宁蒙段出现了16次断流预警。陕西省80%的河流被确定为“不适宜人类接触”级别（世界银行，2009）。由于缺水，城市地下水长期大量超采，造成大面积区域性的地下水位下降；河流稀释能力减弱，水污染日趋严重；工业与农业、生产与生活以及地区间的用水矛盾日益尖锐，我国北方城市已开始在水资源供需关系上出现恶性循环。

针对能源化工基地煤电产业开发布局不合理、增长方式粗放、高耗水量给地区生活生产、环境和生态带来巨大压力等问题，国务院于2012年印发了《国务院关于实行最严格水资源管理制度的意见》（国发〔2012〕3号），确立了水资源开发利用控制、用水效率控制和水功能区限制纳污“三条红线”，并且正式确定了各规划水平年（2015年、2020年、2030年）的全国用水总量、万元工业增加值用水量、农田灌溉水有效利用系数和水功能区水质达标率等四项具体控制指标；水利部于2013年印发了《关于做好大型煤电基地开发规划水资源论证工作的意见》（办资源〔2013〕234号），认为科学论证煤炭基地布局与水资源承载力适宜性，有利于实行最严格水资源管理制度。由此可见，基于水资源承载力，本着量水而行、以水定产的原则，能源化工产业发展应立足于内部生产的节水降耗，提高水的再生和回用技术以及水权转换等方法，对能源化工基地产业布局进行调整，对于促进经济社会发展与水资源承载力相协调，加快经济增长方式转变和经济结构调整具有重要作用。

榆林能源化工基地位于我国北方黄土高原与毛乌素沙地交界地区，由榆阳、神木、横山三区县的重要城镇和工业园区构成，属于“呼—包—鄂—榆”国家级重点开发区的重要组成部分。因境内煤炭、石油、天然气、岩盐等资源储量大、品种优、种类全、开发条件好，加之无定河、窟野河、秃尾河和佳芦河等黄河一级支流的分布，水资源相对丰富，具备建设大型能源化工基地的基本条件，早在1998年被国家批准为全国唯一的国家级能源化工基地。经过10多年的开发建设，形成了以煤炭、石油、天然气、岩盐采掘为基础，以电力、化工、建材为主导的能源化工产业集群；以榆林市为中心、神木县城为副中心的榆—神人口产业集聚带也初具规模。但随着工业化和城镇化进程的加快，榆林能源化工基地的水资源供需矛盾开始显现，近年每到枯水季节，窟野河流域上游与下游、工业与农业争水问题十分突出。据《榆林市水资源开发利用调研报告》，近10年来，由于地下水的超采导致地下水位明显下降，全市平均下降2 ~ 2.5m，榆阳区和神木县的局部地方下降幅度已达6m。开展水资源承载力评价有利于明确榆林能源化工基地未来的产业和人口集聚规模，避免工业和城镇的过度扩张。

目前，国内外水资源承载力的研究分为两类，一类通过对水资源供需平衡计算，此类研究能反映区域内水资源供需状况，但无法体现其社会经济系统的差异对水资源承载力的影响；另一类是通过影响水资源承载力的因素构建指标体系，综合分析指标的差异对区域内水资源承载力的影响程度，可有效确定影响水资源承载力的因素，但无法刻画其大小。由于水资源承载力的研究大多沿袭了可持续发展的学术思路与研究方法，已有研究在对承载对象构成要素缺乏深层次的系统解析。在水资源承载力概念的定义中，尽管都将“人口数量和产业”“人口数量和经济总量”等作为承载对象，但实际评价工作多停留于人口数量及生活需水量，对“产业”或“经济总量”缺乏实质性的内容表达，承载对象内部结构复杂造成了承载对象与水资源之间数量关系不清；在承载力结果表达中，以水资源承载指数、经济与环境协调指数等综合指数的承载力表达较笼统、宏观，且以GDP衡量经济总量会受到市场价格与经济形势的影响，也无法客观地体现人口、经济规模与发展趋势。针对上述问题，本书以区域水资源支撑人口规模和产业发展的能力为研究客体，通过借鉴国内外关于区域水资源承载力评价前沿学术思想和研究思路，搭建区域水资源承载力评价理论框架，构建水资源人口和产业承载力评价指标体系、方法及模型。以榆林能源化工基地为研究地域，从时空结合的角度多情景定量评价分析水资源禀赋、供给能力及与人口、产业发展用水之间的关系，研究提出水资源刚性约束条件下的人口、产业集聚规模和合理模式，进而为推进榆林能源化工基地建设，尤其是工业和城镇规模的进一步拓展提供水资源约束性导向依据。

1.1.2 选题意义

开展该研究的重要意义主要体现在以下三个方面：

一是对丰富水资源承载力的理论与研究方法具有理论意义。随着水资源承载力研究的不断深入和扩展，水资源承载力作为区域资源环境的限制性单要素研究，对缺水地区经济的可持续发展具有显著作用。通过水资源承载力的研究，建立自然系统与人文系统的相互连接关系，是经济地理学进行人地关系研究的重要载体。水资源作为社会、经济系统得以生存和发展的基本资源要素，水资源承载力及其变化将严重影响区域社会、经济和环境的发展。以水为纽带，在水资源的变化趋势下探索水资源承载力的社会、经济发展规模意义重大。

二是对推进能源化工区水资源论证具有重要的实践意义。榆林市既是我国能源富集区，又是生态环境脆弱区，属于联合国教科文组织划定的缺水地区之一，水资源短缺成为其经济社会发展和生态建设的主要瓶颈。随着榆林能源化工基地未来的产业和人口集聚规模的扩张，经济社会发展与生态建设必将受到水资源的胁迫。因此开展榆林能源化工基地水资源承载力的研究，优化产业结构与布局，合理配置水资源以提高用水效率，有利于榆林能源化工基地的建设和可持续发展。

三是对类似资源型缺水能源基地制定具体发展规划具有借鉴意义。全国主体功能区规划方案是从全国层面多因素综合的结果，方案的贯彻落实尚需针对各类型区的特点进行补充和细化完善，开展水资源人口和产业承载能力评价就是针对榆林能源化工基地特点的细化研究工作。此外，资源性缺水是我国华北和西北地区普遍存在的共性问题，开展本书研究对分布在这些缺水地区的能源基地制定人口集聚和产业发展规划也具有重要的借鉴意义。

1.2 研究内容及实施方案

1.2.1 研究目标

本书以区域水资源承载的人口和产业规模作为研究对象，通过借鉴国内外关于区域水资源承载力评价前沿学术思想和研究思路，搭建区域水资源承载力评价理论框架，构建水资源人口和产业承载力评价指标体系、方法及模型。以隶属于“呼—包—鄂—榆”国家级重点开发区的榆林能源化工基地为研究地域，基于水资源的供需建立供水单元与各部门最小用水单元的连接关系；测算各流域单元的水资源人口、产业承载力，探索高、低用水方案下榆林市的人口、产业集聚规模和空间分布，为明确缺水地区未来的产业和人口集聚规模，避免工业和城镇过度扩张而引发的用水矛盾提供水资源管理和规划建议。

1.2.2 研究内容

为使研究目标得以顺利实现，本书在梳理和总结国内外水资源承载力研究在确定区域国民经济和人口发展规模等方面的理论方法与学术思路，结合研究区域发展规划、水资源规划等研究和数据资料的基础上，形成了以水资源承载力为核心确定区域人口数量和产业规模的集聚规模和空间布局的研究思路，并设置了以下5个研究内容：

1）区域水资源承载力理论探析及评价方法。从区域水资源承载力的概念出发，分析水资源承载力的特征及影响因素；提出区域水资源承载力研究目标，搭建水资源承载力评价总体框架；通过水资源供需关系建立水资源系统与社会经济系统、生态系统的相互连接关系，以生活和生产活动作为主要用水单元，深入剖析水资源承载对象构成素及结构，构建水资源承载力评价指标体系；根据承载对象与资源环境之间物理意义清晰且可量化的对接关系，建立水资源承载力综合计算模型。

2）榆林市水资源与开发利用程度系统分析。通过流域划分，分析榆林市水资源组成、时空分布、变化特征及水量转化关系；调查水资源供需状况，对现状供、用、耗水情况进行分析；评价榆林市水利工程数量、供水量以及供水基础设施和工程现状供水能力；分流域对水资源可利用量进行评价，结合各流域水资源开发利用方式与程度分析，测算水资源可利用潜力。

3）榆林市社会经济现状及用水分析。在总结归纳榆林市产业发展历程、人口增长趋势及基本特点的基础上，分析城乡人口增长、空间分布、城镇化现状特点和人口集疏变化趋势情景；分析工业发展现状及空间布局特征，农牧业生产的地域分异性特点，结合各流域水资源可利用量的研究成果，重点分析各产业结构变化与产业内部结构调整对用水量的影响、人口增长背景下水资源需求的影响以及用水指标变化的原因分析。

4）锦界工业园区水资源人口与产业承载力测算。以榆林市经济增长最快、区域发展最具代表性的锦界工业园区为例，通过对锦界镇自然资源、矿产资源、人口存量进行分析的基础上，以新增工业项目与人口用水量为纽带，测算在未来情景下锦界工业园区适宜承载的人口数量，以及可承载的工业项目类型与规模，并提出锦界工业区未来产业与人口发展方向的对策建议。

5）榆林市水资源的人口与产业承载力测算。采用锦界工业园区水资源承载力的测算方法，通过对榆林市各工业园区重点企业、城镇及居民、典型村及农户用水状况进行走访、抽样调查和实地测量的基础上，确定居民生活用水、工农业用水指标数据和关键用水参数，采用已构建的指标体系、评价方法和模型对未来发展情景下榆林市水资源的人口与产业规模和发展方向进行探索，提出解决人水矛盾、提高水资源承载力的方法与途径。

1.3 研究方法与技术路线

1.3.1 研究方法

从水资源—社会经济—生态复合系统的角度进行水资源承载力的研究，是一项涉及自然资源学、社会经济学、生态经济学及环境科学等交叉领域的复合性研究工作。本书采用的主要研究方法包括统计分析方法、计量经济学分析方法、GIS 空间分析技术等。

1）已有研究成果及实践经验的综合分析和理论总结

梳理国内外有关水资源的人口和产业承载力的理论方法，收集整理有关研究成果和资料数据，为构建指标体系、评价方法和模型提供理论基础和案例准备。

2）对研究区进行实地调研走访与问卷调查

（1）实地调研为区域水资源承载力的指标计算与评价模型的应用提供必要的基础数据和关键参数。对水利、农业、统计、国土、环保等多个部门的调研，目的在于获取研究区自然地理、水文气象、土地利用等数据。

（2）以水资源利用量为主线，从城市、农村用水两方面着手调查。在城镇，以工业部门、重点企业的产品生产以及城镇居民用水为走访重点。选择代表工业企业调查年耗水量、工业重复用水情况、污水处理率等参数；具体工艺如煤制甲醇、聚氯乙烯、煤制油等单位产品耗水量则参考用水定额标准、国内外文献及相关新闻报道等途径获得参数现状水平；城镇居民日常生活用水定额参考陕北地区居民生活用水定额标准。在农村，以灌溉作物需耗水、乡村人口与牲畜用水为调查重点，农户调查的主要内容包括农村居民用水量、作物灌溉方式、灌溉定额、牲畜饮水情况。具体灌溉作物的耗水量计算及耗水率则通过用水定额计算方法获取。

（3）调查的重点村镇主要包括横山镇、麻黄梁镇、金鸡滩镇、大保当镇、锦界镇、神木镇、孙家岔镇，涵盖了研究区域的支柱产业——煤炭业、重化工业、半农半牧区与自然保护区等类型区域。通过企业走访及城镇居民户、农户调查等方式，有利于根据感官对实际情况的认识进行理论上的修正，帮助本书更好地了解当地居民生活、生产与水资源之间的关系。

3）多情景分析方法

在农村、城镇社会经济数据的调研基础上，采用多情景分析方法，通过分析人口和产业用水的影响因素和时空变化特征，结合已确定的用水定额值，设置高、低用水方案，对不同时期的人口规模和经济规模进行现状评价与预测，从而揭示城镇合理发展和布局模式及发展潜力，并提出政策建议。

4）GIS 技术的应用

主要用于水文分析工具中的流域提取、典型村、镇的空间数据提取和分析；进行土地利用图的矢量化；重点提取灌溉农田分布、城镇用地、工业用地和农村居民点等空间数据，并对人口空间集聚特征进行空间分析。

1.3.2 技术路线

根据研究目标和内容，本书围绕如何建立基于供水单元和最小用水单元的水资源承载力评价方法和定量模型、以及未来榆林市能源化工基地水资源可承载多少人口和多大产业规模等科学问题，通过梳理国内外有关水资源的人口和产业承载力的理论、指标、方法和模型的基础上，结合实地调查和数据资料整理，论证水资源刚性约束条件下的人口、产业集聚规模和空间布局模式，为榆林市未来的产业和城镇发展布局提供科学依据。技术路线如图 1-1 所示。

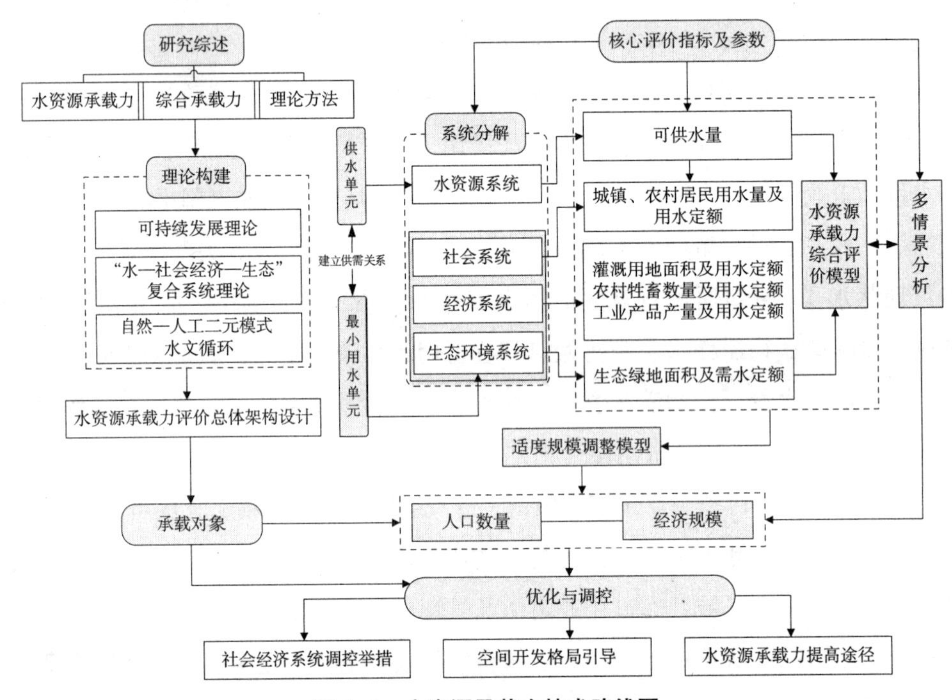

图 1-1 水资源承载力技术路线图

1.3.3 研究地域及数据来源

1）研究地域

榆林市位于陕西省最北部，地处中国中西部结合地带，在东经 107° 28′ ~ 111° 15′ 、北纬 36° 57′ ~ 39° 35′ ，东临黄河与山西隔河相望，西邻宁夏、甘肃，北接内蒙古，南接陕西省延安市，属黄河中游陕、甘、宁、晋、蒙五省份接壤地带（图 1-2）。地域东西长 385km，南北宽约 263km，总面积 4.4 万 km^2，占全省总土地面积的 21.2%。地势由西部向东南倾斜，平均海拔 1000 ~ 1200m。榆林市自然地貌大体以长城为界分为北部风沙草滩区、南部黄土丘陵沟壑区，面积分别占土地总面积的 36.7% 和 53.3%。风沙草滩区地势高，梁塬宽广，梁涧交错、土层深厚，水土侵蚀程度严重，分布着众多的内陆湖盆和盐池，陕西省最大的内陆湖——红碱淖就分布在神木县境内；黄土丘陵沟壑区，区内梁峁起伏，沟壑发育，地形破碎，沟壑密度为 4 ～ 8km/km^2，水土流失严重。

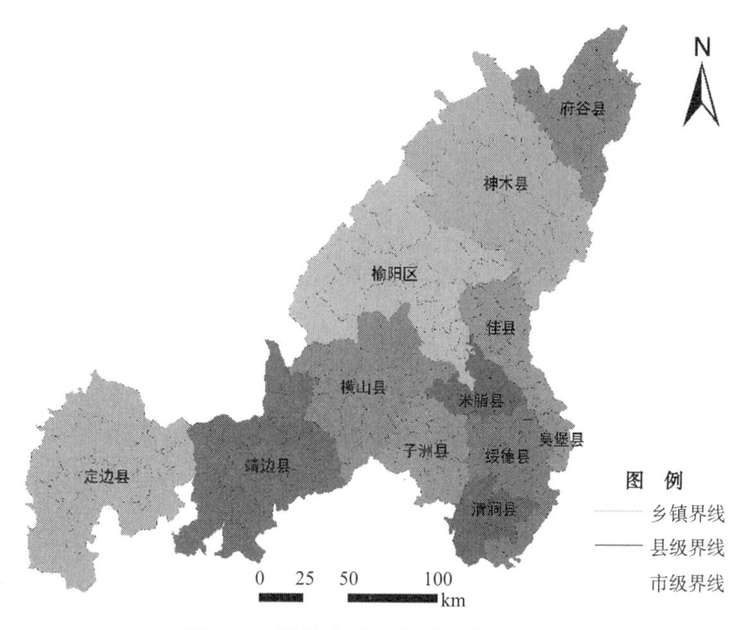

图 1-2 榆林市地理位置示意图

榆林市地处中纬度地区的中温带区，属典型大陆性季风气候。全年平均气温 −7.8 ～ 4.1℃。榆林市土壤主要有风沙土、黄绵土、黑垆土、新积土、盐渍土等。森林覆盖率达 25%（图 1-3）。境内河流主要有黄河水系和全省唯一的内陆水系，积水面积在 100km^2 以上的外流河共有 109 条，其中主要有无定河、窟野河、秃尾河、佳芦河及皇甫川、孤山川、石马川、清水川，即“四河四川”，流域面积 34290km^2，占全市总面积的 79.8%。榆林市分布有上覆第四纪松散层孔隙潜水，下伏中生界碎屑岩类裂隙孔隙潜水。

榆林市下辖市辖 12 个县（区），榆阳、神木、府谷、定边、靖边、横山、佳县、米脂、吴堡、绥德、清涧、子洲共 1 区 11 县，222 个乡镇，5625 个行政村。2010 年末，全市总人口为 365.4 万人，人口自然增长率为 4.87‰，出生率为 9.41‰。2011 年，实现生产总值 2292.26 亿元，地方财政收入增速位居全省第一，对全省 GDP 总量增长的贡献份额超过 25%，位居各市之首。全年粮食播种面积 699.4 万亩，粮食总产量 142 万 t，全年实现农业产值 187.06 亿元。2011 年全社会固定资产投资 1378.73 亿元，城镇居民人均可支配收入 20721 元，农民人均纯收入 6520 元。

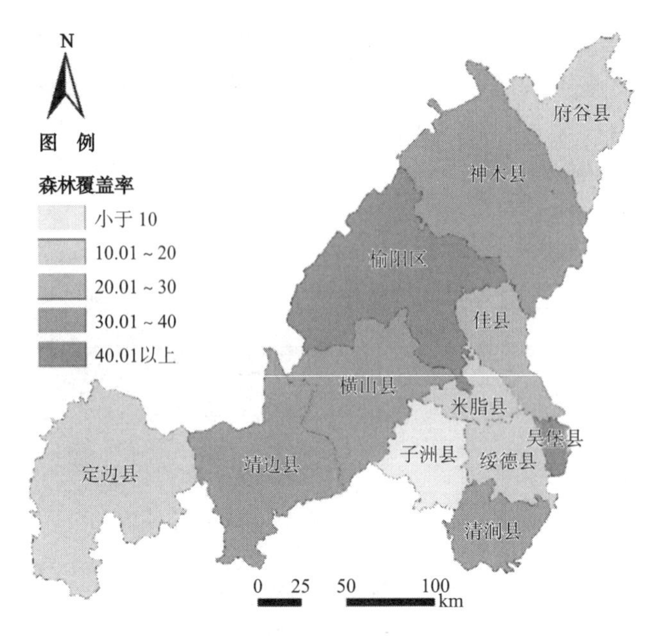

图 1-3 榆林市森林覆盖率图

榆林位于我国主体功能区重点开发区的核心区域，地处我国中西部结合地带，承东启西、辐射周边的地位和作用十分明显。从地理位置和交通条件分析(图 1-4),是“关中—天水”经济区的主要辐射区和环渤海经济圈的重要能源资源支撑区。

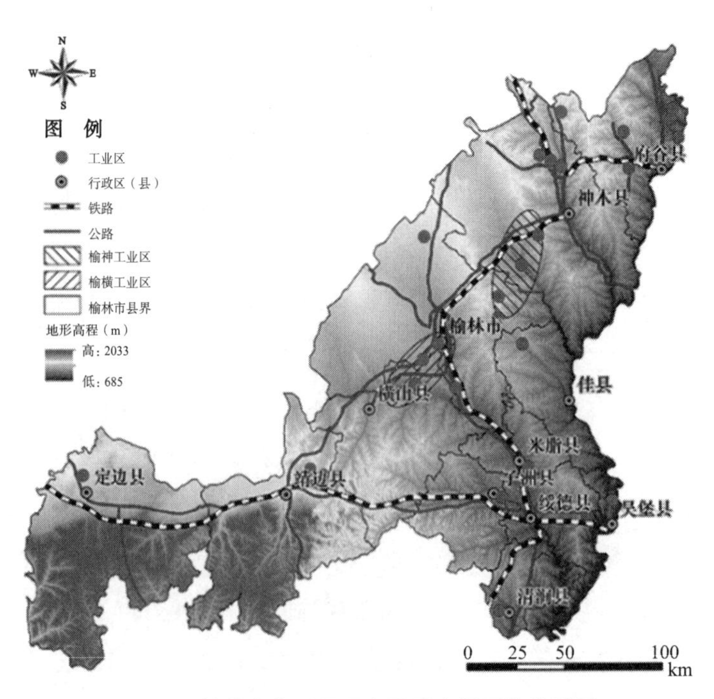

图 1-4 榆林市各区县现有园区交通区位优势图

榆林市资源优势突出，是国内罕见、世界少有的矿产资源富集区，有世界罕见的大煤田、国内最大的陆上整装天然气田和特大的岩盐矿等矿产资源，全市已发现8大类48种矿产，开发潜力巨大。近10年来，榆林市煤炭、电力、化工产业快速发展，能源上下游产业逐步融合，已经成为国家特大级能源基地和西部地区重要的经济增长极（图1-5）。20世纪80年代以来，榆林能源资源的开发与发展在满足了全省、全国的能源需求的基础上，对榆林市的经济、社会、生态环境产生了深刻的影响。

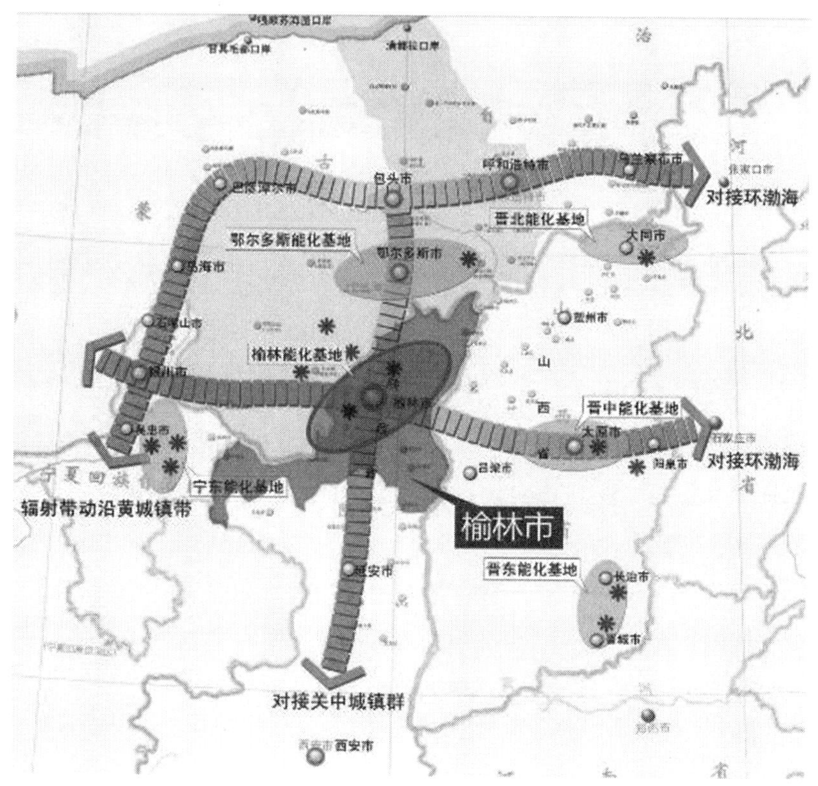

图 1-5 榆林市在能源金三角和呼包鄂榆经济区区位图

（资料来源：榆林市产业体系规划报告，2011年）

榆林市基于煤炭、石油、天然气、岩盐等储量可观的独特优势，于1998年正式被批准为能源化工基地。作为能源金三角的一极，国家西部大开发战略的实施和“西气东输”工程项目的建设为榆林能源化工基地的建设提供了难得的历史机遇。目前，自榆林市能源化工基地建立以来，已累计向外输出原煤9.1亿t、原油3600万t、天然气670亿m^3。“西电东送”装机容量达到360万kW。2010年全市原煤产量2.57亿t，原油产量983万t，天然气产量109.9亿m^3，发电量356亿kW·h，其中油气当量和原煤产量在全国所占份额分别达到7.45%和7.56%（图1-6）。

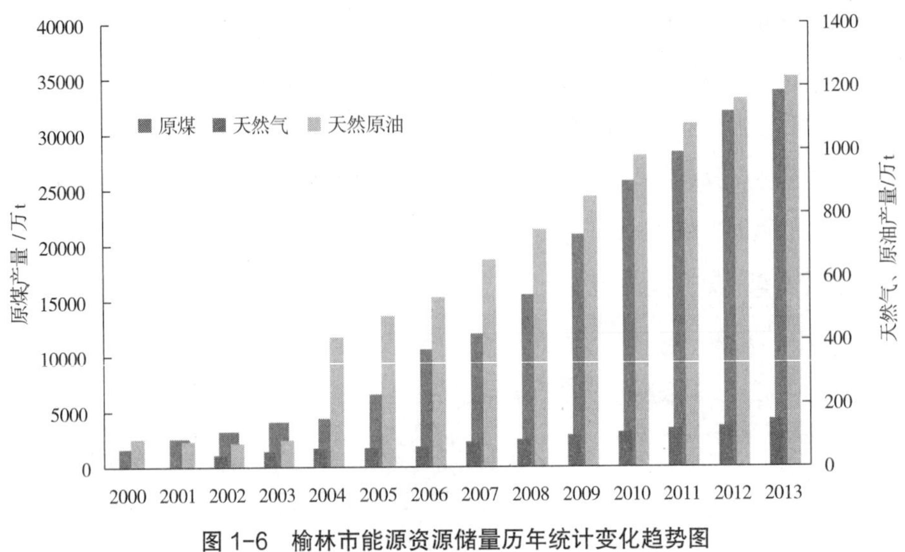

图 1-6　榆林市能源资源储量历年统计变化趋势图

区域内的煤炭资源以侏罗纪煤田为主，是国内最为优质、环保的动力煤和化工用煤。主要分布在榆林的北部，主要集中在吴堡矿区、府谷庙哈孤矿区、榆神矿区三期、府谷古城矿区、榆横矿区南区。其中东中部埋藏较浅，西部埋藏较深。全市有 54% 的地下含煤，约占全国储量的五分之一，预测储量为 2800 亿 t，探明储量为 1500 亿 t，占陕西全省已探明储量的 85%，占全国已探明储量的 12%，居全国第 3 位，是我国重要的能源化工基地和产煤大市（图 1-7）。

榆林市石油天然气储量丰富，是陕甘宁油气田和鄂尔多斯气田的主储区。石油预测储量 6 亿 t，探明储量 3 亿 t，含油面积 2300km^2，主要分布在定边、靖边、横山和子洲四县，石油资源占全省总量的 43.4%。天然气预测储量 4.18 万亿 m^3，探明储量 1.18 万亿 m^3，主要分布在靖边、横山、榆阳、子洲、米脂、绥德等地，气源中心主储区在靖边和横山两县，占全省天然气资源总量的 99.9%。

榆林是陕西省唯一的盐产区，岩盐和湖盐储量丰富。全市岩盐田面积 2.5 万 km^2，盐层平均厚度 120m，预测储量 6 万亿 t，探明储量 8854 亿 t，占全国岩盐总储量的 26%。湖盐主要分布于定边县，储量 0.6 亿 t；岩盐要分布在榆林、米脂、绥德、佳县、吴堡等地。其奥陶纪盐田是目前世界最大盐田和世界盐矿史上罕见的精品矿床。现今，榆林市的岩盐资源的开发利用正处于起步阶段。

总体上，榆林市基于其特殊的地理位置，人口相对稀疏，产业构成以能源开发加工和农牧为主。在全国主体功能区划中，榆林市既是全国重要的能源基地，又是黄土高原丘陵沟壑水土保持生态功能区。

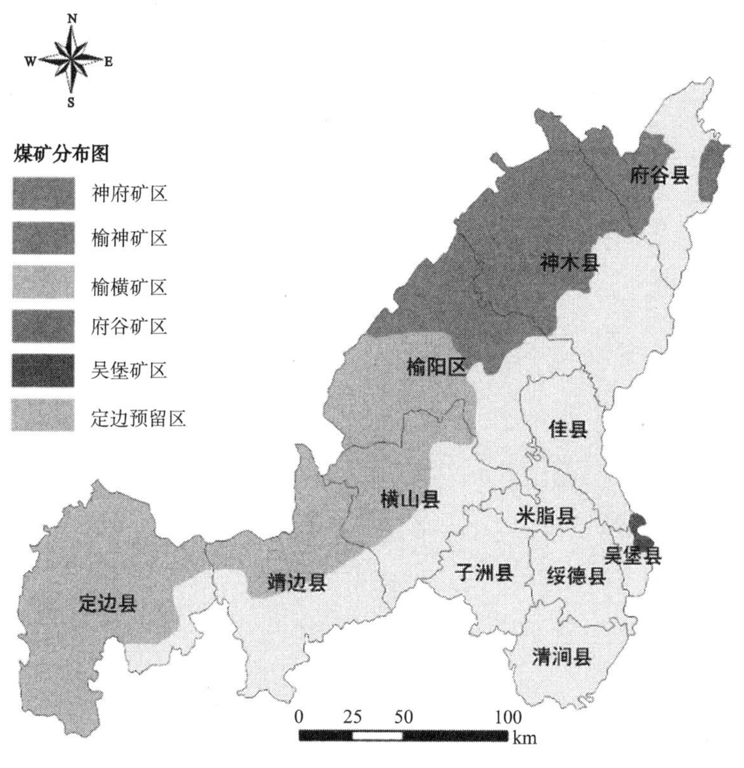

图 1-7 榆林市煤矿分布图

2）数据及其来源

本书研究中涉及的主要基础评价数据包括 DEM、土地利用等基础地理数据以及榆林市《水资源年报》、12 个县（区）1980 ~ 2010 年各乡镇的社会经济数据。行政区区划地图数据来源于民政部 2004 年的中国行政区划图；DEM 数据来源于国际科学数据服务平台，覆盖全国范围的数字高程数据，分辨率为 30m × 30m；土地利用数据来源于中国科学院遥感应用研究所根据 TM 遥感影像（2000 年）解译得到的 1∶100000 土地利用图；水资源供需数据来源于榆林市 2005 ~ 2010 年《水资源年报》；榆林市 12 县（区）的社会经济数据来源于 1956 ~ 2010 年的《榆林统计年鉴》。

本书的调查数据包括榆林市各工业园区各类工业产品生产线的用水指标、居民人口、农村牲畜的用水指标数据。由于此类数据缺乏统一完整的县（区）级、乡镇级或企业内部的统计数据，各类用水单元的用水数据均来自于对研究区域各县（区）及工业园区各企业、农户的实地调查与走访、访谈与实地测量获得。部分行业用水定额根据《陕西省行业用水定额 2004》《陕西省行业用水定额 2013》确定；其余数据收集受限的行业用水定额则根据相邻省份或相同行业的平均水平代替。

CHAPTER 2

第2章 研究基础

2.1 承载力研究的起源与进展

2.1.1 承载力研究的思想渊源

承载力（Carrying Capacity）的思想萌芽于古希腊的亚里士多德时代，但从能查阅到的文献看，富有其含义的思想直到17世纪中后期才开始出现。根据封志明（2011）的综述，基于沃仑·纽斯（1650）提出的“人地关系”的概念，1748年孟德斯鸠（Montesquieu）发表了最重要的、最有影响的著作《论法的精神》，书中阐述了“地理环境决定论”的思想：气候环境对一个民族的性格、感情、道德、风俗等会产生巨大影响，国家疆域的大小同政治制度亦有极密切的联系。18世纪末开始，随着马尔萨斯（Malthus）《人口原理》的发表和达尔文（Darwin）生物进化论思想的广泛传播，承载力的主流思想在人口学、经济学、生物学和生态学等领域得到了深化发展。

1798年马尔萨斯发表的《An essay on the principle of population》(中文为《人口原理》)小册子“从两个不变法则出发（食物为人类生存所必需）论证人口以几何级数增加，生活资料以算术级数增加，人口增长必然超过生活资料增长，人口过剩和食物匮乏是必然结果”。马尔萨斯人口论反映了食物线性增长的速度远低于人口的指数增长速度，人类将面临饥饿和贫穷，由此而引发的疾病、饥荒或战争等后果抑制了人口数量的增长速度。人口论中两个不变法则作为前提条件，构成了承载力理论的基本要素和基础，可以说为承载力理论起源奠定了第一块基石。受马尔萨斯人口论的影响，1838年弗赫斯特（Verhulst）提出了对数增长方程（Logistic Equation）：$dN/dt = rN[(K-N)/K]$。式中N为人口数量，r为人口增长率，K为环境的容纳能力。人口增长率反映了人口指数增长的假设，容纳能力反映了人口增长的食物约束。弗赫斯特用“容纳能力”指标反映食物的约束对人口增长的限制作用这一逻辑方程被认为是如今承载力定量研究的起源。之后，Raymond Pearl与Lowell Reed（1920）在进行主要面向以人口、环境等生态角度的论证研究时又非常巧合地得出该曲线方程，Chapman R.N.（1931）以此方程为基础，提出“环境阻力”(Environmental Resistance）的概念，认为人口增长作为主要因素会给环境带来负面效应，在环境质量得到保障的同时，对人口数量有一定的要求，即不能超过上限(Upper Limits)，作为人口承载力的极限值。

英国经济学家O.E.Cannon（1929）发表的经济学理论综述《A review of economic theory》中最先提出“适度人口”的概念，认为处于经济上最大收益点的人口便是适度人口；随后又被英国学者 A.M.Carr Saunders（1935）将此概念延伸到“适度密度”上，与承载力的内涵更加贴切；法国人口学家 A.Saury（1952）在《人口通论》（舒平译，1978）中指出，适度人口是基于一个特定的目标，为了满足这个目标而达到的特定人口数量，随着目标的不同，适度人口的数量也不同：国家的实力是伴随着生产能力和生活水平而变化的，实力目标和经济目标是一致的，但是政府基于政治或军事的目的，往往需要努力增加人口数量，所以政治上的适度人口永远高于经济学上的“适度人口”。这一结论将承载力的动态性进行了充分论证，而这些关于适度人口问题的论述更多的是从经济、政治的立场上定义人口数量、密度，忽略了对资源有限性的考虑。

随着承载力的思想在生物和生态学领域的不断渗透，早期关于资源和环境的承载力一般被描述为生物栖息地（Habitat）所能容纳的物种数量的最大值，指特定生存条件下，某种生物个体生存数量的极限。以“承载力”作为关键词的文章最早是由 Errington（1934）发表的，当时承载力的概念是被用来详细说明生态环境能够承载野生鹌鹑的最大种群数量（Maximum Populations），用刻画野生动物物种及数量的特征曲线图来描述在特定区域内的物种数量，并认为承载力的概念是生态系统基于有限的食物和避难所以及捕食者和人类开采同时存在的限制条件下，能够趋近于的最大生物量的值，即达到饱和水平（Saturation Level）。Errington（1946）又将承载力的概念运用到其他脊椎动物上，尤其是鸟类和啮齿类动物，用于表征在不同区域的动物数量，由此可以反映出各类动物的迁徙行为，这对后来研究资源导向的人口集疏变化提供了线索。

2.1.2 承载力研究总体进展

第二次世界大战后，随着人口的增长和经济快速的发展，资源短缺、生态恶化等现象日趋严重。尤其是 20 世纪 60 年代以后爆发的全球性资源环境危机，学术界的研究焦点从通过资源环境的角度研究其所能支撑的社会经济系统规模，逐渐回归到人口承载力层面上，相继开展了以人口为承载对象的单项承载力研究，主要是以土地资源承载力、水资源承载力、生态环境承载力、文化承载力以及资源环境承载力等为代表的评价研究工作。

1）单项资源承载力研究概述

（1）土地资源承载力是指一定区域土地能够持续供养的人口数量。在 1970 年以前国外学者认为土地资源承载力是生态学上承载力概念的延伸，具有代表性的是 WilliamVogt 在 1949 年发表的《生存之路》，他认为土地资源有限，且土地生产能力逐渐下降，随着人口数量的增加，土地资源的占用和开发接近极限，已容纳不了世界人口数量。该观点对于当时人口过剩产生的土地超载情况的预见在学术界产生的影响极为深远。随后，针对全球粮食安全的问题，William Alan（1965）提出以粮食为标志的土地承载力的计算方法，突破了以人口密度为单一指标的承载力研究，计算了区域单位面积所提供的粮食能够养活多少人口。20 世纪 70 年代以来，在人口急剧增长和需求迅速增加的双重压力下，以协调人地关系为中心的承载力研究再度兴起。1977 年由联合国粮农组织（FAO）开展的发展中国家人口承载潜力的研究，利用农业生态区域法（AEZ）通过划分农业生态单元对土地承载能力进行评价，这项研究开辟了世界土地（耕地）生产潜力的新途径。

而国内关于土地承载力的研究兴起于 20 世纪 80 年代后期，以《中国土地资源生产能力及人口承载量研究》最具影响力，将土地资源承载力表述为“在未来不同时间尺度上，以预期的经济、技术和社会发展水平以及与此相适应的物质生活水准为依据，一个国家或地区利用其自身的土地资源所能持续供养的人口数量。”该研究以《中国 1 ∶ 100 万土地资源图》划分的九大土地潜力区为基础，从土地、粮食与人口相互关系的角度出发，讨论了土地与食物的限制性；探索了我国不同时期的食物生产力及其可供养人口的规模，并提出了缓解我国人地矛盾、提高土地承载力的主要措施。

（2）水资源承载力是继土地资源承载力之后，开展研究比较多的领域。发达国家往往具备较为优势的水资源条件，关于水资源承载力的研究通常以水质为主要研究对象。关于水量的承载力一般并入可持续发展理论框架中，如美国 URS 公司在对佛罗里达 keys 流域的承载力进行研究时定义了水资源承载力，该概念侧重于流域整体的可持续发展潜力。我国对水资源承载力的研究起步较晚，根据区域（流域）特征以及社会经济发展状况，从水资源的自然和社会属性角度入手，基于可持续发展理论框架，水资源承载力的研究通常以多学科交叉和融合作为入手点，应用或改进已有的方法来解决水资源承载力的问题，研究方法也从单要素评价发展到多目标综合分析等定量与定性结合的方式。较早开展水资源承载力研究的是新疆水资源软科学课题研究组(1989)，具有代表性的是施雅风（1992）等提出水资源承载力概念，指某一地区的水资源在一定社会历史和科学技术发展阶段，在不破坏社会和生态系统时最大可承载（容纳）的农业、工业、城市规模和人口的能力；是一个随着社会、经济、科学技术发展而变化的综合目标。该概念主要应用于研究缺水地区的工业、农业和城市及整个经济发展水资源供需平衡。

（3）随着社会经济与生态、环境的可持续协调发展关注度增加，在资源消费和废弃物排放强度难以承受的情况下，关于生态承载力的研究应运而生。它是从系统整合性出发，将人类活动限制在生态承载力范围内，被定义为“一定社会经济条件下，生态系统的自我维持、自我调节能力，资源与环境子系统的供容能力及其可维育的社会经济活动强度和具有一定生活水平的人口数量”。环境承载力是生态承载力的约束条件，根据《中国大百科全书·环境科学》的定义，环境承载力为“在维持环境系统功能与结构不发生不利变化的前提下，整个地球生物圈或某一区域所能承受的人类在规模、强度和速度上的限值”。20 世纪 90 年代初由哥伦比亚大学教授里斯(Willian E.Rees) 从消费的角度描述承载力，他提出将资源承载力、环境承载力有机结合的综合性承载力评估方法——生态足迹（ Ecological Footprint ），即“在现有技术条件下指定的人口单位内所需要的具备生物生产力的土地和水域,来生产所需资源和吸纳所衍生的废物”。生态足迹是生态系统的需求，生态承载力是生态系统的供给，二者比较可以计算出生态赤字（或生态盈余）。生态足迹法的优点是建立资源与消费的定量关系,其表达简明、易于理解，一直沿用至今。Wackernagel 对其理论和方法加以完善，加入了“人均”的概念，用生态性生产面积表达特定的经济系统和人口对自然资源的消费量，并与该地区实际的生态供给能力相比较，衡量地区的可持续发展程度。

随着上述研究的发展及影响力的扩散，承载力的概念也得到了进一步发展，并且受到了国际组织的重视与资助。联合国粮农组织（ FAO ）、教科文组织（ UNESCO ）和经济合作与发展组织（ OECD ）与各国学者，尤其是发达国家的研究人员从不同方面进行了承载力的研究。LindbergK、McCoolS（ 1997 ）与 BuckleyR（ 1999 ）重新审视承载力的研究视角，认为 Hardin G.（ 1976 ）提出的承载力是道德观念。这一定义具有研究意义，并且赋予其新的内涵，在新的社会经济体系下强调了以人为本的科学研究，承载力的概念也因此与人们的生活质量息息相关；随后学者继续追踪这一线索，并结合现状从生态学的角度对其进行剖析，也有学者继续对经济的增长进行了分析，IrmiSeidl 与 Clem A（ 1999 ）结合 Malthus 的《人口原理》将承载力的研究范围扩展到文化承载力，对承载力进行了再思考。

2 ）资源环境承载力综合评价研究概述

资源环境承载力是一个涵盖资源和环境要素的综合承载力的概念，其要素可分为土地资源、水资源、矿产资源、水环境、大气环境等基本要素。国外的资源环境综合承载力研究最早可追溯到 20 世纪 60 年代末、70 年代初，由梅多斯（ Meadows ）等学者组成的“罗马俱乐部”，利用系统动力学模型对世界范围内的资源环境与人的关系进行评价，构建了著名的“世界模型”，该模型分析了人口增长、工业化与资源过度消耗、环境恶化和粮食生产的关系。20 世纪 80 年代初，联合国教科文组织和联合国粮农组织共同提出了“资源承载力”的概念，即“一个国家或地区的资源承载力是指在可以预见到的期间内，利用本地能源及其自然资源和智力、技术等条件，在保证符合其社会文化准则的物质生活水平条件下该国家或地区能持续供养的人口数量"。1984年在联合国教科文组织（UNESCO）的资助下，由英国科学家斯莱瑟（M.Slesser）提出的一种承载力估算的综合资源计量技术，即提高承载力的策略模型——ECCO（Enhancement of Carrying Capacity Options）模型，作为新的资源环境承载力的计算方法，把承载力与可持续战略相结合，模拟人口数量与承载力之间的动态变化，并成功运用于肯尼亚、毛里求斯、赞比亚等发展中国家。1995年诺贝尔经济学家获得者Kenneth Arrow等认为资源不断缺乏是由于经济体系造成的，经济增长与环境质量之间存在倒"U"形的关系；如果基于资源消费型的增长呈现出不可逆转的衰退，经济活动本身也会面临威胁。而承载力是根据社会经济和生物环境之间动态关系不断变化的，生态系统恢复力可作为一个综合指标表征现有人类经济规模、强度与生态圈的关系。

国内的资源环境承载力综合评价研究起始于20世纪90年代，但多要素、全面性的综合评价开始于2008年"5·12汶川大地震"之后。最具影响力的成果当首推由中国科学院项目组承担完成的"国家汶川地震灾后重建规划之资源环境承载能力评价报告"，该报告通过对汶川灾区水土资源、生态重要性、生态系统脆弱性、自然灾害危险性、环境容量、经济发展水平等的综合评价，确定了不同县级行政区可承载的人口规模和产业发展导向；以灾后重建适宜建设用地为目标，通过对地形条件、地质条件和次生灾害危险性、人口经济基础等的专项评价，提出了适宜人口居住和城乡居民点建设的范围，并对重建条件进行了适宜、适度和生态重建分区，为国家汶川地震灾后重建规划方案的制定和具体实施提供了坚实的科学支撑。2010年玉树地震后，中国科学院项目组针对玉树地震灾后恢复重建要求，沿袭了汶川灾区资源环境承载能力评价的思路，采用了分类单项指标评价为基础、资源环境承载能力评价为主体的工作流程。通过对自然地理条件、地质条件与次生灾害危险性、生态环境条件、社会经济发展基础4类共12个指标项的评价，一是确定了适宜重建的分区类型，明确了不同区域适宜重建的方向和重点；二是评价了各分区类型的资源环境承载能力，确定了不同类型区域适宜重建的地域范围和合理的人口规模；为国家玉树地震灾后恢复重建的实施提供了科学依据。

资源环境承载力作为可持续发展衡量指标在各大国土空间规划、社会经济发展规划中也不断得到应用与延伸。国家"十二五"规划纲要（2011）提出对人口密集、开发强度偏高、资源环境负荷过重的部分城市化地区要优化开发，对资源环境承载能力较强、集聚人口和经济条件较好的城市化地区要重点开发等具体要求。2012年11月时任总书记胡锦涛在党的"十八大"报告中针对我国资源约束趋紧、环境污染严重、生态系统退化的严峻形势，提出"要按照人口资源环境相均衡、经济社会生态效益相统一的原则，控制开发强度，调整空间结构，促进生产空间集约高效、生活空间宜居适度、生态空间山清水秀，给自然留下更多修复空间，给农业留下更多良田，给子孙后代留下天蓝、地绿、水净的美好家园”的精辟论述。在气候变化和人类活动综合作用的条件下，尤其是受到技术能力、经济水平、社会组织结构的差异等影响，资源环境承载力会发生整体性与区域、单元的分异。针对资源环境承载力在时间、空间尺度上具有动态变化的特征，2013 年 11 月 12 日，中国共产党十八届三中全会更是将“建立资源环境承载能力监测预警机制，对水土资源、环境容量和海洋资源超载区域实行限制性措施”作为新时期中央深化改革的重要任务之一列入了《中共中央关于全面深化改革若干重大问题的决定》。2010 年，由国土资源部和国家发改委共同发起并开展的新时期全国国土规划纲要编制工作，提出应充分认识并发挥资源环境承载力评价在新时期国土规划编制中的地位和作用。由此可见，国家对资源环境承载力综合评价工作之重视、需求之迫切。

在《全国主体功能区划》的研究成果和实践经验的基础上，国家制定了《省级主体功能区域划分技术规程》，从规程设计的基础指标数量的比重来看，10 个基础指标中，与资源环境承载力相关的指标有 6 个，分别反映了区域的土地资源、水资源、大气与水环境、生态等要素的潜力与空间分布。由此可见，资源环境承载力作为主体功能区划评价的主要依据之一，是主体功能区划落实的重点。从省级层面上开展主体功能区资源环境承载力研究，是新时期实现区域资源的优化配置、解决区域发展矛盾的主要突破点。

资源环境承载力作为国土空间规划的底层基础，是区域发展边界、发展范围、国土开发强度和产业布局、发展方向的重要依据，对建立空间准入制度以及重要资源的配额管理制度具有显著作用。随着资源环境承载力评价研究的不断拓展，针对城市群、经济带等主要经济发展体的研究不断深入，如长江三角洲、中部城市群、环渤海地区及京津冀地区的区域资源环境承载力研究已成为近几年资源环境承载力研究热点区域，且主要集中在资源禀赋、环境影响因素和经济总量 3 个方面。区别于单项资源承载力的研究，区域资源环境承载力的评价突出区域资源环境的空间差异性。长江三角洲城市群的资源环境承载力评价（2011）结果表明，上海的资源环境承载力最大，其次是南京、苏州、杭州等地；吴振良（2010）、毕岑岑（2011）对环渤海地区资源环境承载力的评价结果表明，水资源短缺是环渤海地区经济发展的瓶颈，产业结构调整对区域经济效益和环境效益的平衡具有很大影响；京津冀都市圈区域综合规划（2008）提出优先关注区域可持续发展的资源环境基础——土地资源承载力、水资源承载力、生态系统承载力与环境容量，对于缓解经济快速发展、人口急剧膨胀与水土资源约束之间的矛盾，协调区域水土资源配置和流域综合管理、生态补偿与区域发展具有指导意义。

资源环境承载力经历了单个城市承载力到区域承载力的变化过程（祝尔娟，2013）。从区域经济发展角度来看，经济带、城市群作为新的区域经济增长极，不仅能够因地制宜地指导区域经济的发展，还能缩小区域间发展差距，带动周边地区的发展，是我国新时期经济发展的总体趋势；从资源环境的角度来看，单个城市所具备的资源环境条件有限，将城市的独立发展置于更广泛的空间范围中，不仅可以通过区域间的资源交换来获取其他城市或地区的资源来实现区域整体的持续发展，还可将城市自身承载的压力通过区域之间的协调发展得以疏解，弥补各城市的资源环境“短板”。

2.2　水资源承载力研究进展

2.2.1　水资源承载力的内涵及变化

1）水资源承载力的内涵

受到资源承载力概念的启发，结合越来越多的地区面临水资源短缺趋势不减的局面，很多学者致力于解决由于水资源的短缺制约经济发展的问题。国外对于水资源承载力的专门研究较少，主要散见于可持续发展文献中。明确提出“水资源承载力”概念的表述首见于北美湖泊协会对湖泊承载力的定义。美国陆军工程兵团（US Army Corps of Engineers）和佛罗里达州社会事务局（Florida Department of Community Affairs）（1998）共同委托 URS 公司对佛罗里达 Keys 群岛的承载能力进行研究，该研究将承载力定义为：在不对自然和人工资源造成破坏的前提下该地区所能承载的最大发展水平，并采用由社会经济、财政、基础设施、水、海洋及陆地等子系统和图形用户界面（Graphical User Interface）共同构成的承载力分析模型（Carrying Capacity Analysis Model）对该流域的社会经济和生态系统整体进行了模拟和评价，确定 Florida Keys 群岛生态系统及其构成因子对各种人类活动影响的承受能力。美国国家研究理事会（National Research Council）对佛罗里达礁岛群承载力的研究（2001）通过对该区域的承载力（Florida Keys Carrying Capacity Study）进行研究，对承载力分析模型进行评价，还将该区域在人类活动对生态系统的影响列入评价范围内，进一步量化佛罗里达礁岛群的承载能力。这项研究在水资源承载力的概念、研究方法和模型量化手段等方面做了详细的论述。水资源承载力还可作为水资源系统的一部分在流域小水库调蓄能力、水资源的规划与管理中得到充分利用（T. Sawunyama.A. Senzanje，2006）。

在国内，水资源承载力的研究可分为四个阶段：

（1）水资源承载力兴起阶段，20 世纪 80 年代末 ~ 90 年代初。较早开展的是 1989 年对新疆水资源及其承载问题进行的研究，首次涉及水资源承载力的分析和计算方法。汤奇成（1989）较早提出了水资源承载力的概念，同时也首次提出了生态环境用水的概念及估算方法，从而将水资源承载力的研究内容扩展到生态环境。早期的水资源承载力计算方法主要是水资源供需平衡法，即根据地区水资源数量及特征预测未来可供水量，结合社会经济发展目标预测需水量，通过供需平衡计算来确定水资源承载力。直到现在，基于水资源供需平衡方法仍在继续沿用，这种基于供需平衡的计算方法虽较简单，但清晰直观地反映了各部门的用水情况，计算和预测结果具有说服力。

（2）水资源承载力的发展阶段，20 世纪 90 年代中后期。水资源承载力作为前沿领域，在国家政策层面上得到重视并达到了空前的发展。先后在“九五”攻关计划中开设了“关中水资源承载能力研究”课题，“973”项目“黄河流域水资源演化规律与可再生性维持机理”研究中也开展了西北地区水资源承载能力研究。这段时期同时也是水资源承载力研究方法发展较快的阶段，如模糊综合评价、主成分分析法、层次分析法、系统动力学法、多目标规划法等方法的应用，对于水资源的优化配置和系统研究具有极有力的推动作用。

（3）水资源承载力研究的瓶颈期，2000 年以来，随着水资源承载力概念的广泛应用和拓展，水资源承载力的承载对象和结果表达难以统一，针对水资源承载力的理论不清、概念不明等观点对水资源承载力研究的合理性产生了质疑。总体上看，国内的水资源承载力概念一定程度上沿用了国外的定义，在探讨水资源承载力影响因素的同时，强调了水资源承载对象的可持续性。然而，由于研究区域不同、承载对象不同、承载力结果表达不同等原因，水资源承载力的研究存在争议，甚至有人提出在区域调水的前提下，不存在水资源超载的可能。这种争论存在的同时也深化了水资源承载力的理论基础，不同区域、不同研究尺度也在某种程度上推动水资源承载力的研究进程。

（4）水资源承载力的创新期。2004 年以来，采用生态足迹的研究思路，关于水足迹评价、揭示不同地区的水资源承载力、定量反映不同地区水资源供求平衡状况的研究兴起。水足迹概念被认为可以真实地反映一个国家或地区对水资源的需求和占有状况，徐中民（2000）年引进虚拟水概念计算了西北四省的水足迹，结果表明除新疆外，其余三省的水足迹均高于统计的水资源利用量。水足迹概念按照用水账户的方式，从消费模式为切入点，通过虚拟水实现消费项与水资源量之间的转换，以一定消费模式下可承载的人口数量作为衡量水资源承载力的指标，提供了水资源承载力指标体系不统一的解决方法。虚拟水、水足迹是一个全新创新领域研究，在国外被定义为生产商品和服务所需要的水资源数量。虽至今在中国没有得到较广泛的应用，但其理念在一定程度上与最严格的水资源管理制度提出的“三条红线控制”“水权转换”等政策思维相吻合，具有一定的研究潜力。

整体来看，从水资源承载力的定义来看，随着不同社会发展阶段，区域发展目标的不同,水资源承载力的定义不尽相同。施雅风（1992）等从系统整体的角度出发认为：水资源承载力是指某一地区的水资源在一定社会历史和科学技术发展阶段，在不破坏社会和生态系统时最大可承载或容纳的农业、工业、城市规模和人口的能力。许有鹏（1993）认为水资源承载力是指在一定经济技术水平和社会生产条件下，水资源供给工农业生产、人民生活和生态环境保护等用水的最大能力，即水资源的最大开发容量。高彦春、刘昌明（1997）将用水能力（容量）定义为“水资源开发的阈限指在社会生产条件、经济技术水平都达到相当水平的条件下水资源系统可供给工农业生产、人民生活和生态环境的用水能力，即水资源开发的最大容量”。阮本青（1998）将水资源承载力解释为在未来不同的时间尺度上水资源量能持续供养的人口数量。何希吾（2000）认为水资源承载力是一个流域、一个地区、一个国家，在不同阶段的社会经济和技术条件下，在水资源合理开发利用的前提下，当地水资源能够维系和支撑的人口、经济和环境规模总量。惠泱河等（2001）在何希吾定义的基础上，又与可持续发展相联系，认为水资源承载力就是某一区域的水资源条件在“自然—人工”二元模式影响下，以可预见的技术、经济、社会发展水平及水资源的动态变化为依据，以可持续发展为原则，以维护生态良性循环发展为条件，经过合理优化配置，对该地区社会经济发展所能提供的最大支撑能力。夏军（2002）将水资源承载力定义为在一定的水资源开发利用阶段，满足生态需水的可利用水量能够维系有限发展目标的、最大的社会—经济规模，这一定义被广泛使用至今，成为主流的水资源承载力结果表达。

对比地看，目前关于水资源承载力的定义主要集中在三个方面：水资源的支撑能力（施雅风、贾嵘、惠泱河、冯尚友）、水资源的最大承载规模（阮本青、何希吾、夏军、朱一中）、水资源的最大开发利用量（许有鹏）。支撑能力以水资源对当前或未来一段时期的社会、经济系统发展规模的承受能力或支撑程度为结果表达，讨论社会经济发展规模、方向的合理性，往往以承载指数、协调指数等指标作为最终结果；水资源的最大承载规模旨在计算水资源承受能力限度内的最大的社会、经济发展的具体规模大小；最大开发利用量是指水资源供给工农业生产、人民生活和生态环境保护等的水资源最大开发容量，是水资源规划角度的最大可利用量的挖潜。随着理论内容的丰富、研究手段的提高，国内水资源承载力的研究已从水资源的最大开发利用量的计算上升到评价水资源的人口、社会经济发展的承受能力，进而通过水资源的供需分析衡量投入产出关系（李令跃，2000），实现对水资源可承受的人口、社会经济发展的最大规模的计算。

总体上看，水资源承载力的定义涵盖了以下几个影响因素：一是水资源自身因素；二是社会经济技术发展的影响；三是对人口社会经济系统的支撑情况；四是生态环境保障因素。这些研究为水资源承载力定义的统一奠定了基础。本书认为定义水资源承载力在考虑水资源承载力的影响因素的同时，必须要建立起限制因素（如可供水量）与用水单元（如人口、经济总量）之间的定量关系，从而更好地刻画和测算水资源能够承受的人口、社会经济规模与发展方向。

通过几十载的深入研究与探索，水资源承载力的定义不断丰富，内涵不断扩展，在很大程度上推进了研究深度与广度，学者们也因此在争辩中达成共识——缓解水资源短缺的关键在于协调好水资源与社会经济发展的关系，区域人口增长、经济发展与环境保护的目标应落实在水资源的承载能力之内，否则基于物质的经济发展得不到保障，即使经济上可行，也不会持久地发展下去。

2）水资源承载力的理论基础

如夏军（2002）所言，"承载力概念的演化与发展是对发展中出现问题的反应与变化结果。"根据不同发展阶段所面临的资源环境问题，水资源承载力的内涵有所变化，由此产生了不同的水资源承载力理论。从以往的研究成果来看，可持续发展理论、"水—生态—社会经济"复合系统理论、自然—人工二元模式下的水文循环过程与机制成为当前水资源承载力的主要理论基础。

世界环境与发展委员会在《Our Common Future》中将可持续发展定义为：能满足当代人的需要，又不对后代人满足其需要的能力构成危害的发展。它包括两个重要概念：需要的概念和限制的概念。其中"需要"可被阐释为人们的基本需要应将放在优先的地位来考虑；"限制"的概念是指技术水平影响着环境满足现状和将来需要的能力。可持续发展理论的发展观念是资源的可持续利用、人与环境的协调发展代替了片面追求经济增长。可持续发展还包括三个研究内容，即经济可持续发展、生态可持续发展、社会可持续发展。可持续发展与资源承载力的关系可以被解读为：①不同地区可持续发展从更全面的角度出发，强调发展是永恒的主题，而发展必然受到资源环境的约束，人类的经济和社会的发展不能超越资源和环境的承载能力；②可持续发展强调代际公平性，当代人在发展与消费时应努力做到使后代人有同样的发展机会，同一代人中一部分人的发展不应当损害另一部分人的利益；人与人之间享有同样的资源使用权；③人与自然的协调共生，经济发展要和人口、资源、环境相协调。水资源承载力作为资源承载力的重要研究内容之一，从"需要""限制"的概念为出发点，以可持续发展理论为指导思想，是可持续发展理论在水资源管理领域的具体体现和应用。

在可持续发展理论基础上，冯尚友（1995）等人针对水资源的可持续利用提出基本的研究框架，即由可持续发展概念和水持续利用的理论研究、水资源的规划管理技术研究、水资源发展的战略和制度研究三个部分组成。该研究框架以水资源可持续利用为基础，强调水资源管理和制度研究，但在“生态可持续”“社会可持续”两方面涉及较少。

随着经济社会的发展、人类活动强度的增加，与水资源系统息息相关的社会经济系统、生态系统面临新问题，水资源承载力的理论也不再满足于水资源的可持续利用，而是将各个系统衔接并进行剖析，水资源承载力的理论也逐渐丰富并得以深入。王建华（1999）将理论从低到高可以分为4个层次（图2-1），分别将水资源系统与生态系统、水资源系统与社会经济系统相连接进行分析，再通过可持续发展内涵中“需求的概念”进行水资源供需平衡分析，最后在“水资源—社会系统”机制的研究基础上，寻找提高区域水资源承载力的途径和措施。该理论很好地阐释了水资源承载力研究的进展，将社会发展不同阶段所开展的水资源承载力研究进行衔接，对水资源、生态环境、社会经济进行系统地两两关系研究，比较全面地概括了当前和今后一段时期内水资源承载力的理论基础。

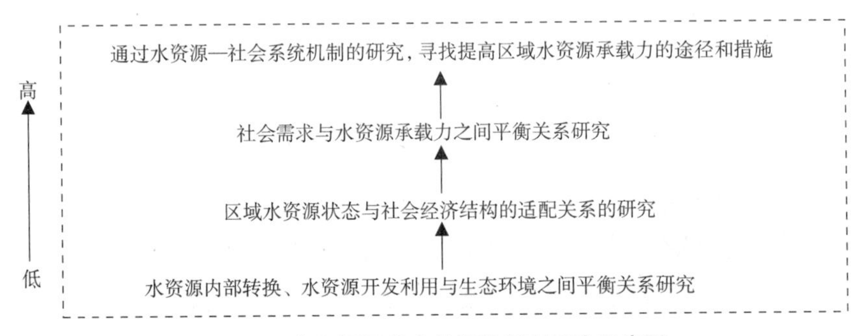

图2-1　水资源承载力的理论研究层次示意图

夏军（2002）、朱一中（2003）提出水资源承载力研究理论基础应包括可持续发展理论、“水—生态—社会经济”复合系统理论和“自然—人工”二元模式下的水文循环过程与机制（图2-2），是水资源承载力理论的完善和深化。该理论基础以供用水为主线构建复合系统理论，从三个系统耦合机理上综合考虑水资源对地区人口、资源、环境和经济协调发展的支撑能力，更好地阐释了水资源承载力的承载对象与承载体之间的关系。而“自然—人工”二元模式包含了水文自然和社会循环的概念，强调了变化环境下（即自然变化和人类活动影响）的水循环是水资源演变和水资源承载力研究的基础，侧重水文自然循环的内容，主要包括水资源的动态性、平衡性、时空差异性等内容。基于以上三个水资源承载力理论基础，夏军（2002）认为在一定的水资源开发利用阶段和生态环境保护目标下，流域或区域的可利用水资源量究竟能够支撑多大的经济社会系统发展规模、如何合理管理有限的水资源，才能维持和改善陆地系统水资源承载能力是水资源承载力研究的核心问题。

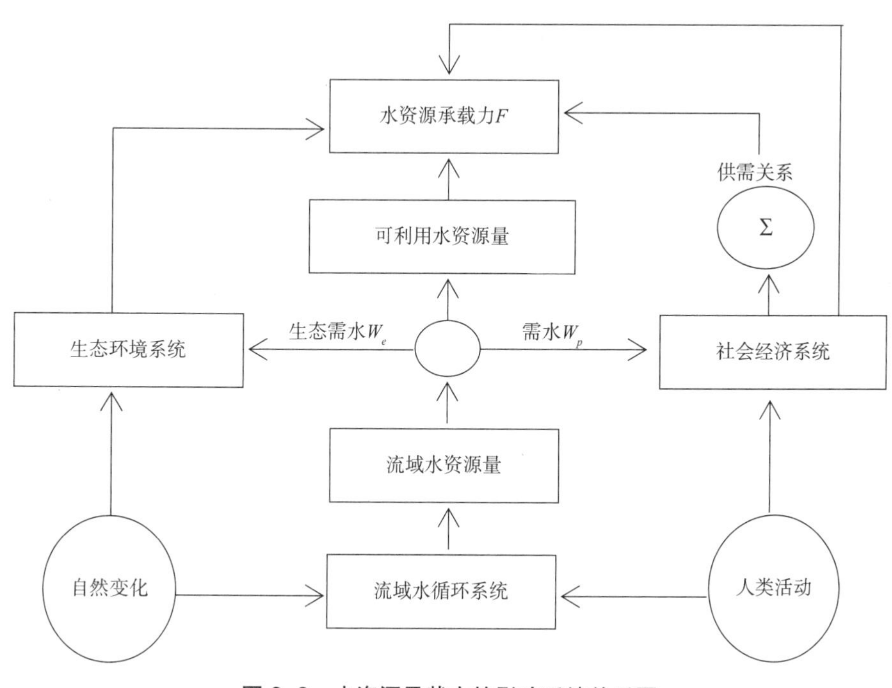

图 2-2　水资源承载力的影响系统关系图

（资料来源：夏军，朱一中 . 水资源安全的度量：水资源承载力的研究与挑战 [J]. 自然资源学报 .2002，17（3）：262-269.）

水资源的自然循环仅包括了可利用水资源量的研究内容。随着技术水平的提高，水资源的社会循环成了提高水资源承载力途径的重要研究内容，包括了供水、用水、重复用水、污水处理以及污水回用等内容。基于我国水资源短缺的现状，水资源的社会循环程度是衡量区域或流域水资源承载力能否持续稳定和改善的关键内容。对于缺水地区，调水、引水等开源措施受到条件限制，只能通过节流来维持水资源的可利用量来保障社会经济的持续发展，工业重复利用水、污水回用、中水等措施成为水资源社会循环的主要组成。对应不同的经济社会持续发展的目标，开展水资源社会循环的相关研究也成为延伸水资源承载力理论的主要研究方向。

此外，在全球气候变化和大规模经济开发的双重作用下，从水资源承载力的单一要素水资源管理转变为流域水生态复合承载力的综合管理成为应对流域经济社会发展与水生态完整性保护协调发展的趋势。这一研究内容的丰富使“水—生态—社会经济”复合系统理论扩展为“经济社会—水资源—水环境—水生态”流域复合生态系统理论（彭文启，2013），强调了复合承载力是资源环境等限制条件不断递进、时空异质性不断加强的作用关系，同时“分区、分期”的结果表达体现了承载力动态性与时空差异性，能够最大限度地实现水资源系统、社会经济系统、水环境系统、水生态系统的协调发展。

随着水资源承载力研究内容的不断丰富，水资源承载力理论基础得到不断拓展。根据一定时期内水资源所面临的问题不同，水资源承载力理论经历了水资源开发利用、水资源与社会经济结构的适配关系的研究、社会需求与水资源承载力之间平衡关系研究、“水—生态—社会经济”复合系统理论、与“经济社会—水资源—水环境—水生态”流域复合生态系统理论的发展历程。在新时期最严格的水资源管理制度提出的“三条控制红线”以及初始水权转换等政策的提出的同时，水资源承载力的理论研究逐渐适应社会经济发展的需要，从水资源开发利用和保护、提高水资源承载力等角度开展研究，使流域或区域水资源与社会经济、生态与环境协调发展。

2.2.2 水资源承载力评价指标体系进展

水资源承载力评价指标是水资源承载力大小的评判依据。评价指标的建立是水资源承载力研究中的一个关键问题，选取能反映社会经济系统发展规模的指标体系成为问题的核心。

从水资源承载力的承载对象来看，通常将人口和产业作为水资源的承载客体，可容纳人口数量（李丽娟，2000）、可承载人口（惠泱河，2001）、人口发展（朱一中等，2002）等来表征水资源的人口承载力；工农业发展规模（李丽娟，2000）、社会、经济技术发展水平和规模（夏军，2002）、社会经济发展、产品交换（朱一中等，2002）反映水资源的产业承载能力。在具体研究中，通过水资源的供需平衡（曲耀光等，2000）、层次分析方法（惠泱河，2001）、主成分分析法（傅湘等，1999）等建立指标体系对水资源的承载力进行分析和计算。

水资源承载力评价指标的选取方式有二：一是从定义出发，选取人口数量、工农业发展规模等指标，作为衡量水资源对社会经济系统承载力大小的依据；二是以水资源可供水量、可承载人口、社会、经济技术发展水平和规模、水环境容量等方面综合考虑建立水资源承载力评价指标体系，确定水资源承载力评价指标，采用层次分析方法进行评价。表 2-1 是通过对文献的梳理得到的水资源承载力指标类型划分和表示方法的总结。

水资源承载力指标类型划分、表示方法及作用统计表 表 2-1

指标	指标类型	表示方法	指标作用
水资源系统指标	单位面积水资源量	当地水资源量 / 土地面积（$10^4m^3/km^2$）	水资源量的多少
	水资源可开发利用率	平均水资源可利用量 / 当地水资源量（%）	水资源可利用程度
	水资源变差系数	75% 水平年水资源量 / 多年平均水资源量（%）	水资源数量的变化情况
	水质综合达标率	符合水质要求水体总量 / 多年平均水资源量（%）	水质总体状况
	水资源利用率	生态环境用水之外的用水量 / 水资源量（%）	水资源开发利用情况
	水资源供需平衡指数	多年平均水资源需求总量 / 平均水资源可利用量	区域水资源供需平衡状态
	过境水利用状况	平均过境水利用量 / 用水总量（%）	区域对过境水利用情况
社会系统指标	人口密度	总人口 / 国土面积（人 /km^2）	人口压力
	人口自然增长率	年净增人数 / 年平均人口（‰）	人口对区域水资源的压力
	城市人口比例	城镇人口 / 总人口（%）	社会发展水平与人口素质
	生活用水定额	生活用水量 / 总人口 /365[L/（d× 人）]	综合用水指标与节水情况
	生活污水达标处理率	生活污水达标排放量 / 排放量（%）	社会发展水平
	人均 GDP 指数	人均 GDP/ 社会发展某水平上限 GDP	社会发展所处某阶段的状态
经济系统指标	GDP 增长率	某年与前一年 GDP 增长率（%）	区域整体发展能力
	第一产业比例	第一产业总量 /GDP 总量（%）	区域产业结构状况
	工业用水定额	工业用水量 / 工业总产值（$m^3/10^4$ 元）	工业用水水平
	工业用水重复利用率	重复用水量 / 总用水量（%）	节水水平
	灌溉覆盖率	有效灌溉面积 / 耕地面积（%）	区域农业灌溉发展水平
	灌溉用水定额	灌溉用水量 / 有效灌溉面积（m^3/hm^2）	作物对水的依赖程度
生态环境系统指标	生态环境用水率	生态环境用水量 / 平均水资源量（%）	生态系统对水资源的需求
	水污染综合指数	受污染水体总量 / 水资源总量（%）	水体受污染情况
	植被覆盖率	植被面积 / 土地面积（%）	水资源更新的基础
	土地面积污染率	污染土地面积 / 土地总面积（%）	生态环境状况
	河流断流率	年平均发生断流天数 / 全年天数（%）	区域生态环境状况
	湿地减少率	湿地减少量 / 湿地总面积（%）	人类活动对生态环境影响
	地面沉降情况	地面沉降面积 / 土地面积（%）	水资源开发利用对环境影响
	自然灾害损失率	各种自然灾害损失 /GDP（%）	生态环境对社会经济的影响
	污径比	平均废污水排放量 / 平均径流（%）	经济发展对水资源的影响

注：据文献整理

实际研究水资源承载力时，可将评价指标类型划分为宏观指标和综合指标两大类（段春青，2010），宏观指标描述的是区域水资源的可利用量支撑的经济规模和人口数量，用最大经济规模和最大人口数量表示，反映了区域水资源承载力的大小；宏观指标包括四类二级指标，即水资源系统指标、社会系统指标、经济系统指标、生态环境系统指标；其中，通过选取反映水资源量的大小、可利用程度、对过境水利用情况、水资源变化情况、水质总体情况、水资源开发利用情况、水资源的供需情况的指标来刻画水资源系统背景值；社会系统指标类型则要反映人口压力、用水指标、社会发展水平及人口对水资源的利用情况；经济系统指标主要从区域整体发展方向、产业结构、用水节水水平及对水的依赖程度等方面入手进行甄选；最后通过对人类活动、经济建设、水资源的开发利用对生态环境的影响分析选取主要指标，对水资源的生态承载力进行计算和分析。针对社会经济系统，比较普遍认可的是衡量需水系统所采用 GDP、产品产量、人口数量、粮食产量指标、环境容量这几个指标来度量水资源承载能力；区域社会经济发展规模水平可以表达为人口数量、国民生产总值或净福利等指标。综合指标则包括承载力指数和协调指数两个分项指标。分别从水资源与社会系统的协调关系、水资源与经济系统的协调关系以及与生态环境的协调关系方面，通过指标的选取来反映水资源开发利用对生态环境的影响以及水资源对社会经济系统的匹配状况。

如文献中内容所述，水资源承载力指标体系种类繁多复杂，有的研究甚至涉及 20 多种指标，使得指标必须经过精简才能为研究所用；复杂的指标体系看似全面，可操作性差，指标之间的结构关系不清，对于分析研究的意义不大。在指标量化方面，由于水资源承载力与人口、经济规模并非成简单正比例关系（李九一，2012），大多数研究成果采用的超载度、承载指数、协调指数等概念，并不能有效体现出水资源供需矛盾；从研究尺度上来看，水资源承载力的指标所关注的重点亦有所不同：省、市级尺度上，更侧重于区域经济结构和发展水平等综合类指标，而县、乡镇尺度上，更关注个体差异对整体承载能力大小的影响因素。因此，最有效的评价指标体系是根据研究目标有所侧重、并深刻挖掘所承载的对象的特征、大小、发展趋势等实质内容，从而得出的结论可有效反映出承载力这一概念。

2.2.3 水资源承载力研究方法与模型进展

目前国内外对资源承载力量化的研究方法多采用定性研究为主，定量与定性相结合的方式。常见用于水资源承载力的方法有：单因素、多因素综合评价分析法、主成分分析法、多目标规划方法、多目标决策分析方法、系统动力学法、常规趋势法、背景分析法等。

1）单因素评价法

水资源承载力的计算方法中最直观的是单因素评价法，即简单定额估算法。单因素评价法主要选择单项或多项指标，通过定额法来反映研究区域水资源承载力现状和阈值。谢高地（2005）等采用这种方法研究了全国各省、自治区、直辖市的水资源在一定消耗标准下所能容纳的人口数量，以及按照供需关系计算了水资源对居民生活、工业和农业承载能力。该方法简便直观，但无法体现各承载因子之间的相互关系。

2）多指标综合评价法与综合评判模型

多指标综合评判方法通过水资源系统支持力和水资源系统压力来共同反映水资源承载状况。这种方法以构建水资源承载力评价指标体系为基础，选取若干代表性好、易于量化的指标。通过计算水资源承载力指数并进行分级比较，来表示水资源承载力的差异情况。一般采用灰色关联模型对指标进行分析和筛选。为确保指标选取的科学性和合理性，尽量减少由于指标间和重叠信息而影响分析结果的客观性，需进行指标间的多重共线性分析。指标赋权可以用层次分析（AHP）法、德尔菲（Delphi）法、均方差法等。

最常用的多指标评判方法是模糊综合评判。指标体系评价方法是目前应用较为广的一种量化模式，其他方法还主要包括向量模法和主成分分析法等。模糊综合评价法是将水资源承载力的评价视为一个模糊综合评价过程，其模型为：设给定两个有限论域 $U=|u_1, u_2, \cdots, u_n|$ 和 $V=|v_1, v_2, \cdots, v_m|$，其中 U 代表评价因素（即评价指标）集合；V 代表评语集合，则模糊综合评价为下面的模糊变换：

$$B=A \cdot R \tag{2-1}$$

其中 A 为模糊权向量，即各评价因素（指标）的相对重要程度；B 为 V 上的模糊子集，表示评价对象对于特定评语的总隶属度；R 为由各评价因素 u_n 对评语 V 的隶属度 V_{ij} 构成的模糊关系矩阵，其中的第 i 行第 j 列元素 r_{ij} 表示某个被评价对象从因素 u_i 来看对 v_j 等级模糊子集的隶属度。

该方法的实质是对主观产生的“离散”过程进行综合的处理，缺点就是取大或取小的运算法则会使大量有用信息遗失，模型的信息利用率低。许有鹏（1993）将该方法应用于对新疆和田流域的研究中，该法不仅在评价因素的选取上还是因素对承载力的影响程度上都受到一定的制约。

傅湘、纪昌明（1998）采用主成分分析法来克服这一缺陷。主成分分析法就是在保证数据信息丢失最小的原则下，对高维变量空间进行降维处理，即经过线性变换和舍弃部分信息，以少数的综合变量取代原始采用的多维变量，即对高维变量系统进行最佳综合与简化，同时客观地确定各个指标的权重，避免主观随意性。主成分分析法的思想是将 m 个评价指标变量，经主成分分析后得到一组新的精炼评价指标，新的评价指标的变量携带了原指标的大量信息而变量的个数大为减少，由于变量少，评价工作就变得较为容易和直观。

主成分分析的评判结果与模糊综合评判法得出的评价结果不尽相同，这主要是因为模糊综合评判在对主观产生的离散过程进行综合处理时丢失了大量的相关信息，从而得出的评价结果的可靠性不高；而主成分分析法则避免了人为的主观任意性，它可以客观地确定评价指标的权重，提高了结果的精确度。该方法存在的缺陷其一是目前实际评价用的指标并不是很全面，一般为 7 ~ 9 个，还可以通过主观判断或专家打分的方法来精简指标；其二是主成分分析法对原指标进行数学变换，用累计贡献率来判断变量个数的精简，对结果的可信度有一定程度的影响。

3）水资源供需平衡法与多目标分析模型

水资源承载力的多目标分析模型是以可持续发展为前提，把对社会经济系统可供给水量、供水组成、节水、污水回流、开发当地水、外流域调水等供水分配状况作为约束条件，建立若干目标函数，计算水资源可承载的产业结构及合理布局、农业种植结构等人口发展规模和社会经济发展规模。最早将多目标决策分析技术引入区域水资源承载力分析的是澳大利亚学者 Millington（1973）。该模型从单纯的单要素资源自然系统承载力分析转向经济社会环境生态复杂系统的综合分析，采用“分解—协调”的系统分析思路，能够反映水资源系统、社会经济系统、生态环境系统所构成复合系统的整体优化方案。多目标分析法一般要通过降维手段，将问题转化成单目标规划，在利用优化算法进行求解，目标函数的确立以及降维算法选择是一个难点和重点。具体模型如下：

$$\mathrm{Max}g(x)=\{f_1(x), f_2(x), f_3(x), f_4(x)\}，其中 x \in S, x \geqslant 0; \quad (2\text{-}2)$$

式中 $f_1(x)$，$f_2(x)$，$f_3(x)$，$f_4(x)$ 分别为目标函数人均国内生产总值最大、污水处理达标率最大、林草覆盖面积最大和人均粮食产量达到预期值；x 为决策向量，包括第一产业增加值、第二产业增加值、第三产业增加值、人口总量、城市化水平、草地增加面积、林地增加面积、灌溉面积中粮食作物种植面积比例；S 为可行域，约束条件从水资源供需平衡、社会经济发展速度与结构平衡、生态环境保护和土地资源约束。

多目标分析方法的应用较为广泛，肖满意（1998）等运用该方法对山西各流域及 15 个水资源分区的水资源承载能力进行了分析评价；贾嵘（1999）使用四种不同的方案（零方案、低方案、中方案、高方案）对比研究了陕西关中地区的水资源承载力，并预测了 30 年内的水资源承载力，它是将各子系统模型中的主要关系提炼出来，根据变量之间的相互关系，对整个系统内部各种关系进行分析和协调；朱照宇（2002）在对珠江三角洲经济区各市社会经济发展预测的基础上，计算了各行业需水量和水资源供需平衡状况，提出了水资源质量损失系数和水资源承载力（相对承载力）指数等概念和计算方法；宋彦红（2009）建立了城市水资源承载能力多目标分析模型和层次分析评价模型，对城市水资源承载能力经济模型、社会目标度量、城市居民日常生活用水量的预测和城市生态用水量进行了探讨。由于多指标方法中的指标确定、等级划分、权重分配直接影响到最终的结果，所以对这些问题的处理是否科学成为计算的关键。

4）系统动力学方法与系统动力学仿真模型

系统动力学（SD）模型是一种定性与定量相结合、系统、分析、综合与推理集成的方法，通过模型模拟各种决策来反映人口、资源、环境和发展之间的关系，可操作性较强，可以较好地把握系统的各种反馈关系，适合于进行具有高阶次、非线性、多变量、多反馈、机理复杂和时变特征的承载力研究。

英国科学家斯莱塞（MalcomSleeser）（1987）等人运用 SD 法建立了人口资源与发展之间的系统动力学模型，即 ECCO 模型。该方法的优点在于能定量地分析各类复杂系统的结构和功能的内在关系，比较适应宏观的长期动态趋势研究；缺点是系统动力学模型的建立受建模者对系统行为动态水平认识的影响，参变量掌握不好将会对结论产生直接影响。但大量的实证研究也通过对细节处理和完善在最大限度上避免了 SD 模型的应用限制。惠泱河（2001）运用系统动力学动态仿真模型对陕西关中地区进行了研究，讨论了不同方案下关中水资源承载力，获得了提高关中水资源承载力的满意方案。冯利华（2005）等根据历史数据和 2020 年全面建设小康社会的标准，利用系统动力学模型仿真模拟了金华市未来政策实施后水资源承载力的动态变化过程。

5）其他方法

此外，还有其他研究水资源承载力的方法，有学者提出另外一种系统分析方法，即动态模拟递推法，主要是通过水的动态供需平衡计算来反映水资源的承载状况和承载规模。门宝辉、王志良等（2003）运用物元模型对关中地区的地下水资源承载力进行了综合评价。王顺久（2003）提出了投影寻踪评价模型，其主要原理是将高维数据向低维空间数据进行投影，通过低维投影数据的散布结构来研究高维数据特征，并将其运用到我国水资源承载力、淮河流域水资源承载力评价研究中。孙才志等（2004）提出了基于极大熵原理的水资源承载力评价模型，对山西省境内水资源承载能力进行了评价；丁爱中（2010）基于粗糙集理论（RS）对评价指标进行简化，筛选了产水模数、水资源开发利用率、万元 GDP 用水量、人口密度、河流水质Ⅰ类～Ⅲ类比例和生物丰度指数 6 个评价指标，并采用了层次分析和熵权法对指标进行赋权，采用集对分析（SPA）构建评价样本与评价标准的联系度，建立了水资源承载力评价 RS-SPA 模型，具有很好的实用性。

综上，水资源承载力的计算方法可分为评价法和规划法：评价法是从分析水资源承载力系统中的现象入手构建指标体系，建立评价方法模型，综合评判水资源对某种发展规模的支撑程度，主要方法如模糊评价法、灰关联评价法、主成分分析法等。这一类方法往往局限于水资源承载力系统中各个因素的表象上，在指标体系、评价标准和评价方法的选择上主观性较大，因此最终结果只能用于定性判断；规划法是从水资源承载力系统中各个因素的相互作用关系入手，构建数学方程模拟各个因素的发展，并通过不同变量将这些数学方程耦合成水资源承载力量化模型，计算水资源承载力，主要的方法如常规趋势法、系统动力学法、多目标综合分析法等。这一类方法在探索各个因素的相互作用关系上有所突破，且系统动力学方法过程复杂，涉及的参变量不好掌握，结论也会因此产生影响。

现如今缺乏综合模型，而且新理论和新技术应用于水资源承载力研究中甚少，方法的创新已成为水资源承载力研究重点。本书通过对相关文献中涉及的水资源承载力评价方法进行梳理归纳，总结如表 2-2 所示。

水资源承载力评价方法及研究主题统计表 表 2-2

研究方法	方法概况	研究主题	作者及年代
常规趋势法	考虑可利用水量、生态环境用水及国民经济各部门的适当用水比例前提下，计算水资源所承载的工业、农业及人口量等	新疆水资源承载能力和开发战略对策	新疆水资源软科学课题组，1985
		乌鲁木齐河流域水资源承载力的研究	施雅风、曲耀光，1992
		黑河流域水资源承载力的研究	曲耀光、樊胜岳，2000
		岩溶地区水资源承载力的研究	王在高、梁虹，2001
模糊评判法	在设置影响水资源承载力要素基础上，确定评语集合和权重，通过综合评判矩阵对影响水资源承载力的多因素做出评价	新疆和田流域的研究	许有鹏，1993
		淮河流域水资源承载力的研究	秦莉云，2001
		关中平原地下水资源承载力的研究	张鑫，2001
主成分分析法	把影响水资源承载力的多个变量进行降维处理为少量综合指标，并确保剩余指标能够反映原来较多指标的信息，以及各指标间彼此独立	陕西汉中平坝地区的水资源承载力分析	傅湘，1999
		区域水资源承载能力综合评价——主成分分析法的应用	傅湘、纪昌明，1999
		黄河流域水资源可再生性评价指标体系与评价方法	沈珍瑶、杨志峰 ,2002
		基于主成分分析和熵的喀斯特地区水资源承载力动态变化研究	周亮广、梁虹，2006
系统动力学法	通过建立 DYNAMO 模型并借助计算机仿真，能定量地研究具高阶次、非线性、多重反馈和复杂时变的系统	本溪市、山东临淄水资源承载力研究	魏斌，1995
		乌鲁木齐干旱区城市水资源承载力	王建华，1999
		柴达木盆地的水资源承载力预测	陈冰，2000
		关中水资源承载力	惠泱河，2001
多目标分析评价	在列出影响水资源系统的主要约束条件下，运用系统分析和动态分析手段，寻求多个目标的整体最优	黑河流域中游水资源承载力研究	徐中民，1999
		区域水资源适度承载能力研究	阮本青，1998
		盘锦市水资源适度承载力	迟道才，2000
		珠江三角洲经济区水资源承载力计算	朱照宇，2002

续表

<table>
<tr><th>研究方法</th><th>方法概况</th><th>研究主题</th><th>作者及年代</th></tr>
<tr><td rowspan="4">其他方法</td><td colspan="3">动态模拟递推法：通过水的动态供需平衡计算来显示水资源承载力的状况和支持人口与经济发展的最终规模（冯尚友，2000）</td></tr>
<tr><td colspan="3">投影寻踪评价模型，将高维数据向低维空间数据进行投影，通过低维投影数据的散布结构来研究高维数据特征（王顺久，2003）</td></tr>
<tr><td colspan="3">最大信息熵原理：提出了基于极大熵原理的水资源承载力评价模型对山西省境内水资源承载能力进行评价（孙才志等，2004）</td></tr>
<tr><td colspan="3">粗糙集理论：采用了层次分析和熵权法对指标进行赋权，采用集对分析（SPA）构建评价样本与评价标准的联系度，建立了水资源承载力评价 RS-SPA 模型（丁爱中，2010）</td></tr>
</table>

（注：根据文献整理）

2.3 能源化工基地开发与水资源研究进展

2.3.1 能源化工基地水资源问题研究进展

“十二五”期间，我国现代煤化工技术和产业化取得了突破性进展，煤制油、煤制烯烃、煤制芳烃、煤制天然气、煤制乙二醇、煤制二甲醚等工艺技术已经走在了世界前列。能源化工技术的进步对我国能源供应和促进经济发展的作用显著，成为国民经济和社会发展的有力保障。此外，电力行业是关系国计民生和社会发展的重要基础产业。目前，全国电力工业火电用水量占全国用水量的 40%，用水量巨大。鉴于能源化工产业结构以高度重型化、产品初级化为基本特征，存在开发布局不合理、增长方式粗放、资源配置效率低、区域经济结构不合理的问题（张欣，2007），制约着区域经济的健康发展；另一方面，高耗水量、高二氧化碳排放量是煤化工面临的两大难题（张斌成，2010），加之技术水平和设备落后，每年未达到排放标准和未加以处理的工业废水直接排入河流，对黄河的水质环境带来很大威胁（刘晓琼，2010），加剧了水资源短缺矛盾，导致可利用的水资源量进一步缺乏。快速的能源化工产业的发展给地区生活生产、环境和生态带来了巨大压力，与之引起的环保问题也屡屡成为社会争议的焦点。主要表现在以下几个方面：

1）关于水资源供需问题

煤化工产业以大量耗煤为生产基础，这一过程势必带来环境污染问题，且需要大量的水资源保障。总体上看，我国水资源与煤炭资源呈逆向分布特点。煤炭资源储量西多东少、北丰南贫，大型煤炭基地主要集中在北部和西南地区，水资源分布则是南多北少，且北方地区水资源开发利用程度远高于南方。而目前通过国家发展改革委审批开展前期工作或者已经被核准的煤制气项目以及未来煤化工产业增量的主要分布区域，如鄂尔多斯盆地地区（蒙西、宁东、陕北等）、蒙东地区、新疆准东地区、新疆伊犁地区，大部分重点煤炭基地处于水资源供需矛盾较为突出的地区（景春丽，2007；汪一鸣，2008），水资源已经对煤炭基地的生产建设产生了严重制约。

目前我国大型煤炭基地水资源总体短缺，国家规划建设的 16 个大型煤炭基地中，除云贵、两淮基地水资源丰富以外，其余基地均缺水。而这些位于西部地区的产煤区，人均水资源只有全国平均水平的 1/4 ~ 1/2，只相当于世界平均水平的 1/16 ~ 1/8（中国水利水电科学研究院，2014）。其中，晋陕蒙宁甘等地区水资源供需矛盾十分突出，原煤产量超过全国总产量的 76%，而水资源占有量仅占全国总量的 6.14%（刘通，2006）；部分地区煤炭开采洗选用水量超过了区域工业用水总量的 50%，这对缺水地区水资源供需形势产生了较大的影响（李国平，2006）。以内蒙古 60 万 t/ 年煤制烯烃项目为例，吨产品耗煤 5.56t、吨产品耗水 20t。鄂尔多斯盆地地区现有项目全部实施需要新增 4.5 亿 t/ 年用水量，由于该区域用水主要来自黄河，在用水已经较缺乏的形势下再新增 4.5 亿 t/ 年用水量，水资源非常紧张（胡建，2013）；新疆准东地区通过建设引水工程，目前 300 亿 m^3/ 年煤制天然气项目用水基本可以保障，但未来再建设大型煤化工项目的潜力也较小。一些地方由于过度开发水资源，导致河道断流，如窟野河流域神木县段最长断流时间长达 55 天（赵静，2007），下游地区生活、生产带来极大的不便。此外，在煤炭转化利用方面，煤炭消费下游产业链的不合理布局造成高耗水行业集聚分布，而行业的持续用水需求无法得到满足，用水竞争加剧，使得缺水地区的水资源供需矛盾更加突出。许多地区的煤化工企业不但挤占生活用水、农业用水，大量超采地下水，导致用水矛盾不断加剧，相应的排水过程也对区域水资源和水环境形势带来了严重挑战（蒋晓辉，2010）。

2）关于地下水扰动与超采

煤炭资源的赋存特点决定了其开采必然扰动地下水。煤炭开采过程中，不可避免地要疏干、排泄一定的地下水，使采煤区域地下水位较原始水位大幅度下降，含水系统的边界外移，破坏了地下含水层原始径流，致使地下水资源流失（朱锁，2009），降低原有水源的供水能力；矿区主要供水源枯竭，造成部分地区人畜饮水困难；西北大部分地区煤炭用水主要依赖地下水，含水层遭到采煤破坏后，很容易造成地下含水层渗漏，潜水位下降，造成地下水疏干。在消耗地下水资源的同时对地下水资源造成了不可避免的污染、破坏。以山西省 2007 年煤炭开采量 6.3 亿 t 进行估算，仅一年就破坏 16 亿 m^3 的水资源（刘水泉，2009）。国际环保组织绿色和平与中科院地理所联合发布的报告《噬水之煤——煤电基地开发与水资源研究》（2012）指出：到 2015 年，内蒙古、陕西、山西、宁夏等西部煤电基地大规模开发工程每年将耗水近 100 亿 m^3，相当于四分之一条黄河的可分配水量。全国 16 个大型煤电基地每天消耗的水量相当于 2012 年北京城区日供水能力的 9 倍。据国家环保局 2010 年统计数据显示，我国排放矿井水量重复利用率不足 50%，这将加剧基地本已显现的缺水危机。

3）关于区域 / 流域的水环境问题

从煤炭开采、洗选、火力发电到煤化工的整个过程对流域环境的影响具有非直接性，会在不同程度上对地表水、地下水产生污染（王清发，2008）。煤炭开采过程直接破坏了地下水含水层结构，改变了地下水含水层的补给、径流、排泄方式，影响了地下水含水层的水循环条件。能化基地对地表水的污染来源主要有工业废水、废渣以及生活污水和废弃物的排放（李和平，2011）。煤炭、石油的开采、运输、转化利用等环节的废水、废渣、生活产生的废弃物通常不经处理（或只简单处理）直接排入河道，造成地表水严重污染。全国煤炭资源将近一半分布在黄河流域，而全国所调用的煤炭有 95% 均来自黄河流域。宋献方（2012）通过对黄河流域煤炭产量与废水排放量之间的关系进行分析，得出黄河流域煤炭产量与废水排放量成正比关系（图 2-3），产煤量高的地区废水排放量越大。

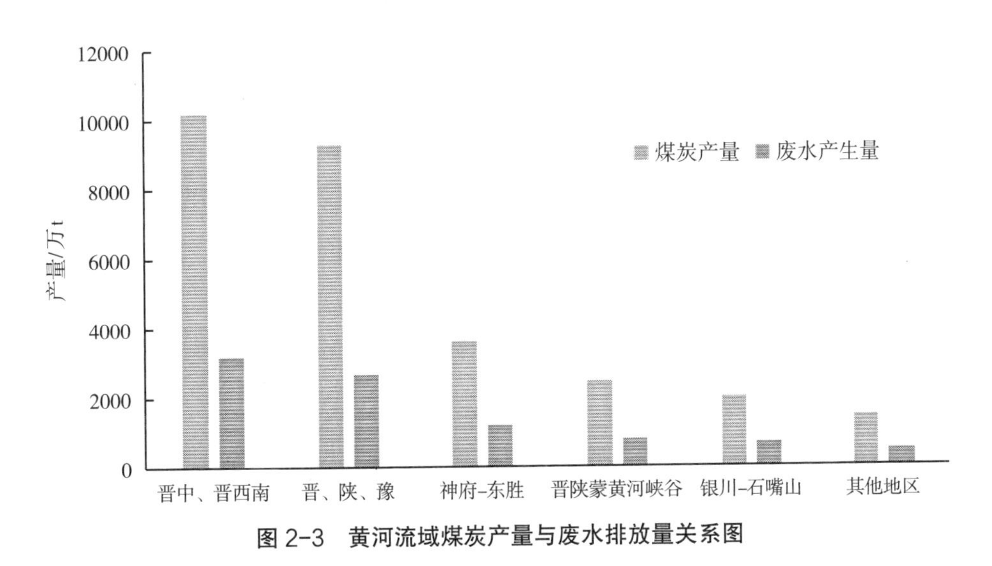

图 2-3 黄河流域煤炭产量与废水排放量关系图

（资源来源：由《噬水之煤——煤电基地开发与水资源研究》报告整理）

根据不完全统计，1993 ~ 2005 年，黄河流域发生重大水污染事故高达 40 多起，不仅造成了重大经济损失，同时威胁了流域及沿岸地区居民饮用水供水安全，严重制约着经济社会的发展。

能源化工基地对地下水的污染主要表现在工业污染上。煤炭运输过程中，由于运输条件限制，煤炭飞扬造成周围环境的污染，同时也带来了地表水以及地下水环境的污染；采矿区煤矸石露天堆放，遇到雨水冲淋，可形成酸性水，酸性水随着其他有害物质流渗入地下水，对地下水资源造成污染（杨阳，2009）；煤炭开采及转化利用过程中的矿坑水以及废污水排放对区域水环境产生了严重影响，造成局部地区地表水与地下水环境恶化。矿区地下水受到污染后，有机污染将造成水体的富营养化，破坏了水生态系统平衡。流域污水灌区的农田生态环境和总作物由于直接或间接地利用污水进行灌溉，均会受到不同程度的污染和危害，地表植被干枯，严重引起地表土壤沙化，土地肥力降低，农作物减产等，农业生产受到影响（李建中，2007）。此外，长期饮用水质不达标的水源，对人体健康也产生极大威胁。区域或流域的水质污染减少了可利用的水资源。排污量的增加，可利用的水资源量减少，造成水资源恶性循环。西部煤炭资源区几乎都位于黄河流域，缺乏纳污水体，水资源承载力不可避免地将是煤化工发展最大的制约因素。

2.3.2 水资源对煤炭开发利用约束的研究进展

从全国来看，在煤炭生产和消费结构中占较大比例的相关行业，其在水资源消耗中也占有重要地位（中国水利水电科学研究院，2014），尤其是电力、热力的生产和供应业，石油加工、炼焦及核燃料加工业，黑色金属冶炼及压延加工业，煤炭开采和洗选业，非金属矿物制品业，化学原料及化学制品制造业等。针对我国水资源、煤炭资源空间分布不匹配的现状，既要大力发展煤化工行业，又要保证区域各部门用水安全，区域经济可持续发展，积极寻求解决水资源的途径成为当务之急。

从政府层面来看，2004年国家发展改革委发布了《关于燃煤电站项目规划和建设有关要求的通知》，提出“高度重视火力发电行业的节约用水，鼓励新建、扩建燃煤电站项目采用新技术、新工艺，降低用水量；对扩建电厂项目，应进行节水改造，尽量做到发电增容不增水；在北方缺水地区，新建、扩建电厂禁止取用地下水”的要求。在《煤炭产业政策》（国家发展改革委，2007）中将煤化工发展分为“适度”“限制”“禁止”三类，政策规定“在水资源充足、煤炭资源富集地区适度发展煤化工，限制在煤炭调入区和水资源匮乏地区发展煤化工，禁止在环境容量不足地区发展煤化工”。政策中强调，煤化工产业的发展不但要受到煤炭资源的约束，还主要受到水资源条件的限制，即煤炭资源丰富的地区也要在水资源条件充足的情况下“适度”发展。《中共中央国务院关于加快水利改革发展的决定》《国务院关于实行最严格水资源管理制度的意见》（2012）确立了水资源开发利用控制、用水效率控制和水功能区限制纳污“三条红线”，并且正式确定了各规划水平年（2015、2020、2030）的全国用水总量、万元工业增加值用水量、农田灌溉水有效利用系数和水功能区水质达标率等四项具体控制指标。国家发展改革委、国家能源局正在组织编制《煤炭深加工示范项目规划》和《煤化工产业政策》，也明确了要严格控制缺水地区高耗水煤化工项目的建设。“十二五”科技发展规划中强调“重点开展水循环与水资源高效利用，战略性矿产资源和化石能源成矿（藏）规律研究”，意味着煤电基地的开发利用与水资源承载力相适应，才能适应十八大提出的建设生态文明的要求。在严峻的水资源形势下，基于水资源的合理产业规划受到越来越多的重视，特别是在水资源紧缺地区，为此水利部于2013年印发了《关于做好大型煤电基地开发规划水资源论证工作的意见》，认为科学论证煤炭基地布局与水资源承载力相适应、促进经济社会发展与水资源承载力相协调，提出能源化工基地布局方案调整意见，对于深入最严格水资源管理制度，加快经济增长方式转变和经济结构调整具有重要作用。

从以往的文献研究内容来看，关于能源化工基地水资源承载力的研究的重要内容之一为水煤资源的空间布局。从全国层面上来看，面对能源化工区水资源匮乏的困境，未来能源化工产业开发的重点将逐步西移和北移，大型煤电基地向中东部负荷中心送电成为主要发展趋势（张正陵，2007）。从能源化工基地内部来看，要在考虑不同行业耗水水平、节水潜力和发展需求，通过用水总量约束、水功能区限制纳污约束，在市场和资源环境基础综合作用下对产业结构进行调整和优化。中国水利水电科学研究院（2014年）通过对全国14个煤电基地水资源约束下的煤炭消费规模进行测算，得出宁东能源化工基地煤炭消费用水量已超过2015年的水资源红线指标，提出缩减宁东地区煤炭消费相关产业的发展规模的建议；云贵基地用水潜力较大，未来可在水资源承载力的基础上合理布局煤炭相关产业；此外，内蒙古、陕西、山西以及新疆等地区部分地市的2015年煤炭开采洗选、火电及煤化工需水总量已超过了相应地区的工业用水总量控制红线，需要严格控制当地能源化工产业的发展。管恩宏（2014）提出，能源化工产业取水合理性也是能源化工基地水资源承载力评价的重要内容，不同的水源选择其水资源承载力的选取指标不同。如以矿坑排水作为取水水源应以煤矿开采实测排水量和涌水量为依据；以再生水作为取水水源应以污水处理厂的统计资料为依据。取水合理性要从基地规模、区域水资源相关规划、水资源配置方案、水资源管理要求（包括用水总量控制、分水方案、超采区管理、水功能区管理等要求），结合国家产业政策综合论证。

从已有的研究成果来看，国家在调控煤化工行业发展的同时，还应大力推进煤化工节水和污水回用技术的应用已成为学术界的普遍共识（韩买良，2010）。不论是煤化工，还是火电行业，提高生产工艺及用水水平是最直接有效的解决水资源问题的途径。作为用水大户的火力发电行业，应调整火电冷却用水结构，大力发展空气冷却、循环水冷，限制贯流式水冷（王海峰等，2009），可节约取水量 30% ~ 50%（张志国，2010）。在煤化工产业中，作为煤化工项目中最关键的煤气化，改进煤气化装置，脱硫工艺，可降低产品的水耗、能耗；加大节水设施建设和节水技术改造的力度，进一步提高用水的重复利用率，通过电厂生产用水、井下喷雾洒水、洗煤补充水、锅炉循环水及绿化用水等措施合理利用矿坑排水。建立循环经济发展模式，降低单位能源生产用水量。此外，“水权转换”方案也取得了国家和地方政府的大力支持（张文鸽，2009），由于水权转换是通过农业节水进行有偿转换，不但可以提高水资源的利用效率，还可以提高人们的节水意识。从鄂尔多斯市已实施的水权转换项目来看，2005 ~ 2010 年共实现转换水量 7788 万 m^3，不但为煤化工企业争取到了更多的水资源使用权，更有效地提高了水资源利用效率，很好地解决了能源化工基地工业与农业争水的矛盾。

综上所述，在水资源强约束条件下，仅靠市场机制已无法做到水资源的最优配置，基于水资源承载力，本着量水而行、以水定产的原则，能源化工产业发展应立足于内部生产的节水降耗，提高水的再生和回用技术以及水权转换等方法，科学论证煤炭基地布局与水资源承载力适宜性，对促进经济社会发展与水资源承载力协调发展、实行最严格水资源管理制度、加快经济增长方式转变和经济结构调整具有重要作用。

2.4 研究进展述评

1）20 世纪 70 年代自然资源耗竭问题成为承载力研究的起源，80、90 年代研究重点转移至可再生资源的探索，2000 年后环境污染日积月累，人类活动严重受限，承载力的研究又从资源耗竭拓展到环境容量层面上。在承载力研究的进程中，其概念的内涵和外延都在不断地扩展中。由于资源环境问题产生的根源在于社会经济发展过程中对环境资源的不合理利用，区域环境容量条件、经济发展方式以及经济规模不合理是造成这一环境问题的根本原因。根据最大限制因子原理，决定区域资源环境承载力的不是优势要素，而是各要素中的短板。因此，对于资源环境承载力的研究不能只局限于资源环境系统内部的研究，应当注重把劣势因素与社会经济系统、环境系统结合起来研究，分析两个系统的内部运行规律与劣势因素之间的关系，找到它们的结合点，研究在一定的资源限制条件和环境容量下合理的经济发展规模。

2）承载力的研究客体从人口、生物物种数量等单要素逐渐扩展到生态、人口和经济规模综合体，研究内容从单项资源承载力逐步向资源环境综合承载力拓展，初步形成了较为完善的指标及方法论体系。土地资源和水资源相继成为承载力研究的热点，早期的研究大多以粮食和人口为承载对象。以人口和粮食安全为对象的土地资源承载力的研究对区域发展规划的制定具有重要意义，对资源承载力研究工作的推进和理论的发展也作出了积极贡献。

3）水资源承载力的研究沿袭了土地资源承载力的思想，注重应用和量化方法的研究，对理论基础的探讨稍显不足。对水资源承载力概念的界定主要是借鉴了 FAO 和 UNESCO 对资源承载力的定义；指标体系多集中在刻画流域或行政区等面状要素特征方面，对水资源与经济社会系统相互作用关系刻画不足；在量化方法上则吸收了《增长的极限》中所提出的系统动力学以及多目标规划方法。已有的大部分研究成果都将重点放在了承载力指标的计算上，水资源承载力与经济社会发展关系的理论基础还有待于进一步深入研究。

4）资源环境承载力综合评价将多个要素按一定规则集合在一起，或在开展单项要素评价的基础上进行综合评价，或采取一定的数理方法通过拟核特征值进而作综合评价。不管是哪种方式，实践中受到评价区域或评价目标导向的影响，往往更多地关注要素中限制作用最大的几个因子。服务于汶川、玉树地震灾后恢复重建规划的资源环境承载力评价重点关注的因子是地形和次生灾害危险性，目标导向则是人口容量大小和适宜的城镇建设用地选择。然而，尽管学术界对资源环境承载力进行了大量研究，但由于承载体与承载对象不明确、资源环境与社会经济系统之间的相互作用机理仍未厘清，承载力往往与人口容量、环境容量、区域可持续发展能力等混淆，以承载指数、协调指数等指标的宏观、抽象的结果表达对资源开发利用、可持续发展等政策制定的指导意义不明确。

5）针对我国大部分能源化工基地产业快速发展产生的高耗水量、高排放量给地区生活生产、环境和生态带来巨大压力的问题，已有研究通过对能源基地的水资源短缺、地下水超采、水环境问题突出等水资源主要问题的分析，认为科学论证能源化工基地建设布局与水资源承载力适宜性是深入落实最严格水资源管理制度的有效措施，并提出在水资源承载力的基础上合理布局煤炭相关产业是研究的核心内容。从对策建议方面来看，产业生产节水降耗、提高水再生和回用技术以及水权转换等方法措施对于经济增长方式转变和经济结构调整具有重要作用。

第3章

水资源承载力评价指标体系与方法模型

水资源承载力是一个涉及区域水资源系统、经济社会系统和生态环境系统的复杂系统。本章重点阐述了水资源承载力的概念、内涵及特性；在分析水资源承载力主要影响因素的基础上，构建了水资源承载力评价指标体系；在总结已有研究方法和测算模型的基础上，建立了水资源承载力评价的技术流程、综合评价模型，针对超载情景，提出了适度规模调整模型。

3.1 水资源承载力的概念及特性

3.1.1 水资源承载力的概念

水资源承载力（Carrying Capacity of Water Resources）是自然资源承载力的一部分。随着时代的发展和研究视角的不同，水资源承载力概念有多种不同表述。从总体上看，水资源承载力的概念内涵主要涉及区域自然环境、水资源量、社会经济技术水平、社会经济结构和承载驱动力大小等方面。本书的水资源承载力是指在一定经济技术水平下，在满足生态需水的条件下，区域（流域）可利用水量能够持续稳定支撑的产业规模和人口数量。该定义重点涉及以下三个关系：

1）水资源与其他自然资源承载力之间的平衡关系。水资源承载力的研究是在区域可持续发展理论的原则下进行的。由于水资源的承载力是针对特定的区域（流域）而言的，因此在很大程度上都受到区域（流域）综合系统的结构、内部差异的影响；

2）水资源的开发利用与经济发展之间的平衡关系。水资源承载力是水资源在社会经济及生态、环境各系统进行合理配置和有效利用的前提下，通过将有限的水资源在国民经济各部门中进行合理配置，整体上确定水资源在充分利用的前提下能够承载的人口与产业发展规模；

3）水资源的开发利用与生态系统保护之间的平衡关系。水资源的开发利用对生态环境质量有直接的限制作用，尤其是北方地区过量开采地下水，从而导致生态环境恶化而引发水土流失、河流断流等现象；相应地，生态脆弱地区的生态需水量大，需水的刚性也大，生态需水要占到水资源总量的三分之一，挤占了社会经济发展所需要的水量，影响了水资源承载力的社会经济规模。

3.1.2 水资源承载力的特性

从水资源承载力的概念来看，具有以下特性：

1）有限性

水资源承载力的有限性是指受到自然条件和社会因素的约束，在某一具体的发展阶段，水资源承载力存在阈值，即存在可能的最大承载上限。水资源承载力是水资源系统结构特征的反映，体现在以下几个方面：区域范围内所能获得的水资源量是有限的，包括本地水资源量和从外流域调入的水量均有限；在一定经济技术条件下，水资源利用效率是有限的；水环境容量是有限的，对社会经济发展规模的支撑能力也是有限的。

2）时空分异性

不同的时空尺度，相同的水资源量的承载力是不同的。水资源承载力是一个动态变化的概念，它是自然水生态系统同人类长期相互作用关系的反映，具有一定的时间尺度。不同的社会发展阶段对水资源的利用水平和技术手段方面有深远影响。如 $1m^3$ 的水在 20 世纪 50 年代和 90 年代所能生产的粮食数量或工业产值，由于用水水平不同会有较大差别；五六十年代人们只能开采几十米深的浅层地下水，而 90 年代技术条件允许开采几千米甚至上万米深的地下水；随着节水技术的不断进步，水的重复利用率不断提高，单位工农业产品需水量减少，人们利用单位水量所生产的产品也逐渐增加。水资源承载力的其他约束因素如自然资源、劳动力资源和技术资源等都具有时空分异性。例如，降水、径流等因素的时空分异的特性决定了区域（流域）水资源的丰富性，从而决定了水资源承载力的大小。另一方面，不同的时空尺度下，区域或流域的人口和经济规模也不尽相同，同样的水资源量随着人口和产业的用水需求，所能承载的社会经济规模也不相同。

3）社会性

水资源承载力的社会性即水资源可支撑的人口、经济规模。计算水资源承载力往往体现在区域或流域的人口与经济规模上，而人口与经济规模又通过社会经济系统内部结构特征、资源配置等体现出差别，例如在相同的水资源开发利用条件下，产业结构调整、人口流动等社会经济系统的优化会使社会经济规模有所不同。同时，水资源承载力的社会属性离不开特定的科技水平和管理水平这一技术内涵，这在大部分关于水资源承载力的定义中都有所体现。不同的技术水平涉及社会经济结构、发展水平，决定了不同的用水结构、各行业生产与居民生活的用水水平、节水效率等内容，因此也具有不同的社会经济发展目标与价值观念。通过梳理水资源承载力的社会属性，可以从优化社会经济系统、提高技术水平等途径提出水资源承载力对应的最佳水资源管理模式，以及如何进行资源配置才能使可利用的水资源量承载更为合理的人口规模和经济规模。

4）可增强性

区域水资源承载力是可以增强的，从技术水平的层面上，提高水资源的开发利用率、重复利用率、污水处理率可以增加水资源可利用量；从方法措施的角度而言，用水结构的调整、供水设施的增建、节水集水措施等均可以提高水资源的利用效率，从而增强水资源承载力。这种“开源节流”的方式，不断添加水资源的使用内涵，使水资源承载力在质和量两方面朝着人类预定的目标增强，从而增加水资源承载力。例如，需水量零增长（刘昌明，1997）就是区域水资源量不增加的情况下，水资源承载力增强的体现。

3.2 水资源承载力评价指标体系

水资源承载力的研究是一个由水资源系统、社会经济系统和生态环境系统相互耦合而成的复杂系统。根据水资源承载力的定义，影响水资源承载力的主要因素包括水资源、社会经济以及生态环境三个方面。参照水资源承载力已有研究成果，结合本书研究目标与内容，遵循可持续发展的原则，建立水资源承载力评价的指标体系。

3.2.1 水资源承载力的主要影响因素

3.2.1.1 水资源系统的主要影响因素

水资源系统是水资源承载力的承载主体，区域水资源承载力的大小很大程度上是由区域水资源的数量多少来决定的。而水资源承载力的研究关键问题之一是挖掘水资源开发利用的潜力，原因在于：一是水资源可利用量越大，水资源能支撑的人口规模和经济规模也越大；二是在水资源合理开发利用的阈限内，有利于水资源在自然界的循环中得以补充，不影响水资源的形成和转化，保持了水资源的开发利用的持续性。主要因素有以下几点。

1）水资源条件

区域水资源条件是影响水资源开发利用限度的主要因素。水资源条件好，对区域的承载能力就大；单位面积产水量大，则承载的人口也就更多。水资源条件包括地表水资源和地下水资源的数量、时空分布、河流水系分布状况、地形、水文地质以及气象土壤等条件。水资源作为区域生产发展的资源基础，数量越多，利用该资源发展生产的规模就可能越大。相应地，水资源的数量越少，对区域生产发展规模的限制作用也就越大。对于缺水地区，就需要限制区域高耗水产业的发展，这可能会影响区域经济发展规模。

降水为水资源的主要来源。受降水的影响，不同水文年的水资源量不同，其年际或年内变化越大，越不利于人们对水资源的开发利用。因此，水资源的变率也是影响水资源承载力的因素。

2）水资源质量

水资源的质量状况是影响区域水资源承载力的另一重要因素。水资源的质量主要包括地表水和地下水中淡水、微咸水、咸水的数量及区域分布、水体污染状况及可利用程度等。受水环境容量和水体自净能力的影响与约束，污废水的排放及入河污染物的数量直接影响到水资源的有效利用量，影响水资源各项功能的发挥。一旦污水废水进入水循环，会导致水环境恶化，对于水资源稀缺的地区，不仅加剧了供用水的难度，还形成了水质型缺水的局面，这在经济上和资源条件上增加了区域的负担。因此，本书根据研究区域（流域）不同用水户对水质的要求，利用水质达标率来衡量区域的水质状况。这一指标是衡量区域水质状况的重要指标，对区域水资源承载力大小有重要影响。

3）水资源开发利用方式与程度

水资源的开发是指水利工程状况、区域供水量和供水组成等。水资源开发现状体现了水资源承载潜力的大小。用水量是承载对象利用水平的综合体现，主要包括区域用水量、用水组成以及用水效率等，它也是影响水资源承载力的一个重要因素。水资源的最大可利用程度，是水资源开发利用的上限。水资源开发利用程度高，当前阶段的承载能力高，但未来的承载潜力不大。为保证水资源的可持续开发利用和社会经济可持续发展，水资源的开发利用率应保持在一定范围内，并在未来某个阶段内得到适当提高。

3.2.1.2　社会经济系统的主要影响因素

社会经济系统是水资源承载力的客体，其最终的承载对象是人口数量和产业发展规模。人口作为社会经济系统的核心，既是连接水资源系统和社会经济系统的纽带，又是承载结果的直接体现。从水资源系统和社会经济系统之间的关系入手，本书认为区域人口的数量、质量、构成及空间分布等会对区域水资源的开发利用产生影响；农业内部种植结构、灌溉面积、灌溉定额，产业内部结构、单位产品用水定额、产量等也成为影响水资源承载力大小的主要因素。

1）人口的数量、分布与构成特征

区域人口的数量对生产分布和区域发展有重要影响，区域的人口数量应具备合理的阈值。在一定条件下，人口对区域社会经济的发展具有加速或延缓作用。区域人口特征主要有性别、年龄、职业及人口增长率、人口素质等特征。性别比例影响区域社会稳定、经济生活的效率；年龄构成不仅影响人口再生能力，还对区域经济发展产生影响；职业特征对区域不同产业部门的发展、科学技术的进步、人口的消费水平等有很大影响，还直接决定了区域生产力发展水平和生产方式。这些因素在根本上决定了人口用水量定额的大小，也是对提高水资源承载力具有重要影响的因素。

研究人口的空间分布也具有实际意义。人口分布影响区域扩展方向，反之，区域空间发展的态势引导人口集聚。人口密度是衡量人口分布的指标，本书采用人口密度以及人均水资源量等指标，刻画区域的人均水资源占有量水平；基于社会经济的角度，判断区域水资源承载力现状。

2）人口的生活用水量

社会系统需水主要指人口的生活用水，包括城镇、农村居民生活用水和公共用水两部分。其中居民生活用水是维持居民日常生活的家庭和个人包括饮用、洗涤、卫生等用水。根据《国民经济行业分类》GB/T 4754—2017，参照城市用水分类标准，任何区域的居民生活用水可分为城市居民生活用水、农村居民生活用水和公共供水站用水。公共用水主要包括机关、学校、科研、饭店、旅店、商店、医院、影剧院、浴池、市政、园林、消防等用水。具体分类及其包括范围见表3-1。

公共用水分类及包括范围表 **表3-1**

类别	包括范围
公共服务用水	为区域社会公共生活服务的用水
公共设施服务用水	公共交通、园林绿化、环境卫生、市政工程管理和其他公共服务业的用水
社会设施服务用水	理发、沐浴、洗染、摄影扩印、日用品修理、殡葬以及其他社会服务业用水
批发和零售贸易业用水	各类批发业、零售业和商业经纪等用水
餐饮业、旅馆业用水	宾馆、饭店、旅馆、餐厅、饮食店、招待所等的用水
卫生事业用水	医院、疗养院、卫生防疫站、药品检查以及其他卫生事业的用水
文娱体育事业、文艺广电用水	各类娱乐场所和体育事业单位、体育场馆、艺术、新闻、出版、广播、电视和影视拍摄等事业单位的用水
教育事业用水	所有教育事业单位的用水
社会福利和保障业用水	社会福利、社会保险和就业以及其他福利保障业的用水
科研和综合技术服务业用水	科学研究、气象、地震、测绘、环保、工程设计等单位的用水
金融、保险、房地产业用水	银行、信托、证券、典当、房地产开发、经营、管理等单位的用水
机关、企事业管理机构和社会团体用水	党政机关、军警部队、社会团体、基层群众自治组织、企事业管理机构和境外非经营单位的驻华办事机构、驻华外国使馆等的用水

国家建设部门于 2002 年制定的《城市居民生活用水用量标准》GB/T 50331—2002，是将城市居民生活用水量标准按照地域分区：一类区适用于黑龙江、吉林、辽宁、内蒙古，其人均日用水量为 80 ~ 135L/（d·人）；二类区适用于北京、天津、河北、山东、河南、山西、陕西、宁夏、甘肃，其人均日用水量为 85 ~ 140L/（d·人）；三类区适用于上海、江苏、浙江、福建、江西、湖北、湖南、安徽，其人均日用水量为 120 ~ 180L/（d·人）；四类区适用于广西、广东、海南，其人均日用水量为 150 ~ 220L/（d·人）；五类区适用于重庆、四川、贵州、云南，其人均日用水量为 100 ~ 140 L/（d·人）；六类区适用于新疆、西藏、青海，其人均日用水量为 75 ~ 125 L/（d·人）。此外，城市规模的大小也决定了生活用水的定额，其选取标准见表 3-2。

生活用水定额选取参照标准表　　表 3-2

用水分类	城市或农村规模	用水定额 [L/（d·人）]
居住用水	100 万人以上特大城市	120 ~ 160
	50 万 ~ 100 万人大城市	110 ~ 130
	10 万 ~ 50 万人中小城市	100 ~ 120
	5 万 ~ 10 万人城镇	90 ~ 120
	农村	90
公共用水	省会、旅游城市	占居住用水的 50%
	一般城市	占居住用水的 40%
	县城	占居住用水的 30%

3）产业结构

从用水角度来讲，产业结构即用水结构，对区域用水量的大小有直接的影响。随着生产力的发展，需水量将大大增加。缺水地区往往通过调整产业结构来缓解水资源的供需矛盾。按照产业分类法（表 3-3），以经济活动与自然界的关系为标准将全部经济活动划分为第一产业、第二产业和第三产业。

国民经济部门分类表　　表 3-3

产业分类	行业分类		类别
第一产业	农业	农业	农、林、牧、渔、其他农业
第二产业	工业	采掘工业	煤炭、石油、天然气、金属矿和非金属矿开采业
		食品工业	食品、饮料、烟草、饲料加工制造业
		纺织工业	纺织业、缝纫与皮革制造业
		木材家具业	木材加工业、家具制造业

续表

产业分类	行业分类		类别
第二产业	工业	造纸工业	造纸及纸制品业、印刷业和文教体育艺术用品制造业等
		电力工业	电力及蒸汽、热水生产与供应业
		石油工业	石油加工业、炼焦、煤气及煤制品业
		化学工业	化工材料、化工产品、塑料制品、化学农药、医药等
		建材工业	建筑材料、非金属矿物制造业
		冶金工业	金属冶炼及压延加工业、金属制品业
		机械工业	机械、交通设备、电气、电子机械、仪器仪表及其他计量器具制造业、机械修理等
		其他工业	其他生产、生活用品制造、废品及废料的处理
	建筑业	建筑业	建筑业
第三产业	交通邮电业	交通邮电业	货运业、客运业、邮电业
	服务业	商业饮食业	商业、餐饮住宿业
		其他服务业	公共事业及居民服务业、文教卫生科研事业、金融保险业、行政机关

4）生产力水平

科学技术也是生产力，是提高承载能力最有效的手段。不同历史时期或同一历史时期的不同地区都具有不同的生产力水平。发达国家国民生产总值的增长中，科技进步因素所占比重在20世纪80年代高达60% ~ 80%。科学技术的进步，对未来提高各行业生产水平具有不可估量的作用，对提高水资源承载能力产生了重要影响。农业作为水资源的消耗大户，灌溉方式、节水技术的进步已使单位立方米水的粮食生产率已提高了9.25倍，在保障粮食安全的前提下农业用水量的比例也大幅减少；先进的生产水平的引入、工业重复用水率的提高等对工业用水效率具有极大的推动作用。本书采用亩均灌溉用水量、单位工业产品用水量、工业用水重复率作为生产力水平的表征。

5）水资源分布与产业布局

从区域社会经济的发展角度看，水资源的分布在一定程度上指导着人口分布和产业布局，寻求与水资源相适应的人口分布和产业布局也是研究水资源承载力的重要研究内容。本书从水资源的空间分布与人口、产业的空间分布特征入手，结合区域相关规划的要求，在分析现状的基础上对近远期进行预测，通过水资源承载力的发展变化情况对区域合理的人口和产业集聚模式提供科学依据。

3.2.1.3　生态环境系统的主要影响因素

生态用水量也是影响水资源承载力的因素之一。水资源的循环和补给离不开生态系统。从生态环境系统与水的关系角度出发，水对生态环境质量有明显的限制作用，生态系统对水的需求也存在胁迫响应机制。生态环境用水（汤奇成，1995）主要的用途之一就是依据水资源的承载能力，协调国民经济各部门的发展。现如今，在全国水资源开发利用的格局中，生态用水所占比重逐年增加，已成为不可忽视的重要用水部门之一。然而，考虑到生态系统庞大、生态系统范围以及生态需水量的计算范围不甚明确，本书以统计年鉴中生态用水量这一指标作为参照，综合计算现状生态用水量，并进行近远期的情景预测。

3.2.2　水资源承载力评价指标体系设计原则

由于水资源、自然环境与社会经济的承载关系涉及多方面，水资源本身的不确定性又加深定量刻画这一复杂关系的难度。因此，本书通过建立水资源承载力指标体系，从区域水资源出发，根据承载对象——人口、经济、生态环境三个层面开展研究，全面定量刻画区域社会经济和生态环境协调发展的状况，从中寻求提高水资源承载力的途径，指导水资源管理和配置。理论上，指标的选取应根据水资源的特征、人类活动对其的客观影响方式来确定，通过水资源的动态变化反映被承载的社会经济发展趋势、规模、结构、水平。

因此，研究认为水资源承载力指标的选取重点应从以下几个方面加以考虑：人口和经济规模是反映水资源承载力大小的最直接指标；水资源承载力评价指标体系要体现其动态变化性；评价性指标与量化指标结合，既要刻画出现状水资源承载力大小，又要对水资源承载潜力进行探索。在构建水资源支撑社会可持续发展及水资源承载能力评价指标体系时，应遵循以下原则。

1）可持续性原则

水资源承载力的研究是以承载对象得到可持续发展为目标，不仅包括水资源系统、社会系统、经济系统、生态环境系统的本身可持续性，还包括这几个子系统的协调发展的可持续性。选取的指标要能综合地反映各个系统对区域水资源承载力的主要影响因素，如水土资源协调性、生态环境保护与治理状况、人口与教育水平、经济系统等。需要按照自然规律和经济规律，根据可持续发展理论定义指标的概念和计算方法，科学地制定能够反映承载对象以及系统的可持续性指标。

2）可比性原则

指标体系中的指标内容应简洁清晰，易于理解，采用标准的名称、概念、计算方法，使之与国际指标具有可比性，同时又要考虑我国的实际情况、顾及区域与区域之间的差异。通常以人均、百分比、增长率、效益等表示。

3）可操作性原则

水资源承载力的研究结果是寻求适于研究区域的合理的人口和产业发展规模，同时也为更好地指导政府制定相关的水资源规划和开展水资源管理工作，根据研究结果提出合理的产业、城镇发展方向，以供政府参考。因此，指标必须要根据政府制定的政策目标相关。

4）可预测性原则

鉴于水资源承载力的动态性特征，选取的指标应能够显示人口、经济系统状态在时间和空间尺度上的变化。指标体系针对水资源承载力的现状刻画具有可操作性，又要对未来的发展变化有预测能力；既要反映系统在区域某一阶段的发展状态，又要反映系统的整体发展过程。

3.2.3 水资源承载力评价指标体系设计

水资源承载力评价指标体系是区域水资源承载力研究的核心内容。根据前文对水资源承载力理论基础的阐述，本书认为水资源承载力的研究是基于可持续发展理论、水资源—生态—社会经济复合系统理论、水循环理论以及供需协调理论的基础上的。根据水资源承载力的影响因素，将水资源承载力的指标划分为 4 大类，分别是水资源系统类指标、社会系统类指标、经济系统类指标和生态环境系统类指标；通过对 4 大类指标的计算和分析，反映区域水资源支撑的人口规模、区域水资源支撑的经济规模、水资源承载状态以及水资源系统与社会、经济及生态环境系统的协调状况，4 大类指标及它们所反映的指标状态即构成水资源承载力的指标体系（表 3-4）。

水资源承载力评价指标构成、算法及说明表　　表 3-4

指标类型	指标构成	指标算法	指标作用
水资源数量及特征指标	水资源量 W	$W=R+Q-D$ 其中，河川径流量 R；地下水补给量 Q；地表水与地下水的重复水量 D	区域（流域）水资源总量的大小及组成
	径流变差系数 C_v、K_m	$C_v=\sqrt{\sum_{i=1}^{n}\frac{(K_i-1)^2}{n-1}}$ $K_m=\left\|\frac{R_{max}}{R_{min}}\right\|$ 其中，K_i 为第 i 年的年径流变率；R_{max} 为多年最大年径流量；R_{min} 为多年最小年径流量	年径流量年际相对变化幅度，指标值越大，径流年际变化越剧烈，越不利于径流利用
	水资源可利用量 R_a	$R_{sa}=R_s-W_{emin}-W_f$ $R_a=R_{sa}+R$ 其中，R_{sa} 为地表水可利用量；R_s 为地表水资源量；W_{emin} 为河道内最小生态需水量；W_f 为洪水弃水量；R_{ga} 为地下水可开采量	区域（流域）可被利用的水资源总量，是计算水资源承载力的基础

续表

指标类型	指标构成	指标算法	指标作用
水资源数量及特征指标	水资源开发利用率 E	$E=C/R_a\times100\%$ 其中，C 为用水量；R_a 为水资源可利用量	水资源开发利用程度： $E<10\%$ 时，水资源可大规模开发利用；$10\%<E<20\%$ 时，环境资源约束开始显现；$20\%<E<40\%$ 时，水资源利用紧张； $E>40\%$ 时，严重缺水
居民生活用水指标	人口数量 P	—	—
	城镇化率	城镇人口 / 总人口（%）	城镇化率反映人口向城市聚集的过程和聚集程度
	人均 GDP	国内生产总值 GDP/ 总人口	衡量区域（流域）人口经济发展状况
	居民生活用水定额	参照 2013 年陕西省行业用水定额标准	表征人口生活方式及用水水平
生产用水指标	GDP 年均增长率 z	$Z=\left[\left(\frac{N_i}{N_j}\right)^{i-j}-1\right]\times100\%$ 其中，N_i 为第 i 年 GDP；N_j 为第 j 年 GDP	表征区域经济发展速度
	工业用水定额 σ	参照 2013 年陕西省行业用水定额标准	表征工业产品生产方式及用水水平
	工业用水重复利用率 W	$W=\frac{W_{cy}+W_{rc}}{W_{fr}+W_{rc}+W_{cy}}\times100\%$ W_{cy} 为循环用水量；W_{rc} 为复用水量；W_{fr} 为新鲜用水量	指标反映工业用水的水平高低，同时也是预测工业取用水量的重要参数
	灌溉作物种植比例	各种灌溉作物种植面积之比	反映区域（流域）灌溉农业种植结构
	灌溉率 η	$\eta=S_r/S_e$ S_r 指实际灌溉面积，S_e 为有效灌溉面积	实际灌溉面积与有效灌溉面积之比
	灌溉水利用效率	参考区域（流域）灌溉农业参数	区域（流域）灌溉农业用水水平
	灌溉用水定额 m	$ET=\alpha E_0+b$ $\Sigma ET=\alpha\Sigma ET_0=\alpha\Sigma ET_{80}$ $m=\frac{ET\times P_r}{A}$ 其中，ET 为某时段内作物需水量；E_0 为与 ET 同时段的水面蒸发量（一般采用 80cm 口径蒸发皿的蒸发值；α 为各时段的需水系数；b 为经验常数；P_r 为作物生长期；A 为作物灌溉面积）	农业用水管理的微观指标，体现现有灌溉农业技术水平，为农业种植结构的调整提供依据
	牲畜用水定额	参照 2013 年陕西省行业用水定额标准	表征牲畜用水水平
生态环境用水指标	生态环境用水率 ρ	$\rho=W_e/W_{ave}\times100\%$ 其中，W_e 为生态环境用水量，W_{ave} 为平均水资源量	生态系统对水资源的需求
	河流断流天数 t	平均发生断流天数	区域生态环境健康状况
	污径比 β	$\beta=W_{sw}/W_{ave}\times100\%$ 其中，W_{sw} 为平均废污水排放量；W_{ave} 为平均径流	经济发展对水资源及水环境的影响

3.3 水资源承载力的计算方法

根据水资源承载力的定义，水资源承载力的承载对象主要包括区域（流域）水资源所能承载的人口规模和经济规模。其中，人口规模即在一定社会经济发展水平下，水资源能承载的城镇人口、农村人口数量；经济规模即水资源能承载的作物灌溉面积、工业产品产量以及第三产业的行业数量与发展规模。计算水资源所能承载的人口规模与经济规模，首先要明确承载对象的现状计算方法及预测方法。

3.3.1 现状用水量的计算方法

本书中各部门的用水量按生活用水、生产用水和其他用水三类统计。生活用水包括居民家庭用水；生产用水包括农林牧渔业、工业用水；其他用水包括行政事业单位、部队营区及公共设施服务、社会服务业、旅馆餐饮等公共服务业单位用水、消防及除生产及生活用水范围以外的各种特殊用水。一般而言，产业用水量可以采用定额法来计算，即单位用水定额与用水规模的乘积来表示。

1）居民生活用水量的计算

本书中居民生活用水量包括城镇居民生活用水量和农村居民生活用水量。城镇生活用水包括城镇公共设施和流动人口用水；农村生活用水为农村居民生活用水。生活用水量的计算公式可表示为：

$$D_p=P_u\times\omega_u+P_r\times\omega_r \tag{3-1}$$

其中，D_p 为居民生活用水总量，P_u 为城镇人口数量，ω_u 为城镇人口生活用水定额，单位为 L/（人·d），P_r 为农村人口数量，ω_r 为农村人口生活用水定额。根据区域国民经济和社会发展统计公报数据，统计城镇居民与农村居民数量，参照陕西省行业用水定额（2013），居民生活用水量即人口数量与居民生活用水定额的乘积。

2）农业用水量的计算

农业用水包括灌溉用水、牧业、渔业、林业等行业用水，其中农业灌溉用水是指除天然降水供给外，通过各种水利设施补送到农田的水量，榆林市灌溉用水约占农业用水总量的 70% 以上。农业灌溉用水包括水浇地和水田的灌溉用水量，采用灌溉定额的方法进行计算和预测。农业灌溉定额即作物播种前及全生育期的所需灌溉的水量。

根据不同灌区的面积、管理措施、防渗水平、田间配套措施、灌溉技术与方式等不同特性，农业灌溉用水水平不同，可用灌溉水利用效率来反映。相对工业产值而言，由于农业经济效益较低，作为第一产业，农业的发展定位是首要保障粮食安全和社会稳定的产业。本书中农业用水量可包括作物灌溉用水量、牲畜/家禽用水量。随着工业化、城市化进程的不断推进，不能单纯依赖增加粮食种植面积来实现粮食增产，而是通过增加作物单产提高粮食产量。因此，本书也采用灌溉率这一指标表征农业生产水平。作物的实际灌溉面积可表示为：

$$S_r=S_e\times q_i \tag{3-2}$$

其中，S_r为实际灌溉面积，S_e为有效灌溉面积，灌溉率为q_i。灌溉用水可分为净灌溉用水量M_n、毛灌溉用水量M_g，通过渠系水有效利用系数η进行表示：

$$\eta=M_n/M_g \tag{3-3}$$

灌溉用地一般又可分为水田、水浇地、菜地等类型，对应的用水类型分别为水田用水量、水浇地用水量和菜地用水量。根据区域（流域）自然地理、作物种类分布及流域特征，把区域（流域）划分成若干个计算单元，单元的划分大小按照作物灌溉用水定额差异为准，同一个计算单元的灌溉用水定额相同。参照区域（流域）内主要代表性的灌溉作物的需水规律的背景资料，计算灌溉作物的灌溉制度与灌溉定额。作物的灌溉用水量即灌溉面积与灌溉定额的乘积。因此，灌溉用水量的计算公式可表示为：

$$W_c=\sum_{i=1}^{n}A_i\times m_i \tag{3-4}$$

其中，i为灌溉面积的种类，n为灌溉面积类型总量，A_i为某种灌溉类型用地的面积，m_i为该用地类型的作物灌溉定额，W_c为灌溉总用水量。

农村牲畜用水量的计算公式可表示为：

$$W_p=\sum_{i=1}^{n}n_i\times\rho_i \tag{3-5}$$

式中，W_p为牲畜用水量；n_i为第i种牲畜或家禽头数或只数；ρ_i为第i种牲畜或家禽用水定额，n为牲畜、家禽的种类。因此，农业用水量即灌溉用水量、牲畜用水量的总和，可表述为：

$$W_t=\sum_{i=1}^{n}A_i\times m_i+\sum_{i=1}^{n}n_i\times\rho_i \tag{3-6}$$

3）工业用水量的计算

以往水资源承载力的研究通过建立工业产值与用水量之间的关系，计算水资源承载的经济规模。然而工业产品的价格因素往往会造成工业产值的显著年际差异，这种差异直接体现在产业规模上，使计算结果不具可比性。考虑到工业产值这一指标的波动性，本书以主要工业产品产量为指标，计算区域（流域）工业用水量，以达到准确计算水资源承载经济规模的目的。由于工业用水种类较多，本书根据区域国民经济和社会发展统计公报数据对各类工业产品的产量的统计数据，选取主要工业产品作为基本用水单元。这些工业产品几乎涵盖了研究区所有主要耗水行业，因此可以近似估算为第二产业的用水量。需要说明的是，本书的工业用水量是指工业生产取用的新鲜水量，不含生产过程中的重复利用水量。工业用水量的计算公式可表示为：

$$D_t=\sum_{i=1}^{n} P_i\times\sigma_i \tag{3-7}$$

其中，D_t 为工业用水总量，P_i 为第 i 类工业产品产量，σ_i 为第 i 类工业产品单位产量用水定额，定额的确定参照陕西省行业用水定额（2013）标准，n 为计算的工业产品种类总数。各类工业产品的用水量即工业产品的产量与单位工业产品用水定额的乘积。

4）其他用水量的计算

其他用水量包括第三产业生产运营用水、交通运输、物流仓储业用水等。由于公共生活用水行为大多是伴随服务业发生的，公共生活用水包含于第三产业各行业中，主要体现在服务业从业人员和服务对象的用水以及设备用水。由于此类数据涉及面广，考虑到用水单元数量庞大，容易产生遗漏或误测，因此不宜采用定额法计算行业用水量，本书利用水资源公报中各类用水总量为指标，不再进行第三产业的行业分解与定额测算。

3.3.2 社会经济发展及需水量预测方法

3.3.2.1 人口及用水定额预测方法

参照《区域水资源高效利用与可持续发展关键技术研究》，本书根据中国水利水电科学院对鄂尔多斯市的各个用水部门用水量预测方法进行需水量的预测。本书中生活需水量相应地分为城镇居民和农村居民两类，采用人均日用水量方法进行预测。计算公式为：

$$D_{np}^{i}=(P_u^i\times\omega_u^i+P_u^i\times(1-r_i)\,\omega_r^i)\times 365/1000 \tag{3-8}$$

$$D_{gp}^{i}=\frac{D_{np}^{i}}{\eta_{ut}^{i}} \tag{3-9}$$

其中，D_{np}^{i} 为第 i 年的生活净需水量，P_u^i 为第 i 年城市人口的数量，ω_u^i 为城镇居民生活用水净定额，r_i 为城市化率，ω_r^i 为农村居民生活用水净定额，单位为 L/（人·d）;

D_{gp}^{i} 为第 i 年的生活毛需水量，单位为万 m^3；η_{ut}^{i} 为第 i 年的生活供水系统利用系数，考虑到农村居民取水方式区别于城镇居民，此系数特指城镇居民的居民生活供水系统利用率。

3.3.2.2　农业需水量预测方法

农业需水量受到社会、经济、人口、环境及水资源禀赋等诸多因素的影响。根据农业用水量的统计数据,农业需水增长具有较强的阶段性。尤其是农业节水措施的施行,灌溉用水会出现零增长、负增长的情况。结合榆林市能源化工行业的崛起与迅猛发展,采用传统的农业需水量预测方法，如系统动力学法、回归分析法、灰色预测模型、小波分析理论等对农业需水量的预测会在很大程度上偏离实际。考虑到农作物产量的变化较稳定,通过单种作物灌溉定额来预测灌溉需水量则相对科学、可靠。基于以上几点,本书以单种作物为基础，采用定额法对农业灌溉用水量进行预测，计算公式可表示为：

$$D_a = \sum_{i=1}^{n} \frac{A_i \times m_i}{\eta_i} \tag{3-10}$$

其中，D_a 为农业灌溉用水量，A_i 为第 i 种作物的灌溉面积，m_i 为第 i 种作物的灌溉定额，η_i 为第 i 地块的灌溉水的利用效率，n 为作物类型的总数。式（3-10）中对灌溉定额的确定是预测灌溉需水量的关键所在。因此，灌溉定额的确定方法如下。

就水分条件而言，榆林市干燥度大于 1.5，复种指数为 120% ~ 140%。农田灌溉受到自然和人为多种复杂而多变的因素影响，大到不同流域，小到每块农田单元，对灌溉的要求不尽相同。陕西省水利厅（2013）将全省划分为 10 个农林牧渔业分区，其中榆林市北六县，包括定边、靖边、横山、榆林、神木、府谷属于长城沿线风沙草滩区，南六县包括佳县、吴堡、米脂、绥德、子洲、清涧属于黄土丘陵沟壑区。

长城沿线风沙草滩区位于陕西省北部长城沿线一带，本区属于温带半干旱大陆性季风气候，年平均气温 7.8 ~ 8.5℃，大于 10℃积温 2900 ~ 3370℃，无霜期约 155 ~ 172d。年降水量 300 ~ 400mm，7 月、8 月降水量占全年降水量的 54%。蒸发量大，年水面蒸发超过 1500mm，是降水量的 3 ~ 4 倍。本区为全省气温最低，积温最少，无霜期最短，风沙最多，降水量最少，蒸发量最大，气候最干燥的地区。农作物以糜谷、玉米、薯类、麦类为主,川道有少量水稻。冬小麦水分自给度为 0.15 ~ 0.22,春玉米水分自给度为 0.28 ~ 0.46。

黄土丘陵沟壑区位于长城沿线以南，甘泉、延长以北。区内沟壑纵横、梁峁交错，丘陵起伏，地形破碎，沟壑密度为全省最大，水土流失面积占全区面积 90% 以上。该区年平均气温 7.8 ~ 11.3℃，大于 10℃积温 2800 ~ 3600℃，年平均降水约 500mm，且较为集中在 7 ~ 9 月上旬。本区地势较高，干旱缺水、春夏连旱，4 ~ 6 月多年平均降水量约 100mm，仅占作物需水量的 22% ~ 41%。农作物生长发育不良，产量低而不稳。农作物以糜谷、玉米、薯类、麦类为主。

1）参考作物需水量的计算

参考作物需水量计算方法采用了 1990 年 FAO 对参考表面的定义，即参考表面为生长均匀茂盛、完全遮蔽地面、供水充分、植株高度 0.12m、具有固定的表面阻力（70s/m）和反射率（0.23）的面积无限大的绿色草地。选用 FAO 推荐的最新版本 Penman-Monteith 公式计算各地的参考作物需水量，其表达形式如式（3-11）所示。

$$ET_0=\frac{0.408\Delta(R_n-G)+\gamma\dfrac{900}{T+273}U_2(e_a-e_d)}{\Delta+\gamma(1+0.34U_2)} \tag{3-11}$$

其中，ET_0 为参考作物蒸散量（mm/d）；R_n 为作物表面净辐射 [MJ/（m^2· d）]；G 为土壤热通量 [MJ/（m^2· d）]；T 为距地面 2m 高处气温（℃）；U_2 为距地 2m 高处风速（m/s）；e_d 为饱和水汽压（kPa）；e_a 为实际水汽压（kPa）；Δ 为饱和水汽压与温度曲线斜率（kPa/℃）；γ 为湿度计常数（kPa/℃）。

本书利用 Penman-Monteith 公式计算参考作物需水量时以旬为时间单元，采用标准气象资料，包括旬平均温度、旬平均最高温度、旬平均最低温度、旬平均日照时数、旬平均相对湿度和旬平均风速。以 1961 ~ 2009 年的逐旬气象数据为基础，采用 Penman-Monteith 公式计算各区县参考作物需水量值，并通过相应的累加，计算了各代表点的逐月和逐年参考作物需水量值。各月参考作物需水量均值如表 3-5 所示。

陕西省多年平均参考作物需水量计算结果表 表 3-5

分区	1 月	2 月	3 月	4 月	5 月	6 月	年需水量
长城沿线风沙草滩区	0.21	0.65	1.72	3.14	4.19	4.63	799.9
黄土丘陵沟壑区	0.24	0.65	1.56	2.75	3.78	4.24	
分区	7 月	8 月	9 月	10 月	11 月	12 月	年需水量
长城沿线风沙草滩区	4.29	3.43	2.18	1.16	0.47	0.13	731.7
黄土丘陵沟壑区	3.85	3.21	2.00	1.12	0.44	0.13	

2）主要农作物需水量的计算方法

牧草的需水量主要由参考作物需水量推求，其计算方法为：

$$ET_c=k_c\times ET_0 \tag{3-12}$$

式中：ET_c 为农作物和果树生育期的需水量（mm）；ET_0 为农作物和果树生育

期内的参考作物需水量（mm）；k_c 是由草坪草特性决定的系数，对天然牧草可取在 0.60 ~ 0.98，取均值 0.79，对人工牧草可在 0.64 ~ 1.12 取值，取均值 0.88。考虑到天然牧草面积较大，榆林市水资源不足，人工牧草净灌溉定额可按计算结果 0.80 倍执行，天然牧草可按关键期灌水，净灌溉定额 60m³/ 亩左右。据《森林水文学》（中野秀章，1983），林地需水量可按凯勒（Keller）公式、特克（Turc）公式计算，分别表示为：

$$ET_c=100+50T-0.333T^2 \tag{3-13}$$

$$ET_c=P/[0.9+(P/E_0)^2]^{0.5} \tag{3-14}$$

$$E_0=300+25T+0.05T^3 \tag{3-15}$$

式中：ET_c 表示林地全年需水量（mm）；T 为年平均气温；P 为年降水量，E_0 为给定气象条件和水分充足条件下的林地最大需水量（mm）。采用以上两式计算不同地区的中等年林地需水量平均差值在 30% 以内，说明以上两式计算基本合理。

黄红麻类作物的需水量计算方法可用式（3-16）表示，式中，ET_c 表示麻类生育期需水量（mm）；Y 表示麻类产量（kg/ 亩）；E_0 表示同期蒸发量（mm）。

$$ET_c=0.057\times(108+1.45Y)E_0^{0.5} \tag{3-16}$$

苹果需水量可通过日需水强度法估算，参照《果树栽培学总论》的参数，苹果 4 月中旬 ~ 9 月中旬的需水量为 419mm；另外，根据灌溉经验，苹果一般要冬灌一次，灌水量为 50m³/ 亩。对于其他果树，桃树可参照梨树，杏树参照苹果树的净灌溉定额，结合当地经验确定。

3）有效降水量的计算方法

$$P_e=\sigma\times P \tag{3-17}$$

其中，P_e 为农作物和果树等全生育期的有效降水量（mm）；P 为农作物和果树全生育期的降水量（mm）；σ 为农作物和果树等全生育期的降水有效利用系数。

据康绍忠（1991）等研究成果的整理，陕西省小麦、水稻的降水有效系数为 1.0，考虑到果树及林地和牧草一般生长在坡地，降水有效利用系数较低，根据地形、各分区的径流系数确定为 0.8；蔬菜及苗圃于平地种植，由于其精耕细作，耗水较多，降水有效利用系数确定为 0.95；其他大豆、花生等春夏作物降水有效系数参考各分区玉米的降水有效利用系数和中等年降水量确定为 0.9，降水有效系数详见表 3-6。

榆林市农作物全生育期的降水有效利用系数表　　表 3-6

分区	春玉米				其他春夏作物	果树、林、牧草地	蔬菜及苗圃
	0 ~ 300	300 ~ 400	400 ~ 500	500 ~ 600			
长城沿线风沙草滩区	1.0	0.96	0.91	0.83	0.90	0.80	0.95
黄土丘陵沟壑区	1.0	0.96	0.91	0.83	0.90	0.80	0.95

通过对多点气象资料进行分析得知，年降水量值与蒸发量、参考作物需水量值之间呈显著的负相关关系。因此在作物水分供需平衡状况分析过程中，各水文年下降水量与参考作物需水量的取值如表 3-7 所示。

不同水文年份下降水量与参考作物需水量的取值表　　表 3-7

水文年	降水频率值	参考作物需水量频率值	蒸发量频率值
湿润年	P=25%	P=75%	P=75%
中等年	P=50%	P=50%	P=50%
干旱年	P=75%	P=25%	P=25%

在确定各分区年均降水量的基础上，按不同分区 Pearson- Ⅲ型曲线参数确定不同水文年各分区降水量，并按典型年法分配各分区月降水量。根据数据计算结果，榆林市各分区的参考作物需水量的 C_V 值为 0.05 ~ 0.10，干旱年、湿润年的参考作物需水量值分别为中等年的 1.05、0.95 倍左右。由于农作物及牧草的需水量与参考作物需水量显著相关，可认为干旱年的农、林地及牧草需水量的值分别为中等年的 1.05 倍、0.95 倍左右。

小麦、玉米的生育期及全生育期各水平年总需水量统计表　　表 3-8

分区	冬小麦（mm）					春玉米（mm）				
	生育期	ET_0	湿润年	中等年	干旱年	生育期	ET_0	湿润年	中等年	干旱年
长城沿线风沙草滩区	268	447.5	520.7	548.1	575.5	153	573.5	559.5	589.0	618.4
黄土丘陵沟壑区	259	378.0	439.9	463.1	486.2	153	523.2	510.5	537.4	564.2

根据以上计算结果，考虑各分区的实际情况，参照《中国主要作物需水量与灌溉》《中国北方地区蔬菜作物缺水量分布状况图》以及《陕西省农业用水定额修订说明》主要参数和标准（表 3-8），各类农作物的需水量可通过需水系数法计算，根据作物生长月份的有效降水量计算有效降水量、蒸发量，计算得到不同水文年份的作物缺水量。

湿润年各值乘以修正系数 1.05，干旱年各值乘以修正系数 0.95，依次确定出各类作物的缺水量，据此算出灌溉定额（表 3-9）。

榆林市主要农作物净灌溉定额表　　表 3-9

作物种类	长城沿线风沙草滩区（m^3/亩）			黄土丘陵沟壑区（m^3/亩）		
	湿润年	中等年	干旱年	湿润年	中等年	干旱年
小麦	150	200	250	110	160	200
玉米	110	140	170	60	90	130
春谷子	32	125	185	35	95	125
马铃薯	60	150	180	70	130	220
蔬菜	290	400	490	230	330	420
保护地蔬菜	360	460	540	290	390	470
花生	40	120	170	0	50	170
大豆	0	40	100	0	0	170
麻类	90	150	200	60	120	160
苹果	110	180	230	70	140	180
葡萄	—	—	—	120	200	250
梨树	130	200	260	70	140	210
西瓜	70	140	200	30	100	150
甜瓜	230	310	370	190	270	330
人工牧草	180	270	340	90	170	240
天然牧草	130	220	290	50	130	190
苗圃	520	650	750	250	360	440
林地	0	70	130	0	50	120
池塘水面	1110	1370	1610	1055	11900	1230

注：保护地蔬菜在每年 4 ~ 9 月开棚，10 月 ~ 次年 4 月为保护地，因此可认为蔬菜保护地的有效降水量为 4 ~ 9 月的有效降水量；花生、大豆平均需水系数为 1600kg/kg。

3.3.2.3　工业用水量的预测方法

对于任何区域而言，工业是国民经济发展的重要增长极，工业需水量的大小与区域、城市规划的制定有重要意义。工业需水量的大小也直接决定了工业规模的大小。因此，对工业需水量进行合理预测是水资源规划管理、区域经济协调发展的重要内容。目前，工业需水量通常采用定额法、多元回归法、趋势预测法、灰色预测理论等。其中，作为全国水资源综合规划技术大纲中指定的方法——定额法，是通过分析工业用水特点及经济社会发展水平，根据用水定额计算未来水平年的需水量，具有直观、简捷的特征。但是目前通常采用此种预测方法进行预测时，均以万元工业增加值作为重要指标。基于工业产品价格的不稳定性（前文已有相关论述），本书采用单位工业产品用水定额法进行现状年工业用水量的计算，预测公式可表示为：

$$D_t^i=\sum_{i=1}^{n}P_t^i\times\sigma_i\times(1-q_n)/(1-q_0)\times(1-\alpha)^n \tag{3-18}$$

其中，D_t^i 为第 i 年的工业用水总量（万 m^3）；P_t^i 为第 i 种工业产品产量，一般为吨；σ_i 为第 i 种工业产品的用水定额，一般为 m^3/t；q_n 为预测年的工业用水重复利用率（%）；q_0 为基准年的工业用水重复利用率（%）；α 为产业技术进步系数，一般取值为 0.02 ~ 0.05；n 为研究区内主要工业产品种类。

工业用水量的预测方法采用增量法进行测算，结合现有工业园区规划与企业发展规划，确定工业产品增加量与产品用水定额的乘积即工业需水量。其中，单位工业产品的用水定额的制定方法采用二次平均法进行确定。

$$V_e=\sum_{i=1}^{n}\frac{V_i}{K} \tag{3-19}$$

其中，V_e 为二次平均法的定额值，V_i 为小于不同企业的同一工业产品用水量的平均值的统计值；K 为数列中小于不同企业的同一工业产品用水量的平均值的统计值个数。通过计算的产品用水定额与水平衡测试值相比，结合本行业其他具有先进生产技术水平的企业生产用水定额，进一步修正确定产品的用水定额，体现其先进性。

3.3.2.4　生态需水量的预测方法

《21 世纪中国可持续发展水资源战略研究》认为，广义的生态环境用水，是指维持全球生物地理生态系统水分平衡所需用的水，包括水热平衡、水沙平衡、水盐平衡等，都是生态环境用水。狭义的生态环境用水是指为维护生态环境不再恶化并逐渐改善所需要消耗的水资源总量。

河道生态环境需水量构成见图 3-1。

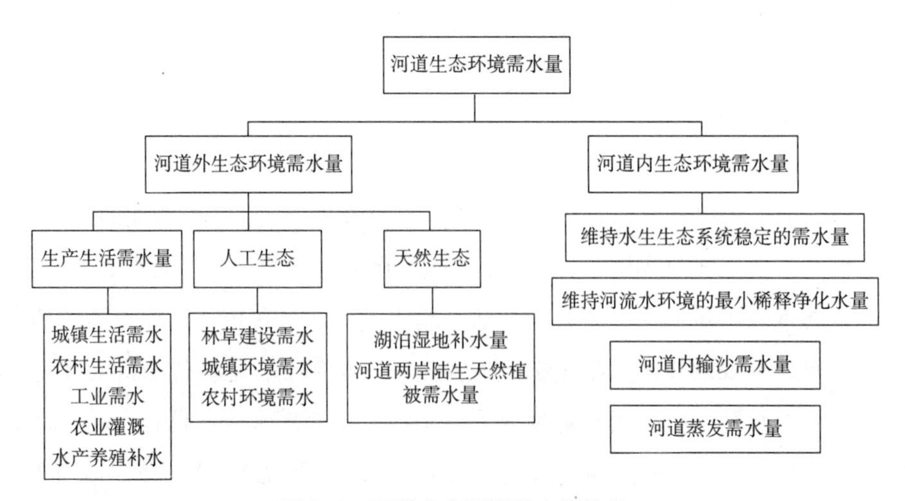

图 3-1　河道生态环境需水量构成

1）河道内生态用水量

参照国家环境保护总局办公厅于 2006 年颁布的水电水利建设项目河道生态用水、低温水和过鱼设施环境影响评价技术指南，河道生态用水量的计算可分为直接计算法和间接计算法。直接计算法是根据某一区域某一类型植被单位面积的需水定额乘以其种植面积，其不同类型植被在非充分供水条件下的需水定额的确定是方法的关键；间接计算法是在非充分灌溉条件下或水分不足时，采用改进的彭曼公式：

$$E=E_0\times K_c\times f(s) \tag{3-20}$$

其中，E 为作物实际需水量（mm）；E_0 为植物潜在腾发量（mm）；K_c 为植物蒸散系数，随植物种类、生长发育阶段而异，生育初期和末期较小，中期较大，接近或大于 1.0，通过试验获得；$f(s)$ 为土壤影响因素。

$$f(s)=\begin{cases}1, & \text{当 } \theta\geqslant\theta_{c1}\\ \ln(1+\theta)/\ln 101, & \theta_{c2}\leqslant\theta<\theta_{c1}\\ a\exp(\theta-\theta_{c2})/\theta_{c2}, & \text{当 } \theta<\theta_{c2}\end{cases} \tag{3-21}$$

其中，θ 为实际平均土壤含水率，旱地为占田间持水率百分数（%）；θ_{c1} 为土壤水分适宜含水率，旱地为田间持水率的 90%；θ_{c2} 为土壤水分胁迫临界含水率，旱地为与作物永久凋萎系数相对应的土壤含水率；a 为经验系数，一般为 0.8 ~ 0.95。

2）河道外植被生态需水量

直接计算法适用于基础工作较好、植被类型丰富多样的地区，如绿洲、城市园林绿地等生态用水。间接计算法适用于我国对植物生态需水量计算方法研究比较薄弱的地区及对植被的耗水定额难测定的情况。

城镇绿地需水量亦采用定额法进行计算，公式可表示为：

$$W_g=S_g\times m_g \tag{3-22}$$

式中，W_g 为城镇绿化需水量（m^3）；S_g 为绿地面积（hm^2），m_g 为绿地灌溉定额（m^3/m^2）。

3）维持水生生态系统稳定所需水量

维持水生生态系统稳定所需水量最常用的代表方法有 Tennant 法及河流最小月平均径流法。Tennant 法适合对河流进行最初目标管理；最小月平均径流法适用于干旱、半干旱地区，生态环境目标复杂的河流，基于在该水量可满足下游需水要求，保证河道不断流的假设，以最小月平均实测径流量的多年平均值作为河流基本生态需水量，可表示为：

$$W_b=\frac{T}{n}\sum_{i=1}^{n}\min_{j=1}(Q_{ij})\times 10^{-8} \tag{3-23}$$

其中，W_b 为河流基本生态需水量（亿 m^3），Q_{ij} 为第 i 年 j 月的月平均流量（m^3/s）；n 为统计年数；T 为换算系数，值为 31.623×10^6s，j=1，2，…，12。

3.4 水资源承载力综合评价模型

3.4.1 概念模型的建立

区域水资源承载力的计算综合模型是在区域社会经济可持续发展的基础上，以水资源可持续利用为原则，考虑不同年份的技术条件、生产用水水平和生活用水水平等限制条件下，以水资源能够承载的人口规模和经济规模最大为目标函数。由于水资源承载力研究涉及水资源、社会经济、人口、水环境等众多因素，各因素之间相互促进、相互制约，由此构成一个复杂的动态系统。本书试图建立供水单元与最小用水单元的供需关系，将整个系统分解为各个模块，以各模块之间相互交错、互相作用的供需关系，通过多目标函数关联变量作为连接复杂系统的纽带进行连接。在这些目标函数中，多目标概念模型为核心模型，根据变量之间的相互关系对整个系统内的各种关系进行关联和协调。模型的搭建基础是以人口数量和产业规模的最大化而确定的。为此，本书确立水资源承载力所包含的复杂动态系统的 4 个优化目标——可供水量、人口数量、经济规模、生态环境需水量，对应水资源合理开发容量、社会经济发展的综合指标、经济发展规模以及生态环境安全，能够充分反映水资源对社会经济、人口、生态环境的承载能力。

1）供水系统年可供水量最大

水资源系统作为水资源承载力的承载体，区域水资源量的多少直接决定了水资源承载力大小。根据前文分析，在区域水资源数量中，水资源可利用量是水资源承载力研究最为关注的问题。水资源可利用量作为区域水资源最大开发容量在某种意义上也是承载力的内涵所在，既体现了水资源承载力的研究是在可持续发展理论框架下进行的，又体现了其有限性和动态性的特征。水资源可利用量作为可供水量的前提条件，既包含了可供水量，又制约了可供水量。可供水量是水资源承载力研究中供需关系平衡分析的重要组成，是指供水工程在某一频率来水前提条件下可以提供的最大水量。只要来水量一定，可供水量不因用水需求而改变，只与供水工程有关。工程对各用水户的供水额度可根据各用水户需水情况在可供水量范围内进行调配。因此设定可供水水量目标函数为：

$$W_s = \max_{n_s+n_g}\left(\Sigma_{s=1}^{n_s} W_{n_s} + \Sigma_{g=1}^{n_g} W_{n_g}\right) \quad (3\text{-}24)$$

可供水量是与供水工程状况、工程运行情况及工程管理情况等有关。这些工程对于地表水而言就是引、提、蓄水工程，对于地下水是指各类取水井。W_s 为 n_s 座地表水库与 n_g 座地下水开采量之和为最大的目标函数；W_{n_s} 为地表水库的可供水量；W_{n_g} 为地下水开采量。模型中假设地表水库、地下水井以典型年 50% 的来水保证率进行计算，忽略水库供水量的年内、年际动态变化。

2）人口目标，即各水平年城镇、农村人口数量达到最大值。

人口数量的最大值是水资源承载力结果表达的重要组成，区域水资源能够承载的人口数量越大，水资源承载力越大。人口数量的目标函数可通过城镇、农村居民生活用水量分别除以城镇、农村居民用水定额，再进行加和构建。根据 3.3.2 节对人口及用水定额的预测方法 [式（3-1）]，人口目标的最大值如式（3-25）所示，各指标含义如前节述。

$$P_t = \max[P_u^i + P_u^i \times (1-r_i)] = \frac{D_u^i \times \eta_{ut}^i}{\omega_u^i} + \frac{D_r^i \times \eta_{ut}^i}{\omega_r^i} \quad (3\text{-}25)$$

3）经济规模目标函数，即各水平年不同产业发展规模达到最大值。

水资源可承载的经济规模通常以 GDP 作为唯一指标，而在宏观经济价格波动因素的影响下，GDP 这一指标并不能很好地体现出产业内部结构调整、生产力变化水平对用水、节水效率的作用情况。因此，本书将经济规模目标函数细分到具体产业产品上，分别从农业、工业这两种产业入手，农业的承载力将采用不同灌溉用地种类及面积、牲畜数量的需水量除以对应的灌溉定额、用水定额，再进行加和；水资源的工业承载力的模型构建采用工业产品需水量除以对应产品的用水定额，再进行企业内部、工业园区、榆林市的各种工业产品产量加和。以 3.3.2 节对灌溉面积与定额的预测方法、工业用水量的预测方法为依据 [式（3-6）,式（3-7）],经济规模目标的最大值如式（3-26）、式（3-27）所示，各指标含义如前节述：

$$E_a = \max\left(\Sigma_{i=1}^{n} \frac{D_a^i \times \eta_i}{m_i}\right) \quad (3\text{-}26)$$

$$E_t = \max\left[\Sigma_{j=1}^{m}\left(\frac{D_t^j \times (1-\alpha)^{-m}}{\sigma_j}\right) \times \left(\frac{1-q_0}{1-q_n}\right)\right] \quad (3\text{-}27)$$

其中，E_a 为灌溉农业规模的最大值，此处与灌溉面积的单位一致，为亩；n 为灌溉用地种类，一般为水田、水浇地、菜地三种；E_t 为工业产品产量的最大值，根据具体的工业产品量化单位为准，一般为吨；σ_j 为第 j 种工业产品的用水定额，一般为 m^3/t，m 为企业、工业园区、榆林市的工业产品种类之和，j=1，2，3，…m；其他指标含义与前节相同。

4）生态环境需水量目标函数，即能够维持水生生态系统稳定所需水量。

前节中通过分析生态需水量的组成及计算方法，其中绿洲、城市园林绿地等生态用水作为河道外植被生态需水量，而河流基本生态需水量也通过河流最小月平均实测径流量的多年平均值有所表达。本书中生态需水量目标函数是建立在水资源系统满足于社会经济系统用水需求的基础之上的，因此，可将生态环境需水量的目标函数表示为：

$$W_{e}=\max[W-（D_{u}^{i}+D_{ur}^{i}）-D_{a}^{i}-D_{t}^{j}+\Sigma_{k=1}^{s}R_{k}] \tag{3-28}$$

式中，W_e 为生态需水量的最大值，单位为 m^3；W 为供水总量，单位为 m^3；s 为污水处理厂的总数，单位为个；R_k 为第 k 个污水处理厂的年处理能力，k=1，2，3，…，k。

5）水量平衡约束，即各部门需水总量之和不应超过可供水资源总量。

水资源承载力的概念模型的建立以供需关系为基础，需水量的总和超过可供水量，就会面临水资源短缺。

$$\Sigma_{i=1}^{n}\Sigma_{j=1}^{m}(D_{u}^{i}+D_{ur}^{i}+D_{a}^{i}+D_{t}^{j}+W_{e})\leqslant W_{s} \tag{3-29}$$

6）粮食安全约束，即人均作物产量之和不低于人均粮食占有量的最低要求。

研究区域农业适度发展规模应建立在人均粮食产量约束的条件下，除灌溉农业外，雨养农业的作物产量同样为区域人口的粮食安全的基本保障。研究区所有类型作物的人均产量之和不应低于人均粮食占有量的最低要求，具体表示如式（3-30）所示。

$$\begin{cases}\dfrac{\sum_{i=1}^{n}ya_{t}(i)ay_{t}(i)+\sum_{j=1}^{n}ga_{t}(j)+ag_{t}(j)}{P_{t}}\geqslant F_{t}\\ AY_{t}=\sum_{i=1}^{n}\dfrac{ay_{t}(i)}{k_{y}}\\ AG_{t}=\sum_{j=1}^{m}\dfrac{ag_{t}(j)}{k_{g}}\\ AY_{t}+AG_{t}\leqslant A_{t}\end{cases} \tag{3-30}$$

其中，$ya_t(i)$ 是指区域第 t 水平年雨养农业第 i 类作物的亩均产量，单位为 kg/hm²，$ay_t(i)$ 为区域第 t 水平年雨养农业第 i 类作物的种植面积，AY_t 是指区域第 t 水平年雨养农业作物的种植面积，k_y 是指雨养作物的复种指数；$ga_t(j)$ 是指区域第 t 水平年灌溉农业第 j 类作物的亩均产量，单位为 kg/hm²，$ag_t(j)$ 为区域第 t 水平年灌溉农业第 j 类作物的种植面积，AG_t 是指区域灌溉农业的种植面积，是本书中重点评价的水资源所支撑的农业规模，k_g 为灌溉作物的复种指数；P_t 为区域第 t 水平年人口数量；F_t 为区域第 t 水平年人均粮食占有量的最低标准，A_t 为区域第 t 水平年的总耕地面积。i，j 分别为

区域第 t 水平年的雨养农业和灌溉农业的作物种类，其中 $i=1, 2\cdots, n$; $j=1, 2, \cdots m$。

3.4.2　综合评价模型

根据封志明（2006）在京津冀地区水资源承载力研究中的论述，从水资源供给的角度来讲，区域水资源总量持续减少加剧了区域的水资源供需矛盾，从而直接降低了区域的水资源承载能力。可以看出，供需平衡关系是水资源承载力综合评价模型中综合反映社会、经济、生态环境各个子系统状态与水资源系统协调状况的关键参数。进行供需平衡分析的目的在于无新增供水和节水量的条件下，定量分析区域水资源供需关系，充分计算水资源供需矛盾。在明确未来用水缺口的基础上，通过区域间调水、重复用水、节水、调整产业与人口结构等其他措施弥补供需缺口，对比前后平衡计算结果，以实现最大限度地减少供需缺口。供需平衡分析通过建立供水单元与最小用水单元之间的量化关系，将水资源系统与社会经济系统、生态系统连接起来，是水资源承载力承载体与承载对象之间的耦合作用的结果，同时能够明确区域水资源供需缺口存在的原因，对于优化产业与人口结构，寻求提高水资源承载力途径具有明确的指导意义。

综合上文对各部门用水量的计算方法、需水量的预测方法及与用水定额的确定方法，结合水资源承载力概念模型的目标函数及约束条件，可将水资源承载力综合评价模型表示为式（3-31）。

$$\begin{cases} \mathrm{WRCC}(i) = \max(P_\mathrm{t}, E_\mathrm{a}, E_\mathrm{t}) \\ P_\mathrm{t} = \max\left(\dfrac{D_\mathrm{u}^i \times \eta_\mathrm{ut}^i}{\omega_\mathrm{u}^i} + \dfrac{D_\mathrm{u}^i \times \eta_\mathrm{ut}^i}{\omega_\mathrm{r}^i}\right) \\ E_\mathrm{a} = \max \sum_{i=1}^{n} \dfrac{D_\mathrm{a}^i \times \eta_\mathrm{i}}{m_i} \\ E_\mathrm{a} = \max\left[\sum_{j=1}^{m}\left(\dfrac{D_\mathrm{t}^j \times (1-\alpha)^{-m}}{\sigma_j}\right) \times \dfrac{1-q_0}{1-q_\mathrm{n}}\right] \end{cases} \tag{3-31}$$

由于水资源承载力的承载对象以人口数量、灌溉用地面积、牲畜数量、工业产品的形式来表达，这些指标具有不同的量纲，因此水资源承载力的计算结果应是相互独立的函数组，而区域的水资源承载力应是函数组分别求得最大值的综合结果。

水资源承载力综合评价模型的计算思路：当区域水资源可供给量 S_t 大于某一时期的需水总量 D_t，说明水资源能够满足区域各子系统的用水需求，为寻求水资源能够承载的最大人口数量和经济规模，结合区域社会经济发展规划，可通过用水定额法计算区域人口数量和经济规模的增长潜力，即区域水资源还能支撑多少人口增量、经济规模还能扩大至何种规模；当水资源可供给量 S_t 小于需水总量 D_t，意味着出现用水缺口，水资源需求不合理。水资源短缺不但将限制区域社会经济的发展，更对生态环境产生影响。以这一时期的可供水量、新增供水量为水资源总量约束，通过定额法测算出区域人口数量和经济发展规模的合理范围，对人口数量和经济发展规模的增长趋势加以控制，确定各部门的合理需水量。如前所述，根据本书建立的最小用水单元和供水单元的连接关系，通过对比第 i 水平年居民生活需水量 D_{gp}^{i}、农业需水量 D_{a}^{i}、工业需水量 D_{t}^{i} 以及生态需水量 W_e 与供水量的大小，采用水资源的供需平衡分析方法，判断区域各部门的水资源需求是否合理，区域或流域的水资源能否支撑社会经济的永续发展，并计算不同用水水平下各部门在水资源的承载范围之内的合理人口数量与经济规模。具体实施方法如图 3-2 所示。

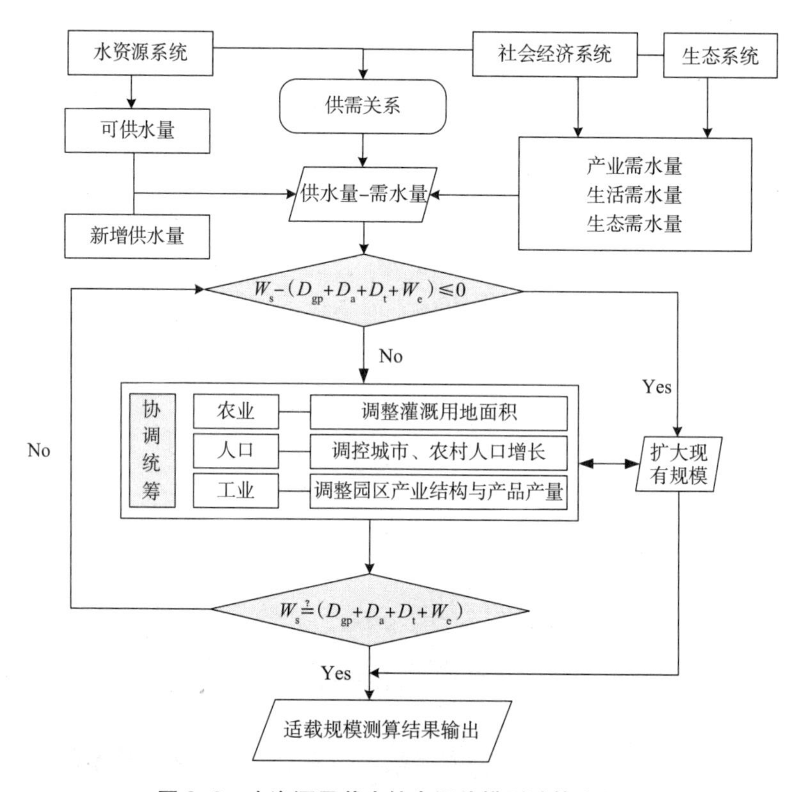

图 3-2　水资源承载力综合评价模型计算流程图

3.4.3　适度规模调整模型

从水资源承载力综合评价模型计算流程图中可以看出，当各部门需水量未达到或已超出可供水量时，区域的人口数量和经济规模并未达到适载状态。在这个状态下，各个系统之间的供需关系协调统筹尤为必要，分别通过改变灌溉用地面积、人口数量、产业结构与产品产量等措施对现有规模进行调整。在前文已确定的各部门用水量、需水量、用水定额计算方法的基础上，再次通过供需关系平衡分析，在需水量未达到可供水量的情景下，通过各部门的供水比例，明确未来区域能够承载的人口数量、经济规模、生态需水的余量；在需水量已超过可供水量的情景下，通过用水缺口及用水比例，明确未来区域需要调整的指标及调整量，以保障区域“水资源—社会经济—生态环境”复合系统能够可持续发展。可将适度规模调整模型表示如式（3-32）所示。

$$\begin{cases} T_p=\max(|S_t r_{up}-D_u^i|/\omega_u^i+|S_t r_{up}-D_r^i|/\omega_r^i)\times 1000/365 \\ T_\alpha(i)=\max(\Sigma_{i=1}^n|S_t r_a-D_a^i|/m_i\times\eta_i+\Sigma_{i=1}^n n_i\times\rho_i) \\ T_t(j)=\max(\Sigma_{j=1}^m|S_t r_j-D_t^j|/\sigma_j\times(1-q_0)/(1-q_n)\times(1-\alpha)^{-n}) \\ T_e=\max(\Sigma_{i=1}^n|S_t r_e-D_e^i|/q_g^i) \end{cases} \tag{3-32}$$

其中，T_p、$T_a(i)$、$T_t(j)$、T_e 分别为人口调整量、灌溉面积与牲畜饲养量的调整量、工业产品调整量、生态绿地调整量，单位分别为万人、万亩、万 t（或其他）、万 m^3；S_t 为供水总量，单位为万 m^3；r_{up}、r_{rp} 分别为城镇、农村居民生活供水量比重，单位为 %；r_a 为农业供水量比重，单位为 %；r_i 为工业供水量比重，单位为 %；r_e 为生态环境供水量比重，单位为 %；其他符号含义与前文相同。

人口调整量除考虑生活供水量外，居民生活用水受到水质因素的约束，即城镇、农村居民生活用水的水质不得低于生活饮用水水质标准。河流的水质与水量关系密切，一般而言，河流具有自净能力，其污径比 β 最低值为 20，即每吨污水至少需要 20 倍以上的洁净水才能达到自净。引入居民生活的水质承载力这一指标，既能对居民生活污水处理、排放情况进行量化，同时也是水资源承载力基于水循环理论基础的应用。本书基于可持续发展理论框架，在赵建世（2009）等学者提出的城市适度规模计算模型的基础上，运用人口数量调整模型对水资源约束下的城市人口适度发展规模进行计算，该模型指标量较少，容易获取，且全面反映了城市发展中缺水、污水等水资源问题，能够很好地解决区域人口规模与水资源之间需求与制约的关系。

$$\begin{cases} P_r=\min(C_1,C_2)=\min(S_t r_{up}/\omega_u^i,R_n/S_p) \\ R_n=W_r/\beta \\ \beta=Q_R/q \\ z=P_r/P_a\times 100\% \end{cases} \tag{3-33}$$

式中：P_r 为城市适度规模人口数量，单位为人；C_1 为水量承载力，单位为人；C_2 为水质承载力，单位为人；$S_t r_{up}$ 为城镇居民生活供水量，单位为 m^3；R_n 为河流自净能力，单位为 m^3；S_p 为污水排放总量，单位为 m^3；W_r 为地表径流总量，单位为 m^3；β 为污径比，污水排放量与河流径流量的比值，无量纲；Q 为径流总量，单位为 m^3；q 为污水流量，单位为 m^3/s；P_a 为该年实际 / 预测的人口数量，单位为人；z 为水资源超载度，用于表述水资源的承载潜力。当 $z>100\%$ 时，区域或流域处于超载状态，值越大，超载程度越严重；当 $z<100\%$ 时，说明区域或流域的承载潜力大，值越小，其水资源的承载潜力越大，可容纳的人口量越大。在应用上述方法模型时，需要考虑的关键因子是区域的水资源量、水资源可利用量和不同水平年人均生活需水量、耗水量。

适度规模调整模型可通过产业内部结构调整实现计算。就水资源对灌溉农业的承载力而言，农业作为用水大户，农业用水量的增减对于水资源承载人口与其他产业能力的大小具有显著作用。当农业需水量不足农业的可供水量时，适度规模调整模型则以粮食需求量、农业发展规划、亩均灌溉水平、牲畜用水水平等为依据，以人均粮食占有量为约束条件，通过扩大灌溉用地（水田、菜地、水浇地）的面积或调整种植结构调整、增加牲畜饲养量等措施来达到灌溉农业在水资源承载力制约下的最大规模；当灌溉农业需水量超出灌溉农业的可供水量时，在同样的依据下，需要缩小灌溉用地（水田、菜地、水浇地）的面积，尤其是水浇地的面积，或通过调整种植结构，将灌溉定额高的作物种类改种为灌溉定额低的作物、减少牲畜饲养量等措施以达到减少农业需水量的目的，从而能够将农业的持续发展稳定在水资源可承载的范围之内。

就水资源承载工业规模的能力而言，突破以往以 GDP 为唯一指标对水资源承载力的经济规模量化研究存在宏观经济波动影响、产业内部结构模糊等问题，从微观层面上，将承载对象细分为企业、工业园区、市级层级的工业产品产量，再进行叠加方法为本书的研究亮点。承载对象的进一步细化有利于剖析区域的产业结构，能够清晰地量化各个层级的产业规模，同时在水量平衡计算存在用水缺口或余量的情况下，可准确地提出区域产业结构调整方案，对于提高水资源承载力具有重要意义。

从企业层级来看，企业的生产用水在考虑到用水成本的前提下，还要考虑如何提高用水效率以达到经济效益的最大化。因此，从企业的角度来讲，水资源对企业经济规模承载能力的体现在企业生产工艺的用水水平上，包括单位工业产品的用水定额、工业重复用水水平、污水处理水平等；从工业园区层级来看，园区的用水需要考虑取水来源的持续供水能力，还要考虑园区取水的比例。工业园区是由若干个企业组成，企业取水量的分配通过统一调度。因此，从工业园区的角度来讲，水资源对工业园区发展规模的承载能力体现在工业园区的产业类型上，同类行业生产同种工业产品，其生产能力与生产用水水平不同，存在各个企业用水竞争的可能性。优势企业的生产工艺往往具备先进的用水水平，缺水地区的工业园区应当鼓励优势企业的发展，而将用水水平相对低的企业生产线转移至水量较丰富的地区，可从工业园区内部与园区之间的经济效益最大化、用水效率最优的目的；从整个区域的层级来看，区域的水量平衡是建立在各个工业园区与生活、生态用水基础之上的，需要充分考虑水资源的配置情况。

假设区域是由若干个工业园区、居民生活用水单元、农业单元、生态绿地需水单元组成的，通过对每个用水单元进行水量平衡计算，可得出水资源尚有承载潜力和水资源超载的单元，以区域整体协调统筹为基准，通过区域内部的用水协调，可以提高水资源的整体承载能力，例如农业节水量可供给工业生产，而工业生产所产生的经济效益用来支持农业水利工程的建设。因此，从区域整体的角度来讲，水资源对区域人口与产业发展规模的承载能力体现在水量平衡、区域间调水或产业与人口转移、水权转换等方面上。

综上所述，适度规模的调整测算模型可分别通过企业、工业园区、区域三个层级进行计算。从企业的角度出发，可改变生产工艺和用水水平；从工业园区的角度出发，可调整园区内部、园区间生产水平与产品类型；从整个区域的角度出发，可通过各个用水系统的供需平衡计算，对整个区域进行水资源配置。三个层级分别从最小用水单元为出发点，与供水单元建立供需关系，通过反复供需平衡计算，可提出有效提高水资源承载力的措施及方案。

CHAPTER 4

第4章

榆林市水资源系统分析

区域水资源系统是在一定区域内可为人类利用的各种形态的水所构成的统一体，包括大气降水、地表水、土壤水和地下水，以及经处理后的污水和从系统外调入的水。各类水源间具有联系，不同的自然地理要素如气象、土壤、地形地貌、水文地质及天然河流与水系等影响着水资源数量、质量、时空分布特征；不同的水资源利用方式也会影响到水资源系统内各类水源的构成比例、地域分布和转化特性。榆林市处于黄河流域区，受到区域间自然条件、气候水文条件和社会经济分异的影响，水资源开发既受到水资源数量的约束，又存在水利工程开发利用条件的限制。本章系统评价了榆林市水资源条件及开发利用程度，为计算机资源承载力奠定基础。

4.1 研究区水资源评价

4.1.1 流域分区

本书通过地表水分析，借助 ArcGIS 水文分析工具，通过 DEM 数据的洼地填平、提取地表水流径流模型的水流方向、生成汇流累积量、河流网络（包括河流网络的分级等）及流域分割等基本划分步骤，对水流的地表过程进行模拟和提取，详细流程如下：

1）水流方向的提取。水流的流向是通过计算中心格网与邻域格网的最大距离权落差来确定；DEM 中流向分析的最大数值为 128 则不需要填洼。

2）洼地计算。洼地区域是水流方向不合理的地方，可以通过水流方向来判断哪些地方是洼地，并进行填充。

3）洼地填充。洼地填充是一个不断反复的过程，直到所有的洼地都被填平，新的洼地不再产生为止。

4）汇流累积量计算。在地表径流模拟过程中，基于水流方向数据计算得到。

5）水流长度计算。通过溯流计算水流长度。

6）河网的生成。基于汇流累积量数据，利用栅格计算器获取。

7）栅格河网矢量化。采用 Stream to Feature 对栅格河网进行处理，并通过编辑功能进行平滑处理河流网络。

8）Stream Link 的生成，记录河网的结构信息，作为出水点或汇合点的结点。

9）河网分级。此步骤用来区别河流的级别，汇流累积量越大，级别越高，代表主流。反之，代表支流。

10）流域分割。利用水流方向确定相互连接并处于同一流域盆地的栅格区域，通过找出最小级别的出水口位置，结合水流方向，确定该出水点上游所有留过该出水口的栅格，直至生成集水流域为止。具体流程如图 4-1 所示。

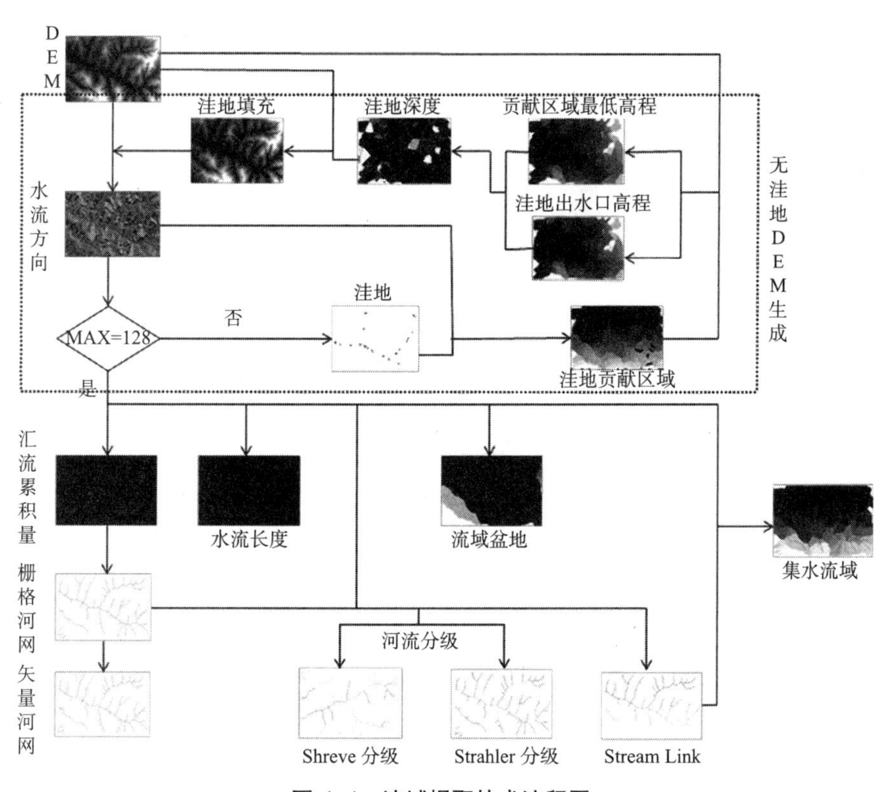

图 4-1　流域提取技术流程图

根据流域提取结果，将榆林市水资源分区划分为窟野河流域、秃尾河流域、无定河流域、佳芦河流域四个流域。

4.1.1.1　窟野河流域

窟野河是黄河一级支流，发源于内蒙古鄂尔多斯东胜，河流自西北流向东南，流经内蒙古自治区、陕西省两省区的鄂尔多斯、榆林 2 市 6 县（旗），于神木县沙峁头村注入黄河。上游称乌兰木伦河，在陕西省神木县店塔镇与东侧支流悖牛川汇合后成为窟野河。窟野河水系在榆林境内河长 159km，流域面积 4865.7km^2，河道比降 4.28‰。流域地势西北高、东南低，主要地貌类型为风沙草滩区、黄土丘陵沟壑区（图 4-2）。

窟野河多年平均径流量为 5.44 亿 m^3（1954 ~ 2010 年），约占全省年径流总量的 1.72%，年平均径流深 88.7mm。河流以降水补给为主，约占径流总量的 70.3%，地下水补给占年径流总量的 29.7%。窟野河流域是黄河中游最大的暴雨中心之一，河流径流年内、年际变化较大。径流的变差系数 C_v 值 0.40 ~ 0.45，径流量偏枯。年输沙模数为每平方公里 2 万 ~ 3 万 t，其下游最高达每平方公里 4 万 t，为陕西输沙模数最大的河流。

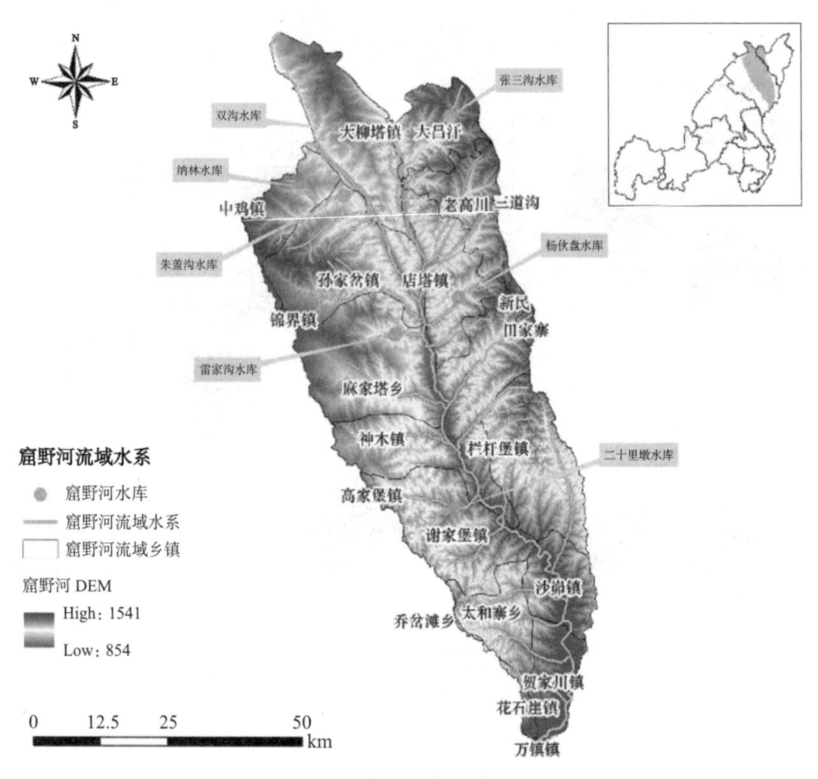

图 4-2　窟野河流域水系图

窟野河流域内矿产资源丰富，属于我国“呼包鄂榆”重要能源区域，在国家能源战略中的地位十分突出。近年来，随着该地区能源化工基地的迅速崛起和城镇规模快速扩展,约有 500 家煤矿分布与此。据统计,2009 年窟野河流域原煤产量高达 2.79 亿 t，比能源化工基地初建时产煤量增长了 12 倍。大规模煤炭开采改变了水文地质条件，河川径流减少，地下水存蓄量遭到破坏，流域水土流失、水资源短缺、水污染加剧等问题日益凸显。已有研究结果表明，1997 ~ 2006 年流域内煤炭开采使径流减少了 54.8%（蒋晓辉，2010），窟野河流域开采吨煤对径流的影响大约为 5.27m^3。由于流域内大规模的煤炭开采引起的地下水位下降和泉流干枯（范立民，2004），窟野河一年有 2/3 的时间断流，已经成为一条季节河流。

榆林市内窟野河流域城镇化率为 70%，远高于黄河流域 40% 的城镇化率。2010 年流域万元工业增加值用水量为 12.1m^3，万元 GDP 用水量为 16.1m^3，人均用水量为 263.4m^3。

4.1.1.2 秃尾河流域

秃尾河是黄河一级支流，发源于神木县锦界镇宫泊海子，河长 133.9km，河流东南向流经瑶镇，于万镇汇入黄河。秃尾河流域位于鄂尔多斯盆地的东部，流域西北高、东南低。流域北部与窟野河流域相接，南部与佳芦河流域毗邻，流域面积 3294.0km^2。秃尾河水系结构简单，呈树枝状展布，西南岸支流较发育。流域内共有 24 条支流，其中流域面积在 100km^2 以上的主要支流有 9 条，河道平均比降 3.87‰。秃尾河流域流经 12 个乡镇，其中包括榆阳区 3 个乡镇、神木县 7 个乡镇、佳县 2 个乡（图 4-3）。

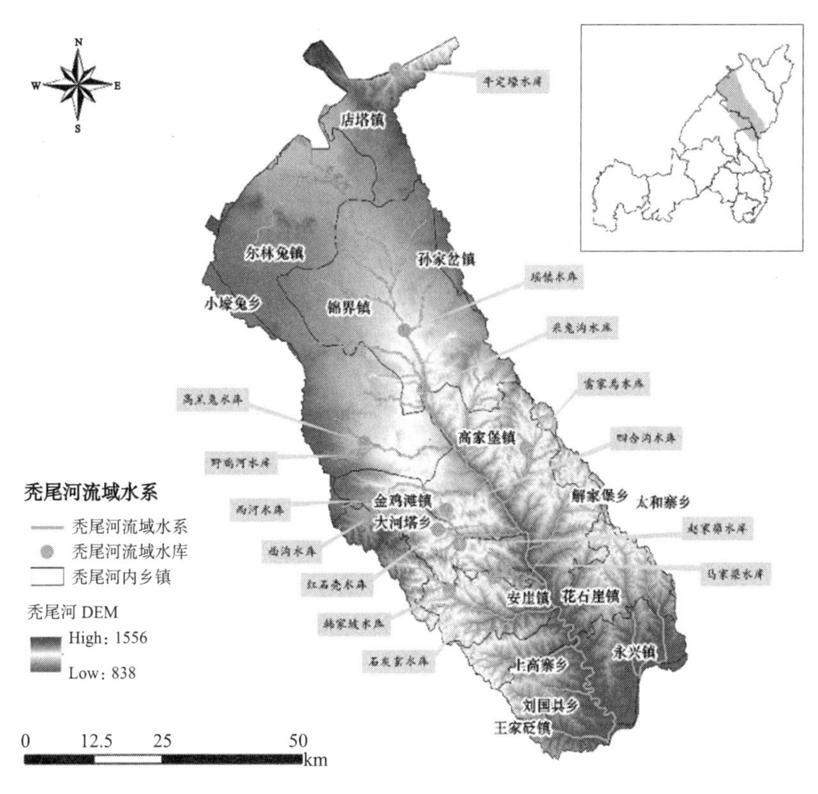

图 4-3 秃尾河流域水系图

秃尾河流域多年平均降雨量 440mm，且 60% 以上的降雨集中在 6 ~ 9 月。年际径流量稳定，极值比约 1.2，远小于窟野河和无定河，在陕西北部各河流中，河流含沙量小，流域水资源开发利用条件较好。秃尾河以地下水补给为主，约占径流总量的 75.9%。秃尾河流域 1956 ~ 2010 年多年平均径流量为 3.81 亿 m^3，地表水可利用量为 1.41 亿 m^3，地下水可开采量为 1.39 亿 m^3，水资源总量为 4.89 亿 m^3，可利用总量为 2.02 亿 m^3。

为了方便煤炭产业的发展，秃尾河干流兴建了瑶镇和采兔沟两座大型水库，主要供锦界煤化工工业园和清水煤化工工业园的工业用水。采兔沟水库位于黄河一级支流秃尾河中游，是陕北能源重化工基地供水的骨干水源工程之一。从地形地貌看，水库位于毛乌素沙漠南缘，流域内大部分是风沙草滩，水库周围分布有少量黄土沟壑。瑶镇水库流域区为风沙草滩地貌，水源主要由地表水和降雨入渗形成的沙区地下水汇聚而成，水质清澈，水量稳定，现为锦界工业园区和神木县城供水的主要水源地。

从国民经济各部门用水情况来看，2010 年秃尾河流域用水总量 1.69 亿 m^3，其中居民生活用水量为 0.037 亿 m^3，生产用水为 1.65 亿 m^3，生态用水为 0.003 亿 m^3，生产用水占总用水量的 93%。流域内水源地保护区共涉及锦界、尔林兔、中鸡、麻家塔 3 个镇和 1 个办事处，有行政村 20 个，人口总量为 14765 人。

4.1.1.3　无定河流域

无定河流域位于黄土高原北部、毛乌素沙漠南缘，处于黄河流域中游地区，是黄河中游多沙粗沙来源区最大的一条支流，发源于陕西省靖边、定边、吴旗三县交界处的白于山北麓，跨陕西省和内蒙古自治区两省区，于清涧县河口村汇入黄河。无定河流域两岸沟道发育，流域内 10km 以上沟道 50 多条，以流域面积在 1000km^2 以上的支流作为主要支流，支流分布左岸有海流兔河、榆溪河，右岸有芦河、大理河、淮宁河。

无定河干流河道按其自然特点可分为上游、中游和下游三段：从河源至鱼河堡为上游，河道平均比降 2.8‰，较大支流有海流兔河、芦河、榆溪河等，水量较丰，泥沙较少；鱼河堡到崔家湾为中游，平均比降 1.4‰，川地较多，人口密集，农业发达，较大支流有大理河、淮宁河等；崔家湾到河口下游，系峡谷河段，河道长 92km，平均比降 2‰（图 4-4）。

根据 1956 ~ 2010 年系列降水统计资料分析，无定河流域多年平均降水量为 390.9mm，由东南向西北递减，降水量年内分配不均匀，汛期多暴雨，7 ~ 9 月降水量占全年降水总量的 65% 以上。无定河流域白家川水文站 1956 ~ 2010 年系列多年平均径流量 11.51 亿 m^3；干流赵石窑、丁家沟和白家川站年径流 C_v 值在 0.12 ~ 0.20；支流韩家峁站、横山站、绥德站年径流 C_v 值分别为 0.18、0.26、0.28。风沙草滩区河川径流年际变化较小，黄土丘陵沟壑区河川径流年际变化较大。

无定河流域多年平均水资源总量为 20.48 亿 m^3，其中地表水资源量为 11.61 亿 m^3，地下水资源量为 8.87 亿 m^3，多年平均可开采量为 9.47 亿 m^3。无定河及其支流是沿河居民、沿河城镇、工业园区的生活水源和重要的生产、生态用水水源。作为榆林城镇化建设的主要拓展区，流域现有总人口占全市总人口的 64%，国民经济生产总值占全市总量的 35%，是全市居住密度最大的区域。流域也是煤、油、气、盐等矿产的主要富集地，现已形成以煤、油、气、盐开采及加工产业链，成为榆林经济重要的产业基地。

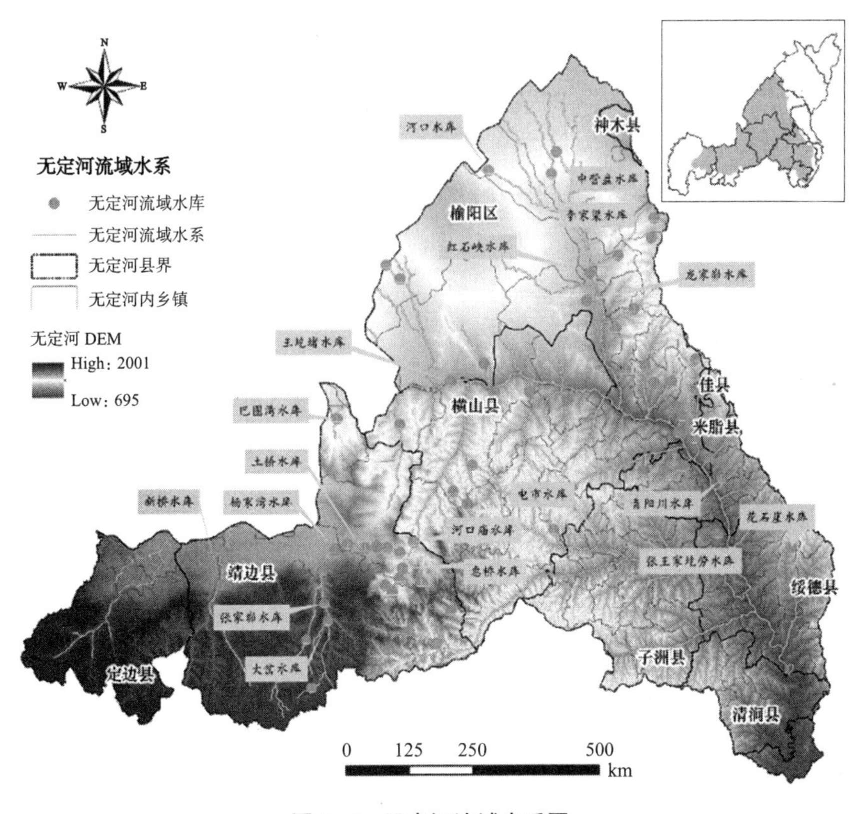

图 4-4　无定河流域水系图

据统计，2000 ~ 2010 年无定河流域 GDP 年均增长速度达到 32.4%，远高于全国平均水平，2010 年人均 GDP 为 34592 元，已超过黄河流域人均 GDP（31121 元）。

根据《全国主体功能区规划》（国发〔2010〕46 号），无定河流域位于“呼包鄂榆”重点开发区域和黄土高原丘陵沟壑水土保持生态功能区内。依据《陕西省主体功能区规划》，陕西省境内榆林北部地区为“呼包鄂榆”国家级重点开发区的重要组成部分，其中无定河流域涉及榆林市榆阳区、横山县、靖边县和定边县等区域。各功能区功能定位如表 4-1 所示。

无定河流域主体功能区划分及功能定位表　　表 4-1

主体功能区		涉及范围	功能定位
重点开发区域	呼包鄂榆重点开发区域	包括内蒙古自治区呼和浩特、包头、鄂尔多斯和陕西省榆林的部分地区	全国重要的能源、煤化工基地、农畜产品加工基地和稀土新材料产业基地，北方地区重要的冶金和装备制造业基地
限制开发区域	黄土高原丘陵沟壑水土保持生态功能	无定河流域内涉及陕西省的绥德县、米脂县、佳县、吴堡县、清涧县、子洲县	控制开发强度，以小流域为单元综合治理水土流失，建设淤地坝

4.1.1.4 佳芦河流域

佳芦河流域地处黄河流域中游，毛乌素沙漠南缘，陕北黄土高原北端。发源于榆阳区双山乡断桥村，于木场湾村注入黄河，河长93km，总流域面积1134km^2，河道平均比降为6.28‰，年输沙量1410万t。水土流失面积高达1125km^2。流域内面积在50km^{2}以上的支流有4条，10km^{2}以上的支流有25条。河流域分为风沙草滩区、黄土丘陵区、土石山区，以黄土丘陵沟壑地貌为主，上游以风沙草滩区地貌为主，中下游以黄土丘陵沟壑区为过渡，下游以土石山区为主。佳芦河流域气候属于半干旱大陆性季风气候，流域多年平均气温10℃，多年平均降雨量395mm。佳芦流域海拔高度在699 ~ 1288m，地势由西北向东南倾斜。根据1956 ~ 2007年观测资料，由于降雨量偏少，补给严重不足，多年平均径流量为0.60亿m^3。流域自然植被少，生态环境脆弱，加之上游毛谷川灌溉用水，致枯水期下游形成断流。佳芦河流域人口密度为131人/km^2，其中农业人口占90%。2010年人均GDP为3185元（图4-5）。

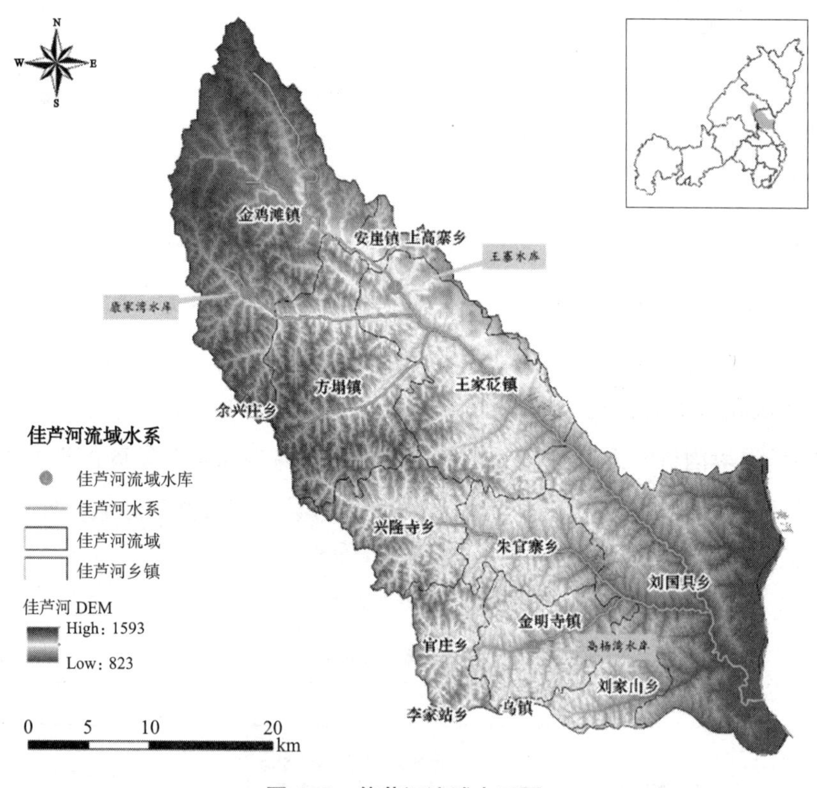

图4-5 佳芦河流域水系图

4.1.2 天然降水

大气降水是水资源的补给来源，降水量的大小及时空分布规律很大程度上反映了区域水资源量的多少和时空分异特征。

1）分区降水量

榆林市地处中纬度地区，冬季干燥而寒冷的多变性极地大陆性气团控制形成低温寒冷、降水稀少的气候特点；夏秋季则受湿润的热带海洋性气团影响，降水增多，且多以暴雨形式出现。降水量小，且时空分布不均匀是该区降水的主要特征。本书选取 1960 ~ 2005 年的降雨资料，将流域划分为多个最小面积计算单元，逐年计算最小面积单元的年降水量，再逐年汇总，采用算术平均值法计算行政分区与流域分区的年降水量值。受地形影响，山丘区（在榆林市域与黄土丘陵沟壑区一致）的降雨量大于风沙草滩区。在水资源流域分区中，年降水量最大的是以山丘地貌为主的窟野河区，值高达 407.7mm。如以风沙草滩区为主的榆溪河流域，多年平均降水量值最小，仅为 380.2 mm。榆林市历年降水变化趋势与降水量统计值如表 4-2 所示。

1956 ~ 2005 年榆林市四流域年平均降水量统计表　　表 4-2

流域分区	年降水量均值（mm）			
	1956 ~ 2005 年	1956 ~ 1979 年	1971 ~ 2005 年	1980 ~ 2005 年
窟野河流域	407.7	434.5	387.9	381.9
秃尾河流域	401.9	427.9	380.2	376.9
无定河流域榆溪区	380.2	399.8	357.4	361.4
无定河流域榆横区	405.0	422.8	389.1	387.9
无定河流域靖边区	401.4	409.6	388.2	393.6
佳芦河流域	388.1	397.9	378.6	378.6
全市合计	397.7	416.3	381.2	379.8

从榆林市降水量年际变化图（图 4-6）也可以看出，榆林市降水量年际变化较大，整体处于降水量减少趋势，降水量年际时间分布格局呈现出丰枯交替现象。1956-1964 年属于降水的丰水期，降水量大，其中 1964 年的降水量值为 686.6mm，为历年降水量最大值。随后降水量减少，并于 1965 年创下了历年降水量最低值，仅为 194.9mm。

通过对年降水量统计参数分析，榆林市多年平均降水量为 397.7mm，各区县间变幅不大，区内相对高差小，无大的地形抬升作用，在空间分布上表现为南部至北部降水量呈递减趋势。在此基础上，计算各分区多年平均降水量及典型年的降水量，保证率为 20%、50%、75%、95% 的年降水量分别为 469.7mm，391.1mm，318.2mm 和 264.1mm。

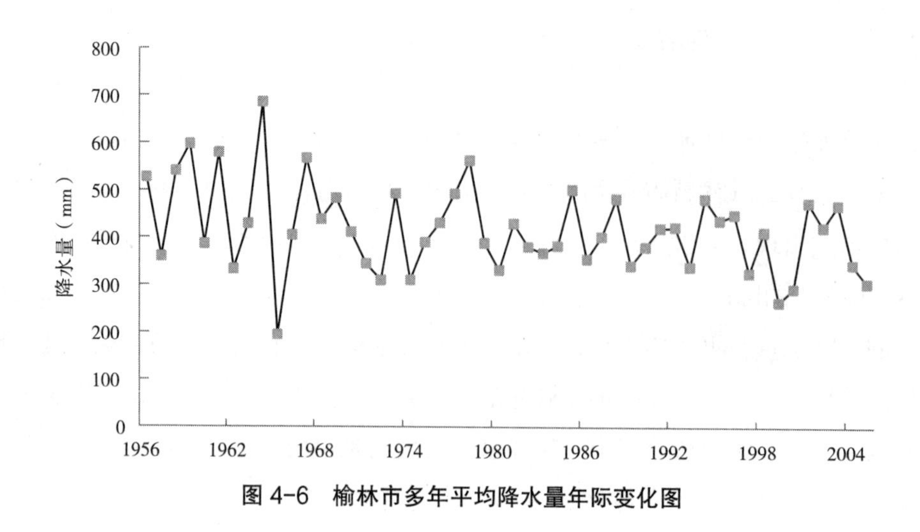

图 4-6　榆林市多年平均降水量年际变化图

2）降水年内分配与年际变化

降水年内变化利用降水量过程线图或多年平均月降水量曲线图来分析。通常一个地区降水量的年内分布呈现出峰谷交替的曲线形态，一般利用频率分析法描述年内各时期（季）降水量的分布。

本书选取 9 个区域代表站，逐站进行了多年平均年降水量的月分配分析，统计了汛期降水量及占全年降水量的百分比，以反映各地全年降水量的集中程度和四季分配。统计结果显示，榆林市降水量时空分异特征显著，年内分配上呈季节性周期变化的特点，多年降水量出现丰、平、枯水年交替的周期性变化规律。降水集中程度高，主要集中在 6 ~ 8 月，汛期连续最大 4 个月降水量占全年降水量的 75.0%。选用 6 个站点的春、夏、秋、冬四季降水量分别占全年降水量的 15.5%、61.3%、21.3%、2.0%。降雨量选用代表站点典型年及多年平均年降水量月分配见图 4-7。

依据各站点 1960 ~ 2005 年同步期降水系列，主要通过年降水量变差系数 C_v、丰枯极值比 K_m 来分析降水量年际变化。年降水量变差系数 C_v 值用系列的标准差与其均值的比值表示，是反映降水量年际变化的参数，可以衡量实测年降水量与该系列年平均降水量的相对离散程度，C_v 值越大，表示年降水量的年际变化也越大。年降水量变差系数 C_v 其分布规律与气候、地形有关。一般多雨区，C_v 值偏小，少雨区，C_v 值偏大；山丘区 C_v 值偏小，风沙草滩区、暴雨频发区 C_v 值偏大。我国西北地区 C_v 值可达 0.4 以上，个别地区高达 0.7 以上，华北和中部地区一般为 0.26 ~ 0.35，南方湿润地区变差系数 C_v 较小，一般小于 0.2，东南沿海地区 C_v 值在 0.25 以上。

年际最大变幅 K_m，即雨量站最大年降水量与最小年降水量的比值，是反映年降水量年际变化幅度的重要指标。比值 K_m 越小，说明降水量年际之间均匀，变化很小；反

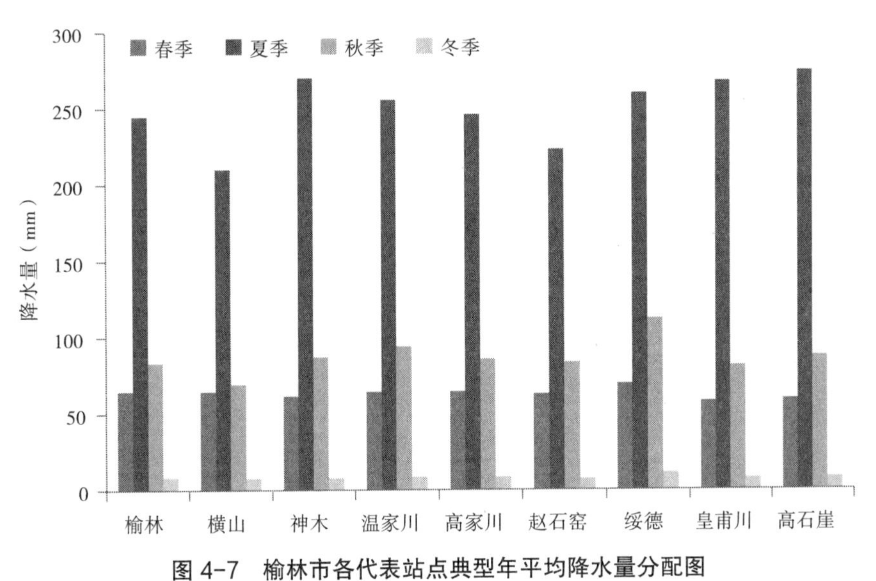

图 4-7　榆林市各代表站点典型年平均降水量分配图

注：春季为 3 ~ 5 月，夏季为 6 ~ 8 月，秋季为 9 ~ 11 月，冬季为 12 ~ 2 月。

之，降水量年际变化显著。在我国华北和西北地区，丰水年和枯水年降水量之比一般可达 3 ~ 5 倍，东部和南方地区比值较小为 1.5 ~ 2 倍。通常年降水量变差系数 C_v 值大的区域，年降水量极值比 K_m 也大；反之亦小。从榆林市多年实测降水资料（表 4-3）中可以看出，最大值多发生在 1967 年高石崖代表站，降水量高达 830.6mm；最小值均位于 1965 年神木代表站，降水量为 117.8mm，极值比 K_m 介于 2.9 ~ 7.0；而变差系数 C_v 相对比较稳定，其范围介于 0.23 ~ 0.31，变幅在 ±0.05 之间，说明榆林市降水年际之间相对稳定。

榆林市主要水文气象站年降水量 C_v 与 K_m 值表　　**表 4-3**

站点名称	年最大值		年最小值		K_m	C_v
	降水量（mm）	出现年份	降水量（mm）	出现年份		
榆林（气）	695.4	1964	159.6	1965	4.4	0.30
横山（气）	687.7	1964	165.3	1965	4.2	0.27
绥德（气）	747.5	1964	255.0	1965	2.9	0.23
神木	819.2	1967	117.8	1965	7.0	0.31
温家川	679.2	1959	140.2	1965	4.8	0.25
高家川	726.9	1958	163.2	1965	4.5	0.29
赵石窑	677.0	1964	142.8	1965	4.7	0.28
皇甫川	755.2	1959	195.6	1999	3.9	0.31
高石崖	830.6	1967	205.6	1965	4.0	0.31

注：榆林、横山、绥德县站点为气象站数据。

为分析不同时段内丰、枯水年发生的频次，本书采用丰、平、枯水年判断标准进行分析。丰水年为降水频率 $P < 37.5\%$；平水年为降水量频率 $37.5\% \leqslant P < 62.5\%$；枯水年为降水量频率 $P \geqslant 62.5\%$。根据系列代表性分析，1956 ~ 2005 年系列具有较好的代表性，选取 2 个代表性较好的雨量站，分别为榆林站、赵石窑站的降水资料，分不同时段统计丰水、枯水年数，对比分析其长短系列丰枯年数组成比例。选用代表站在不同时段丰枯年数组成的对比分析见表 4-4。

榆林、赵石窑代表站点不同时段丰枯年数组成的对比分析表　　表 4-4

站名	1956 ~ 2005 年				1956 ~ 1971 年			
	丰水年数	比重 %	枯水年数	比重 %	丰水年数	比重 %	枯水年数	比重 %
榆林	16	32	16	32	11	45.8	6	25
赵石窑	18	36	18	36	12	50	7	29.2
站名	1971 ~ 2005 年				1980 ~ 2005 年			
	丰水年数	比重 %	枯水年数	比重 %	丰水年数	比重 %	枯水年数	比重 %
榆林	7	0.2	13	37.1	5	0.2	10	0.4
赵石窑	8	22.8	15	42.8	6	24	11	44

数据统计分析表明：1956 ~ 2005 年时段丰水年、枯水年所占比例相同；1956 ~ 1971 年时段丰水年所占比例比枯水年多近 2 倍；1971 ~ 2005 年、1980 ~ 2005 年时段丰水年数所占比例明显少于枯水年数近 2 倍。榆林站点从起始年份 1935 ~ 2005 年的丰水、枯水年份的比重均为 34.7%，赵石窑站点从起始年份 1943 ~ 2005 年的丰枯比例基本相同，分别占 34.9%、36.5%。1956 ~ 2005 年和起始年份至 2005 年时段的丰水年数、枯水年数所占比例基本相同。

4.1.3　地表水资源量

地表水资源量是指由降水形成的河流、湖泊、冰川、积雪等地表水体可以逐年更显的动态水量，通常以还原后的天然河川径流量表示其数量，以大气降水、冰雪融水和地下水为补给，以河川径流、蒸发、土壤入渗等形式排泄。在可预见的时期内，统筹考虑河道内生态环境和其他用水，通过经济合理、技术可行的工程措施，在地表水资源量中可控制河道外生活、生产、生态环境用水的一次性最大水量即地表水资源可利用量。

1）地表水资源量

研究区内主要流域多年平均自产水资源量为 22.90 亿 m^3，其中，主要包括“四河四川”中的无定河、秃尾河、窟野河、佳芦河。“四河”径流总量占全市径流量的68.97%，以无定河为最多，所占比例高达36.13%。该区域多年平均入境水量为8.87亿m^3，以窟野河、无定河流域榆横区最大，为8.02亿m^3，所占比例高达90.4%；降水频率为20%、50%、75%、95%时，窟野河区所占比例分别为56.32%、49.88%、43.11%、30.43%。可见越处于枯水年份，窟野河区在榆林市多年平均入境流量中的比例越小。

榆林市多年平均出境水量为26.87亿m^3，窟野河、秃尾河、无定河流域榆横区的多年平均出境水量达到流域总出境水量的79.53%，分别为8.56亿m^3、5.46亿m^3、7.53亿m^3。在降水频率为20%、50%、75%、95%时，“四河”所占比例分别为66.68%、70.64%、73.88%、77.83%。可见，越处于枯水年份，“四河”在榆林市地表水资源总量中的比例越大。

榆林市各流域分区多年平均地表水资源量组成计算表　　表 4-5

流域分区	区内产径流量（亿m^3）					入境径流量（亿m^3）					出境径流量（亿m^3）				
	多年平均	20%	50%	75%	95%	多年平均	20%	50%	75%	95%	多年平均	20%	50%	75%	95%
窟野河流域	5.09	6.56	4.79	3.69	2.58	4.82	6.93	4.26	2.70	1.23	9.11	13.06	8.09	5.15	2.32
秃尾河流域	7.28	9.06	6.99	5.67	4.19						5.81	7.41	5.47	4.25	3.00
佳芦河	0.93	1.23	0.87	0.65	0.42						0.83	1.07	0.77	0.58	0.43
无定河流域榆溪区	1.82	1.99	1.80	1.67	1.49	0.49	0.59	0.47	0.40	0.32	1.72	2.03	1.65	1.41	1.20
无定河流域榆横区	5.58	6.12	5.53	5.10	4.56	3.56	4.27	3.44	2.89	2.29	8.01	9.46	7.84	6.71	5.39
无定河流域靖边区	2.18	2.38	2.16	1.99	1.78						1.39	1.89	1.25	0.89	0.58
合计	22.90	27.34	22.15	18.77	15.02	8.87	11.79	8.17	5.99	3.84	26.87	34.93	25.07	19.00	12.90

径流深度是指将径流总量平铺在整个流域面积上所求得的水层深度。本书收集了27个水文站的资料，具有40年以上的实测系列资料水文站21个站，占所有水文站的77.78%；其中系列长度为20 ~ 30年的水文站有3个，所占比重为11.11%。本书采用面积比法，上、下游径流相关系数法，降雨—径流相关法和相似流域站年径流相关法，对系列不足的测站资料进行了插补延长；选取王道恒塔、神木站、温家川站等16个水文站1956 ~ 2005年的测站资料进行计算分析研究区内天然径流量及径流深度，分析结果如下：

（1）研究区年径流深的地区变化与降水量的地区分布相似，受地形及下垫面条件的影响，地带性差异更明显；

（2）径流变化规律和特点与降水基本一致，但年际变化没有降水显著。榆林市1956 ~ 2005年同步期平均年径流量22.9亿m^3，折合年径流深52.3mm。秃尾河流域处于高值区，其多年平均径流深为116 ~ 149mm，最低值出现在无定河横山界内，径流深仅为33 ~ 36mm。

径流时空分布不均导致水资源地域上和时间上分布的不均匀。径流年内、年际间分布的不均匀则不仅容易导致洪、旱灾害的发生，而且径流集中在汛期，且以洪水的形式出现，使大量的水资源因无法调蓄而直接入黄河，成为本市难以利用的水资源。榆林市1956 ~ 2005年各水文站点天然年径流量统计值如表4-6所示。

榆林市水资源分区天然径流量多年平均值统计表　　表4-6

流域分区	多年平均天然径流量		不同保证率天然径流量（亿m^3）			
	径流深（mm）	径流量（亿m^3）	20%	50%	75%	95%
窟野河流域	60.76	4.52	5.76	4.27	3.33	2.37
秃尾河流域	94.98	6.47	7.95	6.24	5.12	3.85
无定河流域榆溪区	42.75	1.62	1.75	1.61	1.51	1.37
无定河流域榆横区	42.70	4.96	5.37	4.93	4.61	4.19
无定河流域靖边区	42.59	1.94	2.09	1.93	1.80	1.64
佳芦河流域	43.86	0.83	1.08	0.78	0.59	0.39

径流系数是指某一时段的径流深度与相应的降水深度之比值。本书选取研究区内10个水文站对1956 ~ 2005年系列的多年平均径流系数，即进行了分析计算。结果表明，多年平均径流系数与年降雨量分布一致，存在着明显的地域变化规律，高值区处于秃尾河中上游，径流系数达0.3以上；低值区位于佳芦河流域、无定河流域榆横区，径流系数在0.05 ~ 0.1。

2）地表水资源年内变化

研究区内大部分河流都是以雨水补给为主要补给源，径流的时间变化和分配在很大程度上取决于降水的特征。此外，受到湖泊、水库调蓄或其他人类活动因素的影响，径流的年内变化更为复杂。天然河流受气候因素及与流域调蓄能力有关的下垫面因素的影响，径流量径流时空分布不均，从而导致水资源地域上和时间上分布的不均匀，也直接制约着河流对工农业的供水情况。榆林市各水文站点代表站月平均径流量曲线图绘制如图4-8所示。

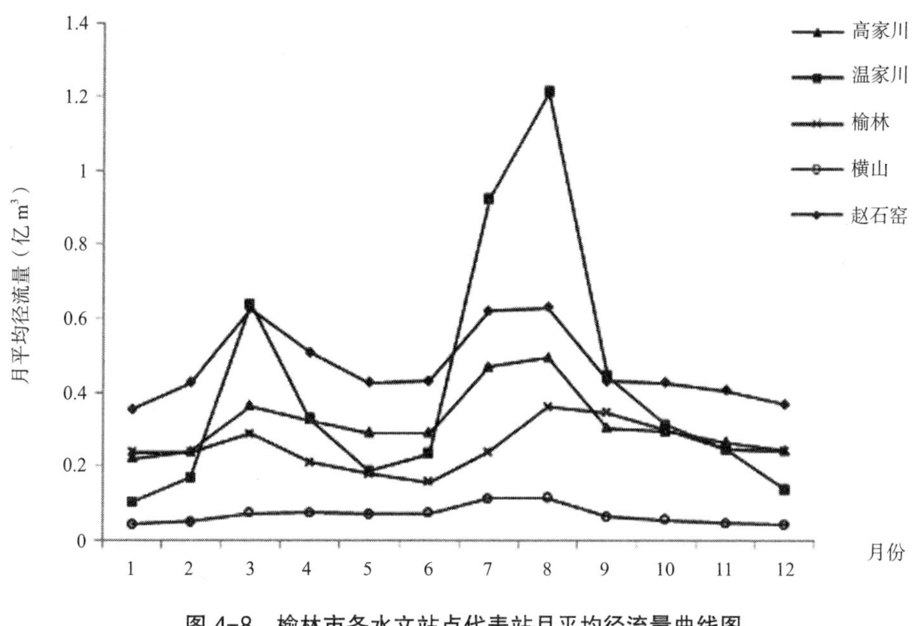

图 4-8　榆林市各水文站点代表站月平均径流量曲线图

通过对多年月平均径流量进行统计分析，研究区的多年月平均径流量呈现出明显的季节分异特征，各站点汛期径流量集中。数据分析结果表明，月平均最大径流量为 1.21 亿 m^3，位于窟野河流域温家川水文站；月平均最小径流量为 0.043 亿 m^3，位于无定河流域横山水文站。各水文站点的月平均径流量变化幅度不等，温家川水文站径流年内变化最为剧烈，横山水文站径流内年变化相对和缓。各站点汛期（6 ~ 9 月）径流量占年径流量的 36.2% ~ 71.9%，在地区分布上变化幅度较大。以榆溪河、秃尾河最小，汛期径流量占年径流量的 36.2% ~ 41.1%。

3）地表水资源年际变化

径流的年际变化是研究年平均径流量多年变化的特征，用年径流变差系数（C_v）和年际极值比来描述。C_v 值越大，表示年径流的年际变化剧烈，易发生洪涝灾害，不利于水资源的利用；反之，年际变化和缓，有利于水资源的利用。年际极值比 K_m，即年径流量系列观测资料的最大与最小年径流量的比值，用来反映年径流多年变化的幅度。年径流量变差系数 C_v 值大的河流，年径流量的年际极值比 K_m 也较大。根据对各选用测站 1956 ~ 2005 年天然径流系列频率计算结果，位于窟野河王道恒塔水文站 C_v 最大，为 0.45，水资源利用条件相对较差；而处于无定河赵石窑水文站的 C_v 值较小，为 0.1，水资源利用条件较好。与降水特征值 C_v 相比，径流 C_v 呈现出与其相类似的地带性分布，且径流的年际变化比降水更剧烈，地区性差异更大（表 4-7）。

榆林市 1956 ~ 2005 年天然径流量多年平均特征值统计表　　表 4-7

水文站名	所在河流	径流量（m^3）			径流深（mm）	C_v	K_m
		最大值	最小值	多年平均			
王道恒塔	窟野河	34125	3811	15267	39.77	0.45	8.95
神木		66647	22788	40978	56.15	0.3	2.92
温家川		84488	28525	48877	56.54	0.3	2.96
高家堡	秃尾河	44720	20850	31408	149.92	0.2	2.14
高家川		60010	25132	37940	116.63	0.25	2.39
申家湾	佳芦河	16890	4007	8270	73.77	0.35	4.22
榆林	榆溪河	45644	17899	30416	61.6	0.2	2.55
赵石窑	无定河	79174	45386	56299	36.74	0.1	1.74
丁家沟		140895	76440	104564	44.64	0.1	1.84
白家川		164908	97532	126493	42.64	0.1	1.69

根据榆林市各主要河流控制水文站的不同系列天然径流资料，通过统计分析和对比不同系列年径流量均值，定量地分析不同年段平均年径流量，其变化特征如下：

（1）研究区内各水文站偏丰年汛期径流量占年径流量的 38.7% ~ 78.8%，以无定河上游最小，为 38.7%；平水年汛期径流量占年径流量 35.1% ~ 64.8%，偏枯年汛期径流量占年径流量的 36.9% ~ 73.9%，枯水年汛期径流量占年径流量的 33.9% ~ 49.8%；

（2）各代表站偏丰年、平水年、偏枯年、枯水年汛期径流量占年径流量的百分比逐渐减少，说明越枯年份汛期径流量占年径流量的权重越小。

1956 ~ 2005 年榆林市主要河流水文站天然径流变化情况表　　表 4-8

河流	代表水文站	平均径流深（mm）	1956 ~ 1979 年		1980 ~ 2005 年		1990 ~ 2005 年	
			径流深（mm）	变率（%）	径流深（mm）	变率（%）	径流深（mm）	变率（%）
孤山川	高石崖	75.6	84.7	12.0	67.2	−11.1	69.2	−8.4
秃尾河	高家川	116.6	127.3	9.1	108.7	−6.8	109.7	−5.9
窟野河	温家川	56.5	86.5	53.0	54.8	−3.0	48.4	−14.4
无定河	赵石窑	36.7	39.8	8.4	36.1	−1.8	35.3	−3.8
	白家川	42.6	49.2	15.5	41.7	−2.3	41.4	−2.8

由表 4-8 可以看出，主要河流近 20 年来的地表径流呈现出减小态势，变化幅度一般比相应的降水量大，窟野河温家川水文站的减少幅度最大，为 14.4%；而无定河流域集水面积大，且流经不同的自然区域，各支流径流变化情况不一，地下水补给量稳

定，丰枯年可进行相互调节。因此，无定河流域径流的减小趋势不明显。由此可以看出，对比窟野河流域的经济发展和矿产开发规模来看，人类活动对于地表径流的变化具有显著影响。

4.1.4　地下水资源量

地下水资源量是指地下水体中参与水循环且可以逐年更新的动态水量，是水资源的重要组成部分，由于水量稳定，水质好，是农业灌溉、工矿和城市的重要水源之一，尤其是在地表缺水的干旱、半干旱地区，地下水成为主要的供水水源。地下水资源分为补给量、储存量、允许开采量三类。补给量是指天然状态或开采条件下，在单位时间内，进入水源地含水层范围内的可被开采的各种水量，一般包括地下水径流流入量、大气降水的入渗补给量、地表水的入渗补给量、越流补给量和人工补给量；储存量是指地下水在其补给和消耗的过程中，在水源地范围内含水层中积存或消耗的重力水体积。在潜水含水层中，储存量的变化主要反映为水体积的变化，即体积储存量；在承压含水层中，压力水头的变化主要反映弹性水的释放，成为弹性储存量。

榆林市地下水资源量由各县（区）的风沙草滩区地下水资源量和山丘区地下水资源量组成，主要包括潜水资源及浅层承压水资源，其含水层性质包括孔隙—裂隙潜水、岩溶水和浅层裂隙承压水。

大气降水是潜水的主要补给来源，约占总补给量的 90% 左右。在夏季三个多月里，沙丘区少有沙漠凝结水补给。在东北部和西北部边缘地区，由于地势低洼，长期接受与此接壤的内蒙古境内地下水侧向补给。在定边八里河下游地区有洪水入渗补给，此外还有少量的农田灌溉回归水补给。潜水的径流主要受地貌条件控制，总趋势由西北向东南排入窟野河、秃尾河、无定河及其支流中。由于地形比较平坦，地下水流动也很缓慢，水力坡度 2‰ ~ 3‰，仅在梁岗、斜坡和河谷岸边地带潜水坡度有所增大。微地貌的起伏变化对潜水流向、补给和汇集有重要意义，在河谷漫滩阶地和丘陵间洼地、低平洼地，其附近范围内的地表流水和潜水都向这些低洼处汇集，往往形成相对的富水区。风沙草滩区地下水埋藏较浅，潜水垂直蒸发成为主要的排泄方式，其次是河流排泄及人工开采。在黄土梁峁区，多以泉或渗流形式排泄。

1）第四系孔隙潜水

全新统河谷冲积层潜水主要分布于无定河、榆溪河、秃尾河、窟野河等较大河流的河漫滩及一级阶地。含水层以中细砂夹亚黏土为主，底部有砂砾石。厚度变化大，几米至几十米。潜水埋深一般小于 5m。含水层渗透系数 2.5 ~ 7.3 m/d，单井涌水量 40 ~ 300 m^3/d，为弱富水至中等富水性区。

上更新统萨拉乌苏组冲湖积层潜水遍布风沙草滩区，是区内最主要含水层。岩性以粉砂、中细砂夹亚砂土为主。潜水埋深一般 1 ~ 3m。在榆林的巴拉素、补浪河、掌高兔等地，神木的巴下采当、中沟一带，尔林兔、河湾大部分地区，田家海则及青草界滩地等地。含水层厚度 40 ~ 60m，最大超过 80m。单井涌水量 1000 ~ 3000m^3/d，属强富水性区；其余地区含水层厚度变薄，单井涌水量 100 ~ 1000m^3/d，属中等富水至较强富水性区。

中下更新统黄土裂隙孔隙潜水主要分布于黄土斜坡和梁峁地区。含水层以裂隙、孔隙黄土夹粉细砂为主。潜水埋深一般在平原区为 2 ~ 5m，局部大于 10m；在梁峁区为 20 ~ 40m，最深达 60m 以上。含水层厚度变化大，单井涌水量 20 ~ 400m^3/d，属弱富水至中等富水性区。梁峁区由于沟谷深切，地形破碎，地下水赋存条件极差，无利用价值。仅在一些宽梁地区黄土连续，有利于大气降水的补给，地下水赋存条件相对较好，可供人畜饮用。

2）基岩潜水

下白垩系洛河组砂岩潜水主要分布于尔林兔、杨桥畔一线以西，靖边以东的广大地区，埋藏深度几米至几十米。砂岩疏松，孔隙率高，裂隙也较发育，含水层补给条件好，是区内主要基岩含水层。含水层厚度几米至 200m 以上，单井涌水量 100 ~ 1000m^3/d，属中等富水至较强富水性区。

侏罗、三叠系风化破碎带裂隙潜水主要分布于尔林兔、小记汗、沙峁一线以东地区，与上部第四系潜水相联系，潜水埋深 3 ~ 5m 以上。由于各地风化、破碎程度发育不均，含水层富水性变化很大。一般单井涌水量小于 200m^3/d，许多地区还不足 50m^3/d，属弱富水至中等富水性区。

3）基岩承压水

洛河组承压水主要接受上部潜水补给，主要补给区在靖边以东地区。在靖边以西，由于埋藏深度大，补给距离远，径流滞缓，量少质差。下白垩系洛河组砂岩孔隙承压水分布于靖边县杨桥畔以西广大地区，埋藏深度自东向西逐渐变深，在定边一带埋深达 600 ~ 800m。具有区域承压性质，承压水头在平原区一般距地表 9 ~ 16m，定边平原局部地段可以自流，在黄土斜坡地段埋深大于 60m。单井涌水量为 1000 ~ 2000m^3/d，含水量属强富水至中等富水性区。

下白垩系环河、华池组砂、泥岩孔隙裂隙承压水广泛分布于靖边以西的靖边平原地区。由于第四系底部黏土层的隔水作用，故地下水具有局部承压性质。在黄土斜坡地段地下水埋深大于 50m，其余地区一般为 10 ~ 20m，富水性中等。

侏罗、三叠系孔隙裂隙承压水主要分布于榆林市以东梁峁区。在 60m 深度内具有局部承压性质。另外，由于岩层为泥岩及砂泥岩互层，所以在 60m 以下有多层承压水，承压水水头埋深 20 ~ 70m，富水性较差。

4）岩溶水

奥陶系灰岩承压自流水主要分布于府谷水泥厂至天桥电站一带，分布面积不足 10km^2，地下水主要赋存于奥陶系马家沟组灰岩及白云质灰岩的裂隙之中。含水层顶板埋深 50 ~ 80m，承压水头标高 836m，高出地表 1 ~ 20m。单井自流量一般 2 万 ~ 4 万 m^3/d，最大达 5.8 万 m^3/d，为极富水区。

4.1.4.1　山丘区地下水资源量

榆林市山丘区属于黄土覆盖的一般土石山丘区。它与风沙草滩区的界限大致以 1200 ~ 1400m 高程为界，山丘区总面积为 30633km^2，占榆林市总面积的 70.3%。山丘区地下水资源量的计算采用排泄量法。

$$W_d=W_b+W_e+W_l+W_p+W_{re} \tag{4-1}$$

其中，W_d 为山丘区排泄量；W_b 为河川基流量；W_e 为潜水蒸发量；W_l 为山前侧向流出量；W_p 为泉水溢出量；W_{re} 为实际开采量。由于其他各项水量小，可忽略不计，因此山丘区多年平均河川基流量可近似代表山丘区多年平均地下水资源量。

榆林市山丘区多年平均河川基流量采用河川基流分割法计算，选择了高石崖、高家川、赵石窑等 8 个代表性水文站的 1980 ~ 2005 年的天然径流量，采用直线斜割法，进行逐年基流分割，确定出各站逐年河川基流量 R_g，然后绘制河川基流量 R_g 与天然径流 Q_t 的关系曲线，再利用 R_g—Q_t 关系曲线，查出 1956 ~ 2005 年的河川基流量，进而计算出各代表性水文站的河川基流量的平均值。根据计算结果，榆林市山丘区的地下水资源量为 10.27 亿 m^3（表 4-9）。

榆林市各分区山丘区河川基流量表　　表 4-9

流域名称	山丘区面积（km^2）	基流模数 [万 m^3/（km^2·a）]	河川基流量（万 m^3）
窟野河流域	6816	5.08	34626
秃尾河流域	5175	5.98	30948
无定河流域榆横区	9783	2.11	20641
无定河流域靖边区	2651	2.11	5593
佳芦河流域	1894	1.16	2197

4.1.4.2　风沙草滩区地下水资源量

风沙草滩区采用水量均衡计算法。计算包括丰水年、平水年和枯水年在内的多年水均衡期内，地下水的各种补给量、排泄量以及含水层中蓄变量的多年平均值。根据榆林市风沙草滩区地下水的补给条件，地下水的补给量主要计算了降水入渗补给量、灌溉渠系渗漏补给量、井灌回归补给量以及侧向补给量；地下水排泄量主要计算了潜水蒸发量、侧向流出量、地下水实际开采量。地下水资源量为地下水的总补给量减去补给量的重复计算量，包括井灌回归量及山丘区对风沙草滩区的侧向补给量。

地下水资源评价的单元分区依据《榆林市水资源综合规划》技术大纲的要求，结合地下水埋深、包气带岩性和浅层地下水的补给、排泄条件、含水层富水性等因素，按照流域分区将地下水资源划分为滩地、沙带、盖沙斜坡、梁岗、河流阶地以及河沿六种计算单元。参考榆林市《水资源公报》《地下水通报》，缺失资料地区参照同类型其他省份如宁夏、内蒙古的参数，进行水文地质计算参数的调整与选取。计算结果显示，榆林市风沙草滩区潜水及浅层承压水资源量为 14.51 亿 m^3，计算结果见表 4-10。

榆林市风沙草滩区多年平均地下水资源量均衡计算汇总表　　表 4-10

流域分区	补给量（万 m^3）							排泄量（万 m^3）				$W_{地下}$（万 m^3）
	$W_{雨}$	$W_{渠}$	$W_{库}$	$W_{田}$	$W_{侧入}$	$W_{井}$	$W_{总补}$	$E_{蒸}$	$W_{侧出}$	$W_{开}$	$W_{总排}$	
窟野河区	0.49	0.02	0.12	0.02	0.01	0.00	0.66	0.60	0.09	0.04	0.74	0.65
秃尾河区	1.60	0.05	0.21	0.06	0.04	0.01	1.98	1.97	0.18	0.21	2.37	1.93
无定河流域榆溪区	4.02	0.15	0.26	0.18	0.16	0.05	4.81	4.06	0.43	0.36	4.85	4.60
无定河流域榆横区	2.16	0.13	0.04	0.15	0.05	0.03	2.56	2.46	0.42	0.19	3.07	2.48
无定河流域靖边区	1.47	0.01	0.13	0.01	0.05	0.09	1.76	0.98	0.45	0.56	1.99	1.62
合计	12.93	0.38	0.76	0.45	0.43	0.24	15.18	12.95	1.57	1.74	16.26	14.51

注：$W_{雨}$为降雨入渗；$W_{渠}$为渠道渗漏；$W_{库}$为库塘渗漏；$W_{田}$为田间渗漏；$W_{侧入}$为侧向流入；$W_{井}$为井灌回归；$W_{总补}$为总补给量；$E_{蒸}$为潜水蒸发；$W_{侧出}$为侧向流出；$W_{开}$为井开采量；$W_{总排}$为总排泄量；$W_{地下}$为地下水资源量。

由于降水是风沙草滩区地下水的主要补给来源（王清发，2008），榆林市风沙草滩区地下水水位变幅局部较大。但从 2010 年地下水埋深资料统计结果看，榆林风沙草滩区在统计时段内平均降水量 341.56mm，降水量较上年同期增加 14.99%。与 2009 年同期相比，榆林风沙草滩区地下水埋深平均上升 0.03m，地下水位总体呈上升趋势。根据榆林风沙草滩区地下水埋深平均变幅及变幅带给水度，其地下水蓄变量与上年同期相比，增加 0.36 亿 m^3。

由于地下水具有稳定调节水资源的特点，多年平均地下水水位变幅仍较稳定。从图 4-9 中可以看出，风沙草滩区水位上升区位于榆阳区北部、靖边县、定边县的西北部地区，下降区位于定边县北部与靖边县西部，此类区域分布大量大规模的石油、天然气开采业。可见，除降水量为重要影响因素外，人为集中过量开采地下水也是造成地下水水位变化的原因之一。

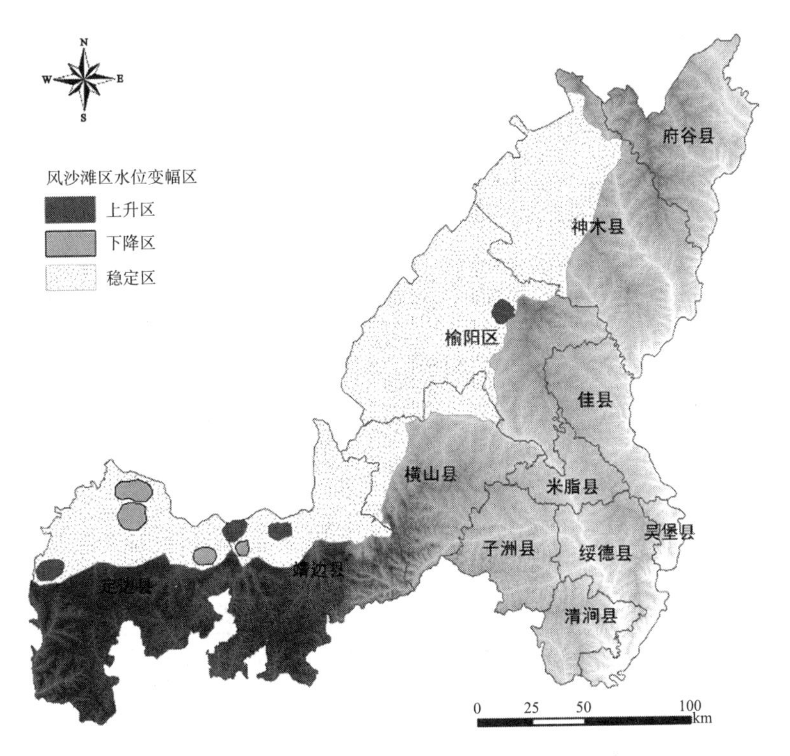

图 4-9　榆林市风沙草滩区地下水水位变幅示意图

（资料来源：根据陕西省地下水管理监测局 2010 年第一期地下水通报数据绘制）

榆林市地下水资源量由风沙草滩区地下水资源量和山丘区地下水资源量组成，其数量分别根据榆林市各流域在风沙草滩区和山丘区所占的面积分摊计算。计算结果为：榆林市地下水资源总量为 24.78 亿 m^3，其中风沙草滩区地下水总资源量为 14.51 亿 m^3、山丘区的地下水资源量为 10.27 亿 m^3（表 4-11）。

榆林市各流域地下水资源量统计表　　表 4-11

流域分区	风沙草滩区（亿 m^3）	山丘区（亿 m^3）	总计（亿 m^3）
窟野河流域	0.65	3.46	4.12
秃尾河流域	1.93	3.09	5.02
无定河流域	8.70	2.62	11.32
佳芦河流域	—	0.22	0.22
其他	3.23	0.88	4.1
总计	14.51	10.27	24.78

4.1.5　水资源总量

根据降水、地表水、地下水的转化和水量平衡关系，对一个区域或流域计算单元，水资源总量指区域在一定时段内地表水资源与地下水资源补给的有效数量总和，即扣除河川径流与地下水重复计算部分。多年平均水资源总量的计算公式如式（4-2）所示。

$$W=R+Q-D \tag{4-2}$$

其中，W 为多年平均水资源总量；R 为多年平均河川径流量；Q 为多年平均地下水补给量；D 为地表水与地下水的重复水量。

榆林市多年平均水资源总量为 32.01 亿 m^3，平均每平方公里年产水量 7 万 m^3，综合平均产水系数为 0.18，在榆林市各流域分区中，产水系数最大的是无定河流域榆溪区，值为 0.36；产水系数最小为佳芦河流域，值为 0.11。全市多年平均地下水资源量占水资源总量比例为 77.4%，在各分区中，比例最大的是无定河流域靖边区，为 92.7%，最小的是佳芦河流域，为 26.4%（表 4-12）。

榆林市 1956 ~ 2005 年平均水资源总量统计表　　表 4-12

流域分区名称	年降水量（mm）	地表水资源量（亿 m^3）	地下水资源量（亿 m^3）	水资源重复量（亿 m^3）	水资源总量（亿 m^3）
窟野河流域	407.7	4.52	4.12	3.71	4.93
秃尾河流域	401.9	6.47	5.02	4.51	6.98
无定河流域	395.53	8.52	11.32	5.76	14.07
佳芦河流域	388.1	0.83	0.22	0.22	0.83
其他	398.0	2.6	4.1	1.5	5.2
总计	397.7	22.90	24.78	15.67	32.01

4.2 研究区水资源开发利用评价

区域（流域）的水资源条件以及开发利用程度对计算水资源承载能力影响显著。水资源丰富的地区，相应地在单位面积上能承载更多的人口；水资源开发利用程度高，则在当前状况下承载力大，但未来的承载潜力有限，不利于区域的可持续发展。水资源的开发利用方式也决定了区域水资源承载力的大小，不同的水资源开发利用方式，决定了区域水资源可利用量，直接影响了区域水资源的承载力。

4.2.1 水资源开发利用条件

榆林市地处干旱半干旱地区，水土资源极不平衡，生态环境十分脆弱，水资源的需求量大，水资源开发利用条件总体不佳。汛期河流来水量大，但河流泥沙量大难以开发利用。2010 年榆林市已建成各类水库 87 座，总库容 11.7 亿 m^3，其中，中型以上水库 20 座，总库容 9.8 亿 m^3，各类塘坝 505 座，总容积 1729 万 m^3，建成 815 条自流灌溉渠道、2382 处抽水站、2.53 万眼机井等灌溉设施。受政策及生态环境等因素的制约，地下水资源开发也受到限制，供水量约 2.79 亿 m^3。水资源开发工程供水量达到了 6.92 亿 m^3，占当年水资源总量的 21.62%，高于全国平均水平（22.1%），但低于黄河流域的平均水平（27%），相比 2005 年 18% 的水资源利用率已有较大提高，但仍未充分开发利用。

4.2.1.1 供水基础设施分析

1）地表水工程

榆林市地表水供水工程设施主要有蓄水工程、引水工程、提水工程等，为避免重复统计，从水库、塘坝中引水或提水，均属蓄水工程供水量；从河道或湖泊中自流引水的，无论有闸或无闸，均属引水工程供水量；利用扬水站从河道或湖泊中直接取水的，属于提水工程供水量。跨流域调水是指水资源一级区或独立流域之间的跨流域调配水量，不包括在蓄、引、提水量中。地表水源供水量应以实测引水量或提水量作为统计依据，无实测水量资料时可根据灌溉面积、工业产值、实际毛取水定额等资料进行估算。按照表 4-13 划定地表水工程规模大小。

地表水工程规模大小划分标准表 表 4-13

工程类型	指标	工程规模		
		大	中	小
水库工程	库容（亿 m^3）	≥ 1.0	0.1 ~ 1.0	0.001 ~ 0.1
引水、提水工程	取水能力（m^3/s）	≥ 30	10 ~ 30	<10

榆林市蓄水工程共计 876 座，主要分布在无定河流域，其中水库为 52 座，占水库总数的 66%；其次是窟野河流域，水库为 24 座，占全市水库总数的 31%；小型引水工程共 532 处，设计供水能力达 11.08 亿 m^3，现状供水能力达 6.0 亿 m^3；小型提水工程共 2120 处，设计供水能力达 3.56 亿 m^3，现状供水能力达 2.07 亿 m^3。引水工程和提水工程主要分布在窟野河流域、秃尾河流域，其次是无定河流域。各类地表水供水基础设施的供水能力与工程设施的分布相一致，供水能力最大的区为无定河流域和窟野河流域，分别为 6.73 亿 m^3 和 2.86 亿 m^3。供水能力最低的是佳芦河流域，仅为 0.01 亿 m^3。

榆林市各行政区地表水供水基础设施的供水能力基本与其数量相一致，现状供水能力为 9.75 亿 m^3。榆阳区供水能力最大，达 3.81 亿 m^3，其次是横山县和神木县，其供水能力分别达到 2.23 亿 m^3 和 1.89 亿 m^3；各行政分区地表水供水设施分布不均。水资源行政分区中，蓄水工程主要分布在榆阳区、神木县以及府谷县。其中，榆阳区共有水库 18 座、塘坝 198 座，设计供水能力为 1.32 亿 m^3，现状供水能力为 0.98 亿 m^3；神木县、横山县水库数量分别为 10 座、9 座，设计供水能力为 1.13 亿 m^3、0.67 亿 m^3，现状供水能力为 0.20 亿 m^3、0.37 亿 m^3。

靖边县的水库工程数量最多，达 23 座，占全市水库总数的 30%；其次是榆阳区，水库有 18 座，占全市水库总数的 23%；南部各县水库很少，定边县、吴堡县虽有水库但因年久失修或淤积已失去供水能力。引水、提水工程主要分布在榆阳区、神木县、横山县，占引水工程总数的 81.27%；提水工程主要集中分布在府谷县和神木县，占提水工程总数的 42.78%。

榆林市各类地表水供水工程现状供水能力与设计供水能力分别为 9.75 亿 m^3 和 19.99 亿 m^3，现状供水能力仅为设计供水能力的 49%。再辅以地下及其他水源供水设施供水能力，正常年份基本能满足全市需水要求。但由于受地理位置影响，水利工程分布不均，造成各分区供水能力有余有缺；此外一些早期兴建的水库，由于年久失修，已经丧失了部分供水能力，现有的水利工程在满足社会经济可持续发展用水需求方面存在压力。

2）地下水源工程

地下水源工程是指利用地下水的水井工程，城市地下水源供水量包括自来水厂的开采量和工矿企业自备井的开采量。缺乏计量资料的农灌井开采量，根据配套机电井数和调查确定的单井出水量（或单井灌溉面积、单井耗电量等资料）估算开采量。

根据对榆林市各流域分区地下水供水设施的调查（表 4-14），2005 年榆林市共有生产井 18754 眼，年供水量为 2.4 亿 m^3，平均单井年供水量 1.54 万 m^3；地下水供水工程主要以浅机井为主，供水量约占地下水工程总供水量的 70%，深机井及其他供水工程供水量仅占总供水量的 30%。通过延长抽水时间和提高机井配套率，地下水供水能力可达 2.8 亿 m^3。全市浅层地下水开采井数量最多的是无定河流域，井数达 9296 眼，配套机井 8363 眼，现状年供水能力为 1.63 亿 m^3，占全市供水能力的 73.42%；秃尾河流域地下供水量仅占 4.5%。机井数量最少的是佳芦河流域，生产井数量仅为 28 眼，供水能力占全市总供水能力的 0.45%。

水资源行政分区中，浅层地下水开采井数量最多的是靖边县，井数达 4050 眼，供水能力为 0.72 亿 m^3。现状供水能力最大的是靖边县，供水能力占全市总供水能力的 25.96%，其次是榆阳区和定边县分别占全市总供水能力的 22.74% 和 20.02%，其他各县地下水供水工程的供水能力相对较小。可见，定边县、靖边县以地下水供水为主。

榆林市各流域分区地下水供水基础设施情况表　　表 4-14

流域分区	生产井数量（眼）	配套机电井数量（眼）	现状年供水能力（亿 m^3）	占全市总供水能力比重（%）
窟野河流域	1550	1333	0.48	21.62
秃尾河流域	1000	970	0.10	4.50
无定河流域	9296	8363	1.63	73.42
佳芦河流域	28	28	0.01	0.45

3）其他水源工程

其他水源工程包括：集雨工程、污水处理回用、地下水微咸水和海水领等供水工程。至 2010 年底，榆林市集雨工程年利用量 144 万 m^3，主要集中在定边县、靖边县、横山县及子洲县。其他水源工程数量较少，利用量较小。

4.2.1.2　现状可供水量分析

可供水量指在某一水平年需水要求和指定供水保证率的条件下，现有和规划的水工程设施可能为用户提供的水量，同时受到来水情况、需水要求、工程条件等因素的影响。榆林市 2010 年总供水量为 6.92 亿 m^3，地表水水源工程供水量为 4.12 亿 m^3，占全市总供水量的 59.54%；地下水水源供水量为 2.79 亿 m^3，占全市总供水量的 40.32%（图 4-10）。

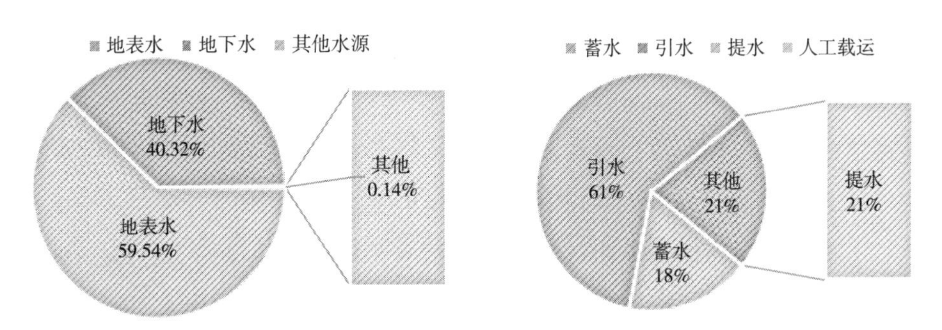

图 4-10　2010 年榆林市供水量组成及比重图

从供水工程的类型来看，地表水以引水工程的供水量为主，占全市总供水量的 37.98%，分布在无定河流域的引水工程总供水量为 1.59 亿 m^3，占全市引水工程供水量的 66.32%；其次是提水工程的供水量，为 0.83 亿 m^3，占总供水量的 13.11%；全市蓄水工程供水为 0.68 亿 m^3，占总供水量的 10.72%，其中无定河流域区的蓄水工程供水最多，占全市蓄水工程供水量的 76.76%。其他水源供水只有 104 万 m^3，仅占总供水量 0.20%。

从水资源的流域分区来看，无定河流域区供水最多，达 4.16 亿 m³，占全市总供水量的 60.12%；秃尾河流域供水量为 1.69 亿 m³，占流域总供水量的 24.42%，其中。秃尾河流域以地表供水为主，其中蓄水工程占地表供水总量的 91.7%（表 4-15）。

榆林市主要工业水源地供水量统计表　　表 4-15

水库名称	所在河流	所属流域	控制流域面积（km²）	多年平均径流量（万 m³）	年可供水量（万 m³）
瑶镇水库	秃尾河	秃尾河流域	770	8808	7648
采兔沟水库	秃尾河	秃尾河流域	1339	20400	5445
常家沟水库	窟野河	窟野河流域	44	690	578
李家梁水库	圪求河	无定河流域	848	5260	3398
河口水库	白河	无定河流域	1400	7348	1400
中营盘水库	五道河	无定河流域	607	3650	3672
红石峡水库	榆溪河	无定河流域	1202	9400	547
尤家峁水库	沙河	无定河流域	97	560	1200
石峁水库	头道河	无定河流域	142	1394	500
王圪堵水库	无定河	无定河流域	10752	32990	13600
杨伏井、营盘山、水路畔、新桥、金鸡沙水库	红柳河	无定河流域	1249	570	700
大岔、张家峁、猪头山、惠桥、杨家湾、王家庙、旧城、河畔水库	芦河	无定河流域	1115	590	2200
河口庙水库	芦河	无定河流域	604		
合计					42588

水资源行政分区中，各行政县、区供水量最多的为榆阳区，为 2.30 亿 m³，占全市供水总量的 33.30%，最少的吴堡县，仅占全市供水总量的 0.45%；在各项供水设施中，蓄水工程供水最多的为榆阳区，占全市蓄水工程供水总量的 58.37%，神木、横山县区蓄水工程供水只占蓄水工程供水总量的 18.07% 和 9.56%；引水工程供水最多的为榆阳区，为 0.96 亿 m³，占引水工程供水总量的 38.12%，最少的为佳县，占引水工程供水总量的 0.28%；提水工程供水最多的为神木县，占提水工程供水总量的 33.07%（表 4-16）。

4.2.1.3　可供水量组成与变化趋势

在各供水水源中，2010 年榆林市地表水源供水量占总供水量的 59.47%。地表水供水系统中，主要以引水工程为主，其中引水工程供水量占 61.45%；蓄水、提水工程所占比重相当，分别为 19.04%、19.36%；集雨工程和污水处理再利用供水量相对较少，仅占 0.2%；微咸水在榆林市利用率已达到 1.3%（图 4-11）。

2010 年榆林市水资源行政分区供水量统计表　　表 4-16

行政分区	地表水（亿 m³）					地下水（亿 m³）	其他水源（亿 m³）	总供水量（亿 m³）
	蓄水	引水	提水	其他	小计			
榆阳区	0.46	0.96	0.15	0.000	1.57	0.73	0.00	2.30
神木县	0.14	0.37	0.27	0.000	0.78	0.33	0.00	1.12
府谷县	0.01	0.06	0.07	0.003	0.15	0.25	0.00	0.40
横山县	0.07	0.73	0.08	0.001	0.88	0.11	0.00	0.99
靖边县	0.01	0.03	0.02	0.000	0.06	0.69	0.00	0.75
定边县	0.00	0.01	0.00	0.000	0.01	0.44	0.01	0.46
绥德县	0.00	0.12	0.04	0.000	0.16	0.06	0.00	0.22
米脂县	0.06	0.05	0.07	0.000	0.18	0.06	0.00	0.24
佳　县	0.01	0.03	0.03	0.000	0.07	0.04	0.00	0.12
吴堡县	0.00	0.01	0.02	0.002	0.03	0.00	0.00	0.03
清涧县	0.01	0.02	0.03	0.000	0.06	0.02	0.00	0.08
子洲县	0.01	0.13	0.02	0.000	0.17	0.05	0.00	0.22
榆林市	0.78	2.53	0.80	0.006	4.12	2.79	0.01	6.92

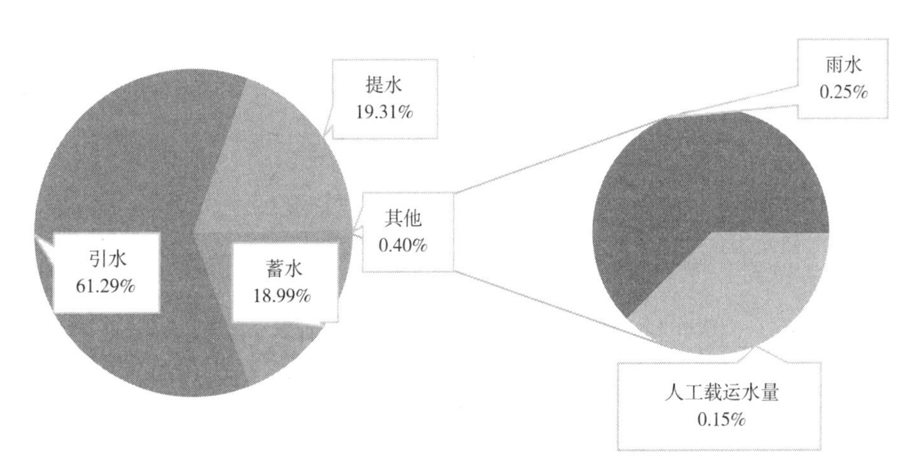

图 4-11　2010 年榆林市地表供水结构图

4.2.2　水资源开发利用方式及程度分析

根据榆林市历年水资源供水量的计算结果，榆林市地表水的开发利用率略低于地下水的开采率，其中地表水开发利用率为 17.13%，地下水可开采率为 18.18%；水资源开发利用具有流域分异性，地表水的开发利用方式覆盖全市范围，而地下水的开发利用主要集中在榆林市北部地区。就各流域水资源开发利用方式而言，无定河流域的地表水开发利用率为 32.4%，地下水开采率仅为 10.84%，远低于流域地下水开采率的平均值；窟野河流域、秃尾河流域地表水开发利用率平均值为 10.7%，而地下水开采率均值高达 58.12%。

4.2.3 水资源可利用量

水资源可利用量及开发利用潜力分析是水资源承载能力研究的基础和重要环节。水资源的可利用量是在技术上可行、经济上合理的情况下，通过工程措施能进行调节利用且有一定保证率的区域水资源合理开发的最大可利用水量。受水资源条件、自然地理、水文地质、生态环境及社会经济发展水平等因素的影响，它比天然水资源数量要少。地表水资源可利用量的组成及计算见图 4-12。

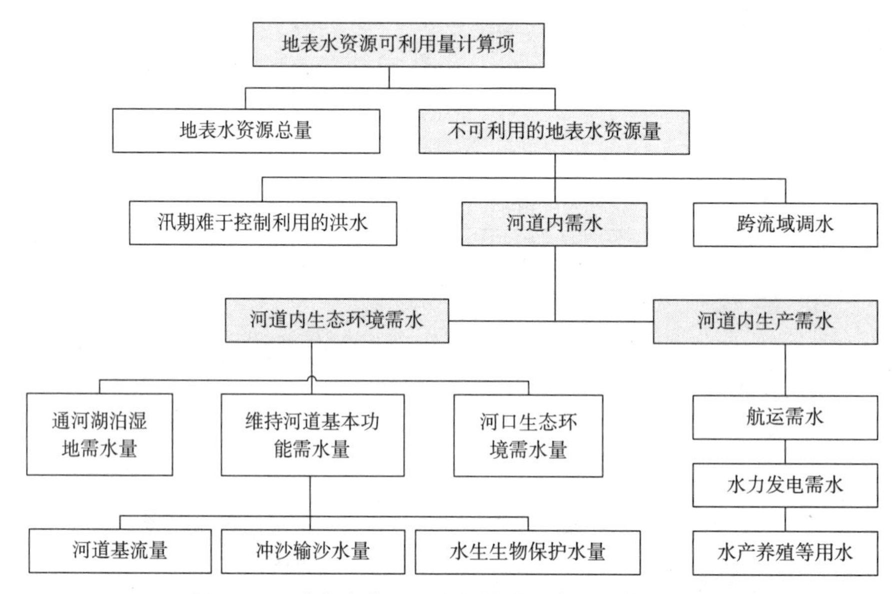

图 4-12　地表水资源可利用量的组成及计算示意图

1）地表水水资源可利用量

地表水水资源量包括可利用水量与人类目前无法控制或不应利用的水量，如汛期难于控制利用的洪水、跨流域调水、河道内需水等水量；且不同频率、不同水平年地表水资源可利用量不同。对地表水可利用量的估算方法包括划分利用率的估算方法、扣损法、代表年法等方法。

划分利用率的估算方法是由现状利用率来确定可利用水量，如利用率大于 0.5，可利用量即可供水量；利用率小于 0.2，水资源可利用量即工业生活用水量、灌溉用水量与其他用水量之和；利用率小于 0.4，可利用量即可表示为地表水总量的修正值。但这种方法不宜计算现状利用率较高的地区；代表年法是根据现状大中型水利工程设施，对各河的径流过程以时历法或代表年法进行调节计算，以求得某一频率的地表水资源可利用量。

本书采用扣损法计算地表水资源可利用量，即选定某一频率的代表年，在已知该年的径流量、入境水量基础上，扣除蒸发渗漏等损失以及出境入海等不可利用的水量，得出该频率的地表水资源可利用量，一般采用正算法和倒算法进行计算多年平均地表水资源可利用量。

倒算法是用多年平均水资源量减去不可以被利用水量和不可能被利用水量中的汛期下泄洪水量的多年平均值，得出多年平均水资源可利用量，一般用于北方水资源紧缺地区，可用式（4-3）表示。

$$R_{sa}=R_s-W_{emin}-W_f \tag{4-3}$$

其中，R_{sa} 为地表水可利用量；R_s 为地表水资源量；W_{emin} 为河道内最小生态需水量；W_f 为洪水弃水量。

正算法是根据工程最大供水能力或最大用水需求的分析成果，以用水消耗系数（耗水率）折算出相应的可供河道外一次性利用的水量。用于南方水资源较丰沛的地区及沿海独流入海河流。

$$R_{sa}=k\times W_{max} \tag{4-4}$$

$$R_{sa}=k\times D_{max} \tag{4-5}$$

其中，R_{sa} 为地表水可利用量；W_{max} 为最大供水能力；D_{max} 为最大用水需求；k 为用水消耗系数。其中式（4-4）一般用于大江大河上游或支流水资源开发利用难度较大的山区以及沿海独流入海河流，式（4-5）一般用于大江大河下游地区。

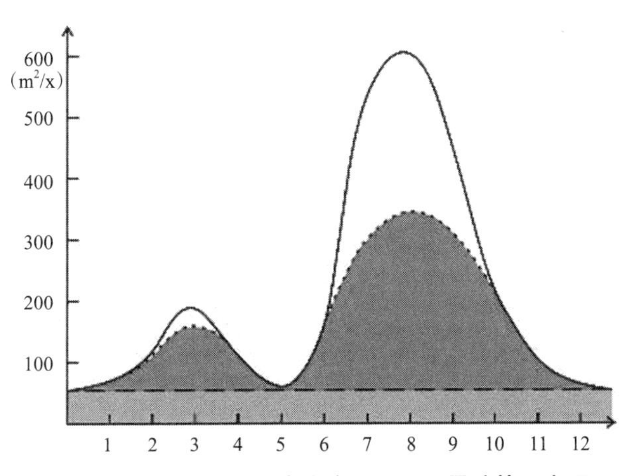

图 4-13 北方河流地表水资源可利用量计算示意图

（资料来源：全国水资源综合规划—水资源可利用量估算方法）

根据以上方法对榆林市地表水资源可利用量的计算结果表明：榆林市主要流域水系的地表水资源可利用率较平均，介于30.49% ~ 40.25%。中小型水库较多，多年平均下泄水量较少，无定河干流上不同控制站计算的地表水资源量可利用率为35.5% ~ 40.6%，且下游站断面以上有大理河、淮宁河等支流汇入，相较榆林市地表水利用率而言，无定河流域地表水资源量可利用程度较高。榆林市地表水资源可利用量见图4-13、表4-17。

榆林市主要河流水系地表水资源可利用量的大小及组成 **表4-17**

河流水系	地表水资源量（亿 m^3）	非汛期河道内生态需水量（亿 m^3）	汛期难于控制利用的洪水量（亿 m^3）	地表水资源可利用量（亿 m^3）	地表水可利用率（%）
佳芦河	0.83	0.25	0.30	0.28	34.01
窟野河	8.99	2.70	3.55	2.74	30.49
秃尾河	6.93	2.08	2.23	2.62	37.83
无定河	23.65	7.09	7.03	9.52	40.25

秃尾河地表水可利用量虽低于无定河、窟野河，但其地表水可利用率仅次于无定河。由于窟野河流域水资源开发利用条件较差——窟野河泥沙含量极高，河流下游年输沙模数为4万 t/km^2，为陕西输沙模数最大的河流，加之窟野河汛期难以控制利用的洪水量较大，因此窟野河的地表水可利用率为全流域最低，仅为30.49%。考虑到各河流的水质情况，窟野河、榆溪河、秃尾河等均有不同程度的污染，以窟野河最为严重，地表水资源可利用率会有不同程度的减少。此外，若充分考虑未来规划建设的蓄水工程提高调蓄能力，各水系汛期难于控制利用的洪水量会减少，有利于地表水资源进一步开发利用。

2）地下水资源可开采量分析计算

地下水资源可开采量采用可开采系数法计算，不同的地下水评价类型区采用不同的开采系数进行分析计算。根据已有的研究成果（刘红英，2009），榆林市风沙草滩区多年平均浅层地下水资源可开采系数为0.35 ~ 0.40；山丘区多年平均浅层地下水资源可开采量采用较小的风沙草滩区可开采系数计算。榆林市各分区浅层地下水可开采量情况见表4-18。

榆林市主要流域水系地下水资源可开采量统计表 **表4-18**

流域	地下水资源量（亿 m^3）	地下水可开采量（亿 m^3）	地下水与地表水重复可利用量（亿 m^3）	地下水可开采率（%）
佳芦河	0.68	0.18	0.00	26.27
窟野河	3.39	0.92	0.23	27.13

续表

流域	地下水资源量（亿 m^3）	地下水可开采量（亿 m^3）	地下水与地表水重复可利用量（亿 m^3）	地下水可开采率（%）
秃尾河	4.34	1.23	0.67	28.23
无定河	11.33	3.60	3.29	31.75

注：表 4-18 为各流域水系在榆林市内浅层地下水资源量及可开采量。由于市外部分的地下水基本上与地表水重复计算，所以不影响水资源可利用总量的计算。

3）水资源可利用总量分析

水资源可利用总量的计算，采取地表水资源可利用量与浅层地下水资源可开采量相加再扣除地表水资源可利用量与地下水资源可开采量两者之间重复计算量的方法估算。两者之间的重复计算量，在山丘区浅层地下水即为河川基流，全部与地表水重复；平原区重复量主要为浅层地下水的渠系渗漏和渠灌田间入渗补给量的开采利用部分，采用式（4-6）估算。

$$Q_{总}=Q_{地表}+Q_{地下}-Q_{重} \tag{4-6}$$

式中，$Q_{总}$为水资源可利用总量，单位为亿 m^3；$Q_{地表}$为地表水资源可利用量，单位为亿 m^3，$Q_{地下}$为地下水可开采量，单位为亿 m^3；$Q_{重}$为地表水资源可利用量与地下水资源可开采量两者之间重复量，单位为亿 m^3。榆林市主要水系的水资源可利用总量见表 4-19。

主要河流水系 50%保证率的地表水资源可利用量表　　表 4-19

主要河流水系	地表水可利用量（亿 m^3）	地下水可开采量（亿 m^3）	地下水与地表水重复可利用量（亿 m^3）	水资源可利用总量（亿 m^3）
佳芦河	0.28	0.18	0.00	0.28
窟野河	0.79	0.92	0.23	1.02
秃尾河	1.35	1.23	0.67	2.02
无定河	4.50	3.60	3.29	7.79
总计	6.92	5.92	4.19	11.11

榆林市各河流水系的水资源可利用总量为 11.11 亿 m^3,其中地表水可利用量为 6.92 亿 m^3，地下水可开采量为 5.92 亿 m^3，地下水与地表水不重复可利用量为 4.19 亿 m^3。其中，无定河、秃尾河的水资源可利用总量较大，分别为 7.79 亿 m^3、2.02 亿 m^3，且无定河、秃尾河水系地表水资源可利用率比较高，这说明无定河和秃尾河流域上的水库调节控制性能比较好，流域水资源综合开发利用率高。若按照国际共识，流域水资源开发利用率应控制在 40% 以下。

4.3 小结

1）榆林市1956～2010年系列多年平均降水量为397.7mm，其中风沙草滩区383.0mm，山丘区407.8mm。降水量年内分配不均匀，主要集中在6～9月，汛期占全年总降水量的75%。全市多年平均水资源总量为32.01亿m^3，其中地表水资源量为22.90亿m^3，地下水资源量为24.78亿m^3，地下水与地表水的重复量为15.67亿m^3。全市人均地表水资源量550m^3，仅为全国平均值1/4，耕地亩均水资源量仅为165m^3，为全国平均值的1/9，为资源型缺水地区。水资源较为贫乏，且时空分布不均，北六县水资源相对丰富，该区域水资源占全市水资源总量的81.7%，人均水资源量为1341m^3；南六县水资源则处于极度短缺的状态，人均水资源量仅422m^3。

2）水资源可利用量为11.11亿m^3，其中地表水可利用量为6.92亿m^3、地下水与地表水重复利用量为4.19亿m^3。主要流域的地表水资源可利用率介于30.49%～40.25%；整体上看，流域内大多数降水形成的径流以洪水形式出现，大量的地表水资源因无法调蓄而得不到有效利用。北部风沙草滩区水源地河流年径流量的年际、年内变化相对较小，水资源开发利用条件相对优越。南部丘陵区地形破碎，且河流含沙量大，地下水埋藏深，可开采量小，开发利用难度较大，水资源量比较贫乏。

3）2010年全市水资源的利用量占水资源总量的21.62%，接近全国平均水平（22.1%），但低于黄河流域的平均水平（27%）；水资源开发利用具有流域分异性，地表水的开发利用方式覆盖全市范围，而地下水的开发利用主要集中在榆林市北部地区。地表水的开发利用率略低于地下水的开采率，其中地表水开发利用率为17.13%，地下水可开采率为18.18%。就各流域水资源开发利用方式而言，无定河流域的地表水开发利用率为40.6%，地下水开采率仅为10.84%，远低于流域地下水开采率的平均值；窟野河流域、秃尾河流域均以开发浅层地下水为主要利用方式，地表水开发利用率平均值为10.7%，而地下水开采率均值高达58.12%。

CHAPTER 5

第5章

榆林市人口和产业及用水现状分析

5.1 人口及用水现状分析

人口是区域经济发展的关键性因素之一。与世界上绝大多数国家相比，我国人均水资源仅为世界平均水平的 1/4，人口数量的不断增加使经济发展面临着更为苛刻的水资源约束。针对有限的水资源承载力，北京市于 2014 年提出用水资源设定“人口天花板”，旨在通过可利用水资源量来控制城市人口总量。本章从区域人口结构与基本特征出发，重点分析人口数量、分布对区域水资源的开发利用的影响。

5.1.1 人口数量及空间分布

1）人口数量

人口数量具有动态变化特性，影响人口数量的因素包括人口的出生、死亡和分布。理想的年龄结构应符合“人口低增长和长寿命”两大特征。人口低增长，即年人口的出生率在 14.0‰ ~ 16.0‰。近半个世纪以来，随着政治、经济、文化教育等方面的发展，榆林市的人口总量呈现出持续增长、增量减少的趋势。1950 ~ 2010 年，榆林市人口的出生率平均为 23.69‰，属于高出生率。平均死亡率为 7.92‰，自然增长率为 16.07‰。榆林市人口数量从 1956 年的 155.06 万人增至 2010 年的 364.5 万人。这期间，人口出生率、死亡率整体呈现下降趋势，人口净增 180.08 万人，增加了 116.14%，平均每年递增 1.83%（表 5-1）。

1950 ~ 2010 年榆林市人口规模及其变动统计表　　表 5-1

年份	年平均人口（万人）	出生率（‰）	死亡率（‰）	自然增长率（‰）
1950 ~ 1959	155.06	34.23	11.84	22.39
1960 ~ 1969	186.25	38.40	13.27	25.13
1970 ~ 1979	221.70	23.62	7.01	16.61
1980 ~ 1989	252.66	18.76	5.26	15.36
1990 ~ 1999	313.84	17.23	5.23	11.90
2000 ~ 2010	364.50	9.90	4.89	5.02

根据榆林市 2010 年第六次全国人口普查数据，全市常住人口为 335.14 万人，同 2000 年第五次全国人口普查数据 319.90 万人相比，10 年共增加 15.25 万人，增长 4.8%，年平均增长率为 0.47%。2000 ~ 2010 年人口数量图 5-1 中可以看出，人口数量集中的

区域基本不变，人口较集中的乡镇范围向外扩展，10 年间人口的空间分布特征由向外分散至向内集中，在空间上呈现出“人”字形。

从 2000 ~ 2010 年榆林市乡镇人口增长率示意图来看，受到能源化工区在各乡镇的发展水平影响，北部六县人口增长率明显高于南部六县，榆阳区人口增长率最高，为 2.13%，最低为清涧县 1.02%。人口增长点主要集中在神木县锦界镇、孙家岔镇、大柳塔镇、麻家塔乡、神木镇等地，府谷县府谷镇、庙沟门镇、大昌汗镇、老高川乡等地，以及榆阳区白界乡，横山县横山镇，靖边县东坑镇，定边县定边镇、冯地坑乡等地，米脂县绿洲镇。就县级尺度而言，榆阳区是人口净增量最大的行政区，从改革开放初期至今人口净增 24.47 万人，增量最小的为吴堡县，平均增加 2.47 万人（图 5-1）。

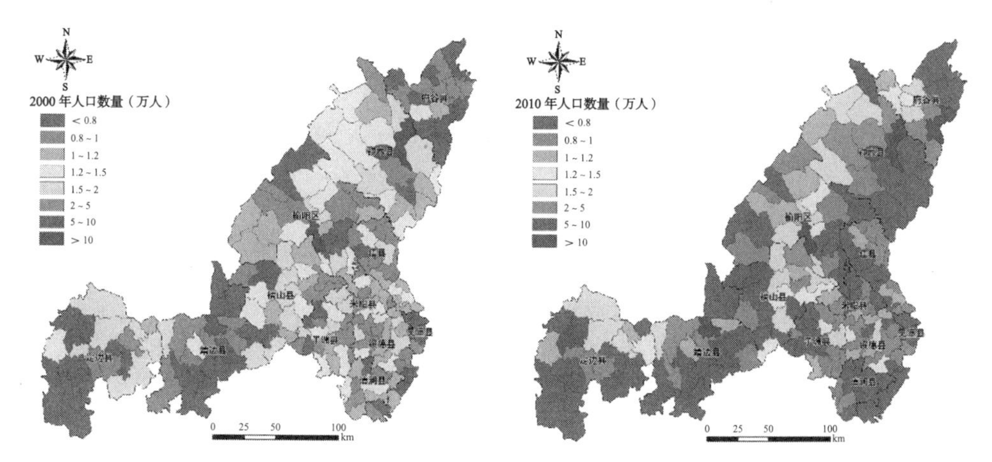

图 5-1　2000 ~ 2010 年榆林市人口数量空间分布图

从流域人口增长率的分布情况来看，2000 ~ 2010 年榆林市人口增长点主要分布在窟野河上游，主要乡镇有神木镇、大柳塔镇、孙家岔镇，秃尾河上游一带，主要乡镇有锦界镇、麻家塔乡等。无定河流域人口增长点主要集中在榆溪河与无定河交界处的白界乡、无定河与芦河交界处的横山镇以及芦河上游的张家畔镇。这些城镇均属于榆林市能源化工基地建设重点城镇，各类大型重化工企业分布于此区域，可见工业经济的发展对人口集聚具有显著作用（图 5-2）。

从人口数量的增长趋势的空间分布情况来看，1980 ~ 2010 年间，榆林市各县、区人口规模持续缓慢增长趋势一致。榆阳区为榆林市人口最多的县（区），人口数量占榆林市总人口数的 14.03%，多年平均人口在 36 万人以上；吴堡县为人口最少的县区，人口数量显著低于其他区（县），人口数量稳定保持在 7 万人左右。受到资源富集于北部的影响，北部区县经济发展迅速，人口增长速度也高于南部人口增速，北六县平均人口增长率为 1.74%，南六县平均人口增长率为 1.12%（表 5-2）。

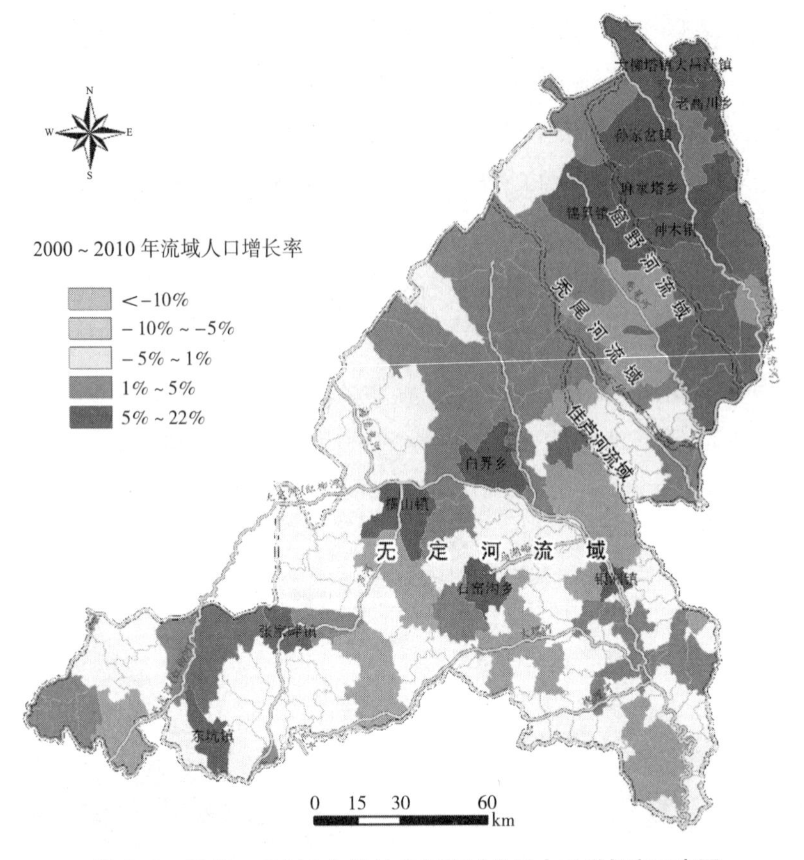

图 5-2 2000 ~ 2010 年榆林市各流域分区人口增长率示意图

榆林市历年各行政分区总人口变化表 表 5-2

行政区	总人口（万人）							年平均增长率
	1980	1985	1990	1995	2000	2005	2010	
榆阳区	27.67	31.06	35.95	39.13	41.00	46.06	52.14	2.13%
神木县	24.77	26.90	30.38	33.4	36.95	37.68	41.07	1.70%
府谷县	15.56	16.80	18.69	19.83	21.18	21.32	23.88	1.44%
横山县	21.63	23.89	28.04	30.13	32.09	33.35	36.04	1.72%
靖边县	18.10	20.17	24.06	25.47	27.18	29.14	32.86	2.01%
定边县	21.60	23.58	26.36	27.93	29.06	31.58	33.05	1.43%
绥德县	25.55	27.80	30.96	33.14	34.2	34.93	35.85	1.14%
米脂县	15.85	17.66	19.57	20.61	20.85	20.84	21.98	1.10%
佳县	18.99	20.74	22.69	23.37	24.48	24.52	26.32	1.09%
吴堡县	6.18	6.69	7.14	7.56	7.66	7.77	8.65	1.13%
清涧县	16.02	17.39	19.50	20.58	20.88	20.81	21.74	1.02%
子洲县	21.17	23.76	26.53	28.58	30.50	30.35	30.90	1.27%
榆林市	233.09	256.40	289.89	309.73	326.04	338.38	364.50	1.50%

2）人口的空间分布

人口分布的状况与自然、经济、社会、政治等多种因素有关。地区的自然环境差异、自然资源禀赋均会对各地区经济发展和生产布局产生影响，从而造成人口分布的不平衡。一般来说，人口最稠密地区都是自然条件优越、资源丰富、经济发达、历史悠久的地区。而人口稀少的地区，主要是自然环境恶劣、资源尚未开发、经济欠发达的地区。根据 2010 年全国第六次人口普查数据统计结果显示，榆林市北六县（区）人口总数为 231.70 万人，占全市人口的 69.14%；南六县总人口为 103.43 万人，占全市人口 30.86%。由于北六县（区）的矿产资源较丰富，交通发达，经济增长速度较快，人口比重较大。根据研究区域人口低密度的特点，本书以 20、35、50、70、100、150、200、300、500 人 /km^2 作为人口密度分级界限，对于人口密度大于 500 人 /km^2 的县市区，参考其他人口密度分级界限，并针对研究地区的实际情况，再设定 1000 人 /km^2 及以上两个分级界限。

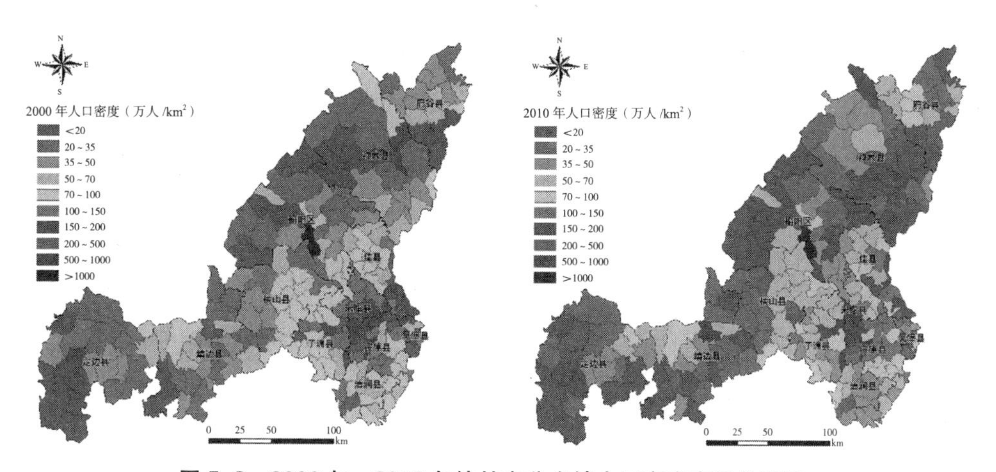

图 5-3　2000 年、2010 年榆林市分乡镇人口密度空间分异图

根据榆林市乡镇人口密度统计结果来看，榆林市的人口密度属于中低密度水平，500 人 /km^2 以下的乡镇占总量的 96.36%。2010 年，榆林市人口密度低于 10 人 /km^2 的乡镇共计 11 个，介于 10 ~ 50 人 /km^2 的乡镇共计 67 个，50 ~ 100 人 /km^2 的乡镇共计 55 个，100 ~ 200 人 /km^2 的乡镇共计 21 个，人口密度介于 200 ~ 500 人 /km^2 之间的乡镇共有 5 个，500 ~ 1000 人 /km^2 的乡镇共计 2 个，大于 1000 人 /km^2 的乡镇共计 4 个，分别是绥德县名州镇、榆阳区中心街道、靖边县张家畔镇。

从榆林市分乡镇人口密度空间分布情况来看，榆林市的人口整体上呈现出由东向西、由南到北，人口密度递减的趋势；南六县人口密度整体上比北六县大。主要市辖区及其周边县区人口密度较高，尤其是府谷县、神木县单位面积人口密度值在 1000 人 / km² 以上，榆阳区西北部乡镇、定边县以南人口较稀疏，单位面积人口密度值在 10 人 / km² 以下，各县市区人口密度的差异非常显著，最大值与最小值差距将近千倍（图 5-3）。

从榆林市各流域分区的人口分布数据来看，榆林市人口主要集中在无定河流域内，流域内人口数量占榆林市人口总量的 64.74%，窟野河流域人口位居其次，比重占 24.84%，仅有少量人口分布在水资源较为紧缺的佳芦河流域，比重仅占 3.69%。流域人口年平均增长率为 1.65%。其中，佳芦河流域人口增长率为全流域最大，为 3.05%，无定河流域人口增长率与流域平均水平持平，窟野河流域人口增长率在流域平均水平之上，而秃尾河流域人口增长率较低，仅为 0.41%（表 5-3）。

榆林市各水资源分区历年总人口数量统计表　　　表 5-3

流域名称	面积（km²）	总人口数量（万人）				
		1980	1990	2000	2005	2010
窟野河流域	2602.7	47.63	62.29	76.32	78.89	82.43
秃尾河流域	3361.5	19.85	21.21	21.98	22.01	22.33
无定河流域	21633.2	133.98	173.76	200.51	205.81	214.80
佳芦河流域	1135.3	5.13	6.67	7.68	9.40	12.25
流域总计	28732.7	206.59	263.93	306.49	316.11	331.81

从流域人口密度变化图（图 5-4）可以看出，无定河流域下游人口密度最大，其中绥德县名州镇、米脂县银州镇、横山县石沟窑乡人口密度变化最大，均在 70% 以上；秃尾河流域人口密度最小，变化较小；窟野河流域上游人口密度增加较快，主要集中

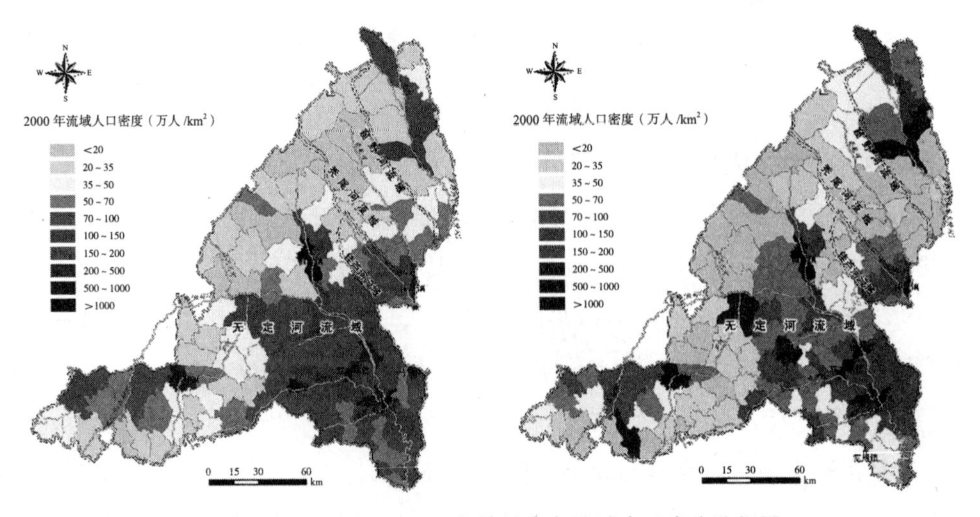

图 5-4　2000 年、2010 年榆林市各流域人口密度分级图

在神木镇、店塔镇、大柳塔镇及麻家塔乡，其中神木镇人口密度增加了 48.7%。整体上看，各流域下游人口较为集中，且人口向城镇集聚特征较明显。相对而言，秃尾河流域可作为未来人口集聚的潜力区域。

5.1.2　人口构成及特征分析

区域人口由不同自然及社会特征的人群组成，一般说人口特征主要有性别、年龄、民族、职业及人口增长率，人口素质等特征；人口结构各因素中，年龄和性别是最基本最核心最重要的因素。区域人口的人口增长方式、年龄、职业及人口素质等特征同时也是区域经济发展重要影响因素，在对水资源利用角度分析层面上，这些人口特征也是影响区域人口生活用水定额大小决定性因素，直接决定其人口用水量的多少。

1）人口性别

人口性别比是指人口中男性人数与女性人数之比，通常用每 100 名女性人口相对应的男性人口数来表示。联合国明确认定了人口性别比的通常值域为 102 ~ 107，其他值域则被视为异常。根据榆林市年鉴数据统计分析结果，自 1950 ~ 2010 年，榆林市人口性别比例持续偏高，70 年代以后人口的性别比例超出正常范围，出现人口比例失调的现象，程度在逐渐增加（表 5-4）。

榆林市 1950 ~ 2010 年人口性别比例统计表　　表 5-4

年份	总人口（万人）	男（万人）	女（万人）	性别比例（%）
1950 ~ 1959	145.96	75.52	70.44	107
1960 ~ 1969	188.29	97.48	90.80	107
1970 ~ 1979	222.34	114.52	107.82	106
1980 ~ 1989	254.74	132.39	122.36	108
1990 ~ 1999	314.52	163.70	150.82	109
2000 ~ 2010	352.07	183.58	168.50	109

2）人口年龄结构

根据全国第六次人口普查统计数据，榆林市常住人口中，0 ~ 14 岁人口为 53.36 万人，占 15.92%；15 ~ 64 岁人口为 256.98 万人，占 76.68%；65 岁及以上人口为 24.79 万人，占 7.40%。同 2000 年第五次全国人口普查相比，0 ~ 14 岁人口的比重下降 13.42 个百分点，15 ~ 64 岁人口的比重上升 11.42 个百分点，65 岁及以上人口的比重上升 2.00 个百分点；榆林市 6 岁及 6 岁以上人口中文盲、半文盲占榆林市同龄组人口的 16.1%，全市具有大学以上文化程度的占榆林市 6 岁及 6 岁以上人口的 2%，这与当地快速的经济发展所要求的文化素质存在很大差距。

3）人口职业特征

职业构成特征是描述不同职业在总人口中所占比例的指标，它取决于生产力发展水平以及生产方式的特点，并与科学技术的发展、不同产业部门劳动生产率的演变、人们物质消费和劳动力交换水平关系密切。根据榆林市 2011 年统计年鉴数据，2010 年全市从业人员共有 193.03 万人，比 2010 年增长 6.4%。分行业从业人员数量及情况统计如表 5-5 所示：

2010 年榆林市各行业从业人员数量及分布统计表 表 5-5

<table>
<tr><th>产业</th><th>行业</th><th>城镇（万人）</th><th>农村（万人）</th><th>合计（万人）</th></tr>
<tr><td rowspan="2">第一产业</td><td>农、林、牧、渔业</td><td>0.94</td><td>87.57</td><td>88.51</td></tr>
<tr><td>小计</td><td>0.94</td><td>87.57</td><td>88.51</td></tr>
<tr><td rowspan="5">第二产业</td><td>采矿业</td><td>6.18</td><td rowspan="3">11.77</td><td rowspan="3">26.24</td></tr>
<tr><td>制造业</td><td>6.14</td></tr>
<tr><td>电力、燃气及水生产和供应业</td><td>2.15</td></tr>
<tr><td>建筑业</td><td>2.85</td><td>16.25</td><td>19.1</td></tr>
<tr><td>小计</td><td>17.32</td><td>28.02</td><td>45.34</td></tr>
<tr><td rowspan="16">第三产业</td><td>交通运输、仓储和邮政业</td><td>3.16</td><td>6.87</td><td>10.03</td></tr>
<tr><td>信息传输、计算机服务和软件业</td><td>0.28</td><td>0.97</td><td>1.25</td></tr>
<tr><td>批发和零售业</td><td>3.35</td><td>7.26</td><td>10.61</td></tr>
<tr><td>住宿和餐饮业</td><td>1.76</td><td>5.41</td><td>7.17</td></tr>
<tr><td>金融业</td><td>0.67</td><td rowspan="11">11.94</td><td rowspan="11">30.12</td></tr>
<tr><td>房地产业</td><td>0.47</td></tr>
<tr><td>租赁和商务服务业</td><td>0.63</td></tr>
<tr><td>科学研究、技术服务和地质勘查业</td><td>0.54</td></tr>
<tr><td>水利、环境和公共设施管理业</td><td>1.28</td></tr>
<tr><td>居民服务和其他服务业</td><td>0.19</td></tr>
<tr><td>教育</td><td>5.09</td></tr>
<tr><td>卫生、社会保障和社会福利业</td><td>1.65</td></tr>
<tr><td>文化、体育和娱乐业</td><td>0.52</td></tr>
<tr><td>公共管理和社会组织</td><td>7.14</td></tr>
<tr><td>小计</td><td>26.73</td><td>32.45</td><td>59.18</td></tr>
<tr><td></td><td>总计</td><td>44.99</td><td>148.04</td><td>193.03</td></tr>
</table>

榆林市目前的就业结构以第一产业所占比重最大。从 20 世纪 90 年代以来，在榆林市所有从业人员中，第一产业的比重和数量都在不断下降；第二产业就业人数和比

重有所增加；第三产业就业人数和所占比重显著增长。总体来说，榆林市产业结构的调整与就业结构变动趋势一致，但第二产业就业人数及其增速与第二产业规模、增速不相称，从一个侧面说明其产业结构以资金密集型为主，工业的增长对劳动力的吸纳效果有限，在未来城市化进程中，榆林市所面临的就业压力仍然较大，发展劳动密集型产业有助于妥善解决人口增长和结构调整带来的就业问题。

从以上对人口及人口素质的现状分析表明，人口总量在不断增加，而人口素质的提高步伐较缓慢，现有人口质量已成为社会经济发展的巨大障碍，而人口数量的不断增加不仅给资源负荷带来过大压力，又给区域社会经济发展增加难度。

5.1.3 人口城镇化进程分析

城镇化率作为城市化的度量指标，为非农业人口占总人口的比重。榆林市城镇化率从 1950 年的 1% 提高至 1996 年的 11.5%，年增长率为 0.2%。随着榆林市能源化工基地的建立，煤炭、石油、天然气等矿产资源的开发兴起，榆林的城镇发展进入了迅速增长阶段，年均增幅约为 10%，城镇化率提高至 2010 年的 26.83%，远低于同期全国 49.68% 的城镇化率，城镇化水平相对于全国仍显落后。另外，城镇化发展空间不均衡问题比较突出。

随着城镇人口的不断增长，榆林市各行政分区城乡人口的分布在近 30 年间也发生了较大的变化。城市化率成倍增长，但城镇化水平偏下，多年平均城镇化率为 14.25%。2000 年以来城镇人口年均增长 3.2%，农业人口从 2003 年开始逐年减少，出现了以榆林主城区为中心，以神木、靖边、绥德为副中心，以其他县城和中心城镇为重点，形成劳动力转移和人口集聚格局。至 2010 年底，榆林市平均城镇化率为 26.83%，最低的子洲县只有 10.10%（表 5-6）。

1980 ~ 2010 年榆林市各区县城市化率统计表　　表 5-6

行政区	城市化率（%）										
	1980	1985	1990	1995	2000	2005	2006	2007	2008	2009	2010
榆阳区	17.74	20.41	21.04	25.66	27.5	34.2	34.62	35.01	35.55	35.84	36.36
神木县	6.74	8.96	10.3	14.65	24.74	26.37	26.41	26.64	26.66	26.37	37.41
府谷县	7.13	8.39	9.2	11.77	16.05	18.36	19.76	19.91	20.13	20.30	17.19
横山县	3.42	5.11	4.95	6.55	8.19	9.36	9.47	9.70	10.03	10.39	10.14
靖边县	4.64	6.3	6.43	8.75	10.79	13.48	13.58	14.37	14.94	15.35	14.44
定边县	7.59	8.23	9.24	9.97	10.91	12.8	13.22	13.71	14.07	14.42	14.62

续表

行政区	城市化率（%）										
	1980	1985	1990	1995	2000	2005	2006	2007	2008	2009	2010
绥德县	7.4	9.46	9.6	10.84	12.8	14.73	14.98	15.34	15.61	17.01	17.73
米脂县	7.57	9.06	9.12	10.08	10.28	14.08	15.01	15.54	16.21	16.67	16.99
佳县	3.95	6.27	6.09	6.63	7.27	9.66	10.13	10.37	10.95	12.16	11.21
吴堡县	6.63	10.31	10.44	12.49	13.53	17.23	17.33	17.57	18.07	20.62	16.02
清涧县	4.93	7.19	6.96	7.43	8.76	11.38	11.75	12.36	13.11	13.54	13.63
子洲县	5.34	6.48	6.64	6.8	7.3	8.92	9.10	9.11	9.82	10.27	10.10
榆林市	7.33	9.17	9.58	11.5	13.8	16.75	17.45	17.83	18.32	18.84	26.83

通过对各分区的历年城镇人口及城市化率变化趋势进行分析，总体上看，榆林市的城镇化方式已经发生单点向多点为核心发展的转变，南北差异显著。30 年来，榆林市城镇化率有了较大幅度的提高，城镇化程度较高的区域集中在北部六县，其中榆阳区、神木县城镇化率分别为 36.36%、37.41%，构成榆林市的经济发展核心，城镇化的进程也逐步扩展到周边地区。到 2010 年，南六县中绥德、米脂、吴堡县的城镇化率较高，在 10% 以上，横山、子洲县和佳县城镇化进程较为落后（图 5-5）。

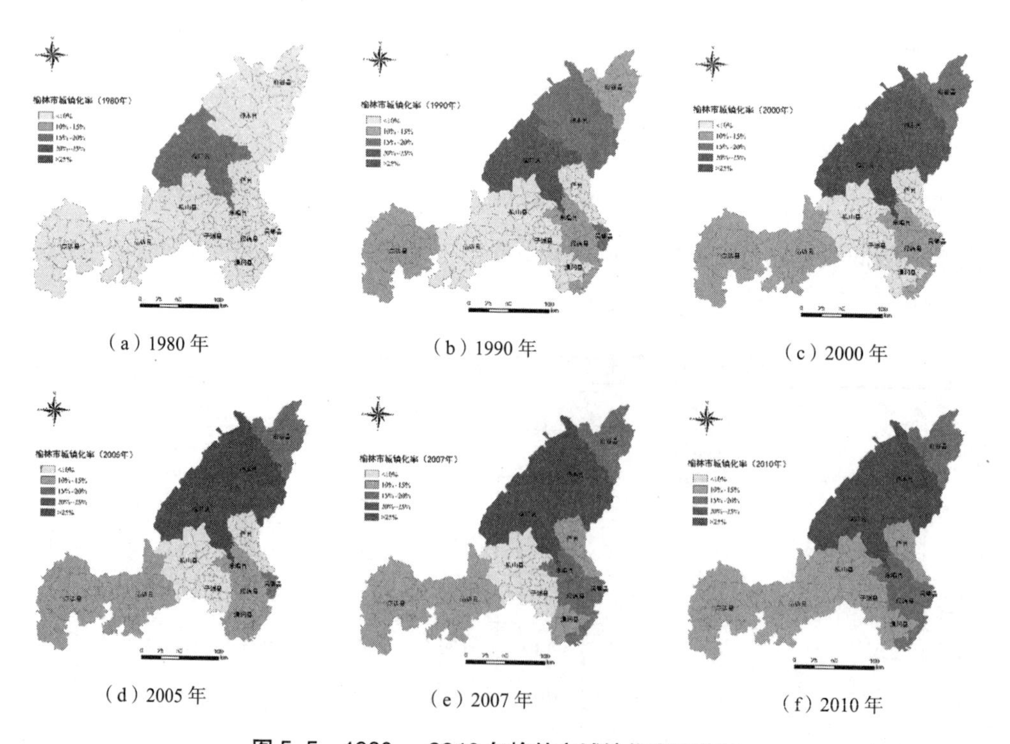

（a）1980 年　（b）1990 年　（c）2000 年

（d）2005 年　（e）2007 年　（f）2010 年

图 5-5　1980 ~ 2010 年榆林市城镇化率变化图

城镇化进程的加快，是工业化快速发展的结果。以神木县为例，500 亿 t 的煤炭储量，煤炭、电力、化工、载能、建材为骨干的多元化工业体系比重已高达 76.1%，第三产业比重上升到 20.1%，农业产值的比重下降为 3.8%。工业经济的主导地位和农业基础条件的脆弱，成为神木县城镇化率较高的主要原因。

5.1.4　人口现状用水量及空间分布

1）人均水资源量

人均水资源量为指在一个地区（流域）内，某一个时期按单位人口的水资源量。根据 1980 ~ 2010 年的人均水资源量统计数据，榆林市水资源与人口的空间分布极不均衡，全市水资源总量较少，人均用水量在全国属于相对较低水平。榆林市人均占有水资源量由 1998 年的 1180m^3 下降到 2010 年的 892m^3，年均递减 2.3%，仅为全省人均占有量 1300m^3 的 68.6%，为全国人均占有量 2300m^3 的 38.8%。全市有 67% 的县区人均水资源量低于 1000m^3，现已经达到国际公认的 Malin Flakenmark 缺水标准，人均水资源量最低的子洲县，只有 227m^3。

榆林市人均水资源量与水资源的空间分布较一致，且空间差异显著。北部六县人均水资源量相对丰富，而南部六县人均水资源量均在 500m^3 以下，人口与水资源矛盾表现最为突出的为吴堡县，人均水资源量多年平均值仅为 218.17m^3/ 人，居民的日常生活用水得不到保障，属于极度缺水地区；神木县的水资源量相对较丰富，人均水资源量多年平均值 2484.5m^3/ 人，其次是榆阳区，值为 2407.67m^3/ 人；定边县与靖边县处于周期性用水紧张状态。尽管北部地区如神木县、榆阳区等地水资源相对其他地区较丰富，但与全国人均水资源量相比，仍属于轻度—中度缺水地区（图 5-6）。

2）生活用水量

城镇生活用水靠地表水供给，农村生活用水以取地下水为主。2012 年，全国人均综合用水量 454m^3，陕西省人均用水量为 234.6m^3/ 人，榆林市人均用水量为 224.4m^3/ 人，远低于全国平均水平。相关研究表明，居民生活用水量受到居民收入、水价、家庭规模、年龄结构、生活方式、节水技术、用水需求管理政策等因素的影响。

1980 ~ 2010 年榆林市人均生活用水量由 13m^3/ 年增至 29m^3/ 年。生活方式的转变和生活质量的提高，用水设施的改进，使城镇、农村居民生活用水量分别增长了 60%、48%。30 年间居民生活用水量的变化可分为两个阶段，1980 ~ 2005 年为快速上升阶段，生活用水定额呈现逐年上升趋势，居民生活用水量的平均增长率为 4.27%；2005 ~ 2010 年为稳定发展阶段，居民生活用水量的平均增长率为 2.51%。城镇和农村居民生活用水量变化差异较大，随着人民生活水平不断提高，生活配套设施日益完

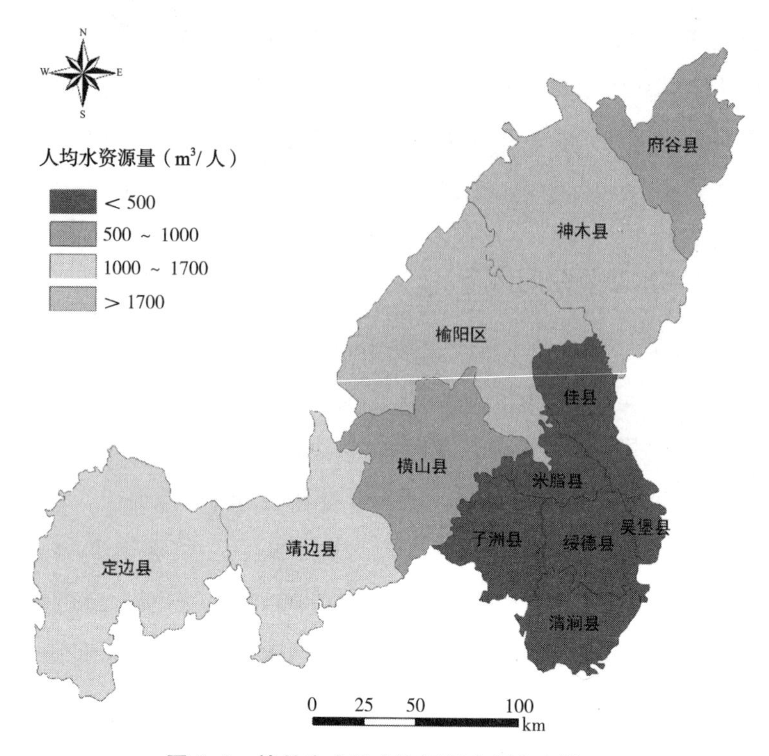

图 5-6 榆林市人均水资源量空间分布情况

善，城镇居民生活用水量年平均增长率为 6.02%，而农村居民生活用水量年平均增长率仅为 0.90%。城镇居民用水水平得到显著提升，一方面，由于大量人口涌入城镇而产生生活用水基本需求增加，另一方面，城镇居民生活水平提高，对高耗水服务的消费如洗车、洗浴中心等的需求有所增加；相比之下，受到给水普及率、生活卫生设备、生活习惯、经济水平等的影响，农村居民则保持稳定的低用水水平（图 5-7）。

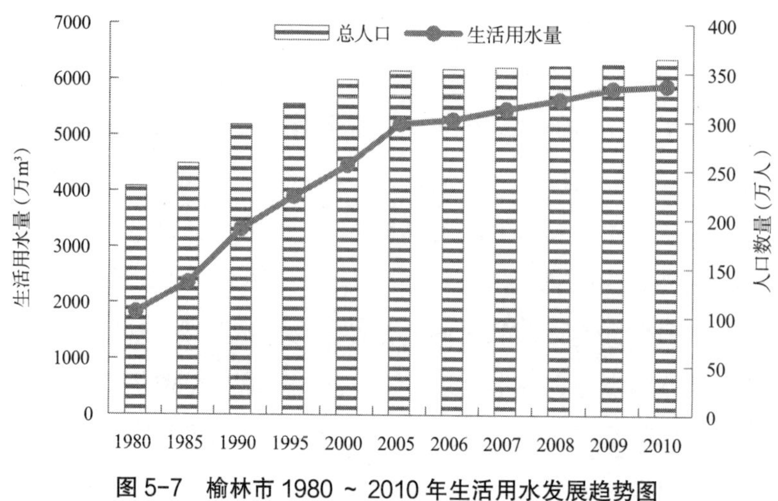

图 5-7 榆林市 1980 ~ 2010 年生活用水发展趋势图

从榆林市人均 GDP 与居民生活用水量的关系图（图 5-8）可以看出，人均 GDP 小于 10000 元时，居民生活用水量随着人均 GDP 的增加呈现出指数增长趋势，而人均 GDP 超过 1 万元时，居民生活用水量的增加缓慢。就榆林市的情况而言，人均 GDP 介于 1 万 ~ 5 万元，居民生活用水量则稳定在 5000 ~ 6000m^3。

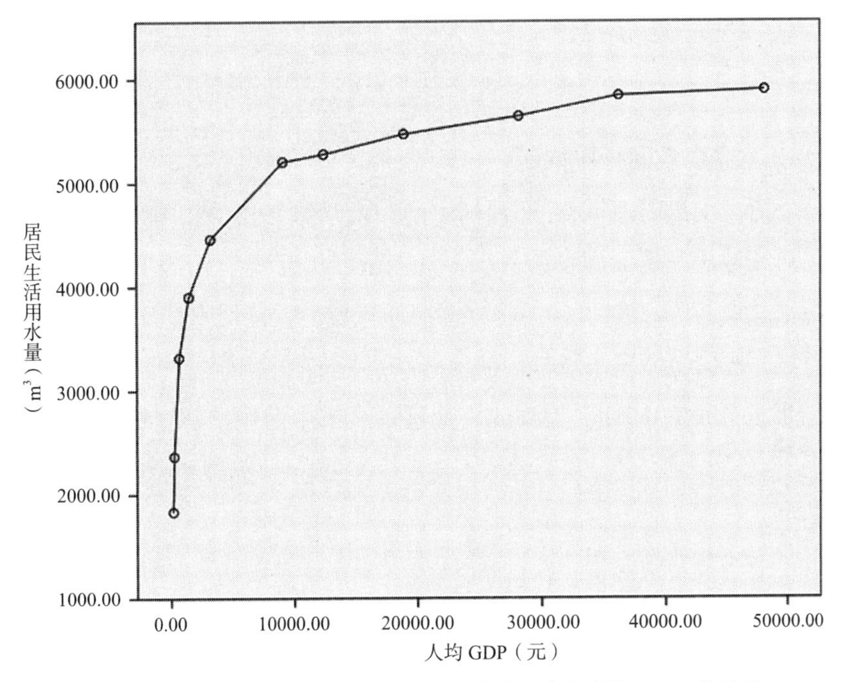

图 5-8　1980 ~ 2010 年榆林市居民生活用水与人均 GDP 关系图

然而，通过对比陕西省与全国人均用水指标，榆林市人均可支配收入增加了 18.61%，而人均综合用水量仅增加了 1.41%，陕西省、全国人均可支配收入分别增加了 12.69%、11.70%，人均综合用水量仅增加了 1.01%、0.45%。尽管从 2010 年起，榆林市人均可支配收入基本上与陕西省、全国人均可支配收入持平（或超出），人均综合用水量始终低于陕西省、全国水平（表 5-7）。这一指标远低于发达国家用水水平，如美国每年人均用水量约 1630m^3，爱沙尼亚 1400m^3，新西兰 1190m^3，加拿大 1130m^3 等（United Nations Development Program - Human Development Report 2006），德国、法国等国家年人均用水量为 400m^3、530m^3，与我国用水水平相当。这表明人均综合用水量虽然受到人均 GDP、人均可支配收入的影响，但并非呈线性正相关关系，而是一个受到多重因素综合作用的指标，且历年变化幅度较小。

榆林市、陕西省与全国人均可支配收入与人均综合用水量对比统计表　　表 5-7

年份	人均可支配收入（元）			人均综合用水量（m^3/人）		
	榆林	陕西	全国	榆林	陕西	全国
2008	12197	12858	15781	212.20	225.4	446
2009	14856	14129	17175	207.60	229.6	448
2010	17545	15695	19109	206.80	223.8	450
2011	20721	18245	21810	218.30	228.7	454
2012	24140	20734	24565	224.40	234.6	454

3）生活用水量的空间分布特征

从居民生活用水量的流域空间分异特征来看，窟野河流域、榆溪河流域的用水量较大，佳芦河流域居民生活用水量最小，其中窟野河流域、无定河流域居民生活用水量占生活用水总量的 41.55%、50.26%，秃尾河流域的人口用水量比重仅为 4.83%。就行政分区而言，居民生活用水量较大的地区主要分布在榆阳区、神木县，2010 年城镇居民生活用水量分别为 651m^3、356m^3，分别占全市生活用水总量的 31.93%、17.46%（图 5-9）。

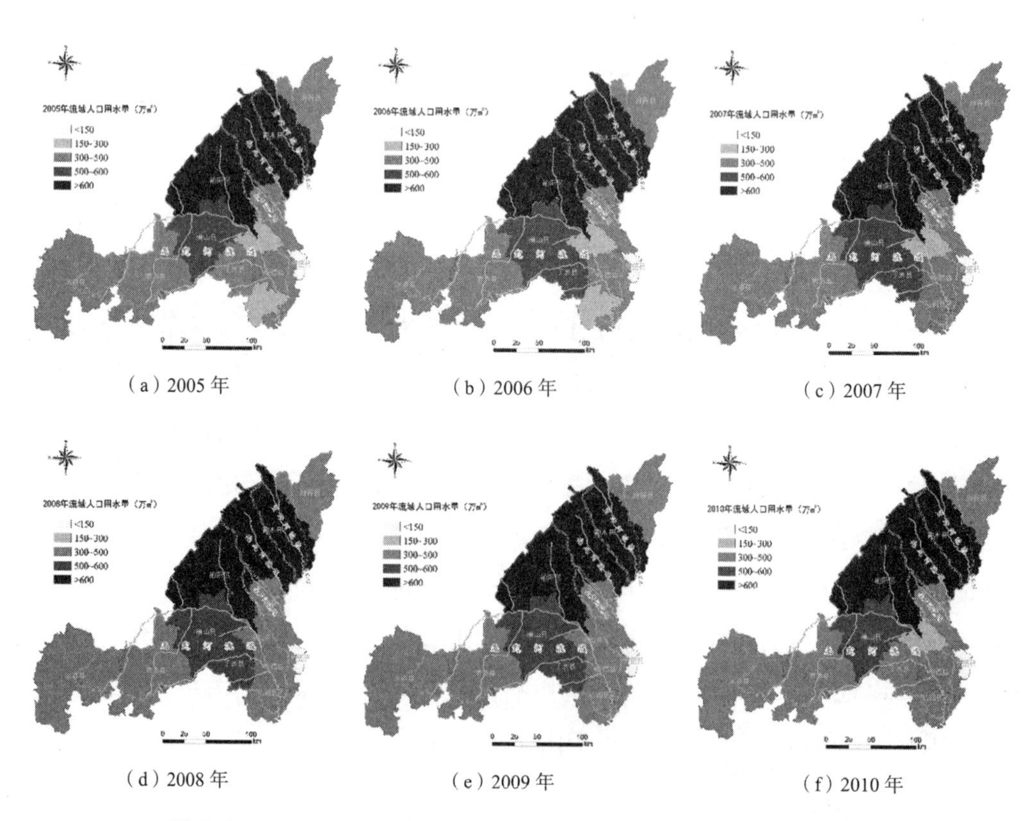

（a）2005 年　（b）2006 年　（c）2007 年

（d）2008 年　（e）2009 年　（f）2010 年

图 5-9　2005 ~ 2010 年榆林市居民生活用水量空间分布变化趋势图

2005 年以来，无定河流域下游地区，如子洲县、米脂县和清涧县的居民生活用水量经历了先增后减的变化。窟野河、秃尾河、榆溪河流域整体上呈现出增加的趋势，但增幅较小。可以看出，居民生活用水量与城镇化的空间分布一致，城镇化率高的区域生活用水量较高。

4）人均用水定额

居民生活用水包括居民在日常生活中每天需消耗的水量，如饮用、洗涤、洗澡、冲厕所等家庭用水，还包括各种公共建筑用水和消防、浇洒道路绿地、环保等市政用水。在农村还应包括大小牲畜用水量，又称人畜用水定额。随着城市化进程的加快、第三产业的迅速崛起，我国城市生活用水总量在不断增加，仍远低于发达国家人均用水定额。2012 年我国城镇居民生活用水量（含公共用水）216L/d，农村居民人均生活用水量 79L/d，而美国人均用水定额为 666L/d、澳大利亚为 493L/d、日本为 374 L/d。

从整体上看，榆林市生活用水定额随着生活水平的提高而有所增加，城镇生活用水定额增长了 50%，农村生活用水定额增长了 48%。城镇生活用水定额已由 1980 年的每人 55L/d 提高到 2010 年的 97L/d，年平均增长率为 1.91%；农村生活用水定额由 1980 年的每人 33L/d 提高到 2010 年的 39L/d，年平均增长率为 0.58%。随着城市化进程的加快，人民生活水平不断提高，生活配套设施日益完善，城镇生活用水定额呈现逐年上升趋势。农村人均日用水量比较低，但保持持续增长的态势。

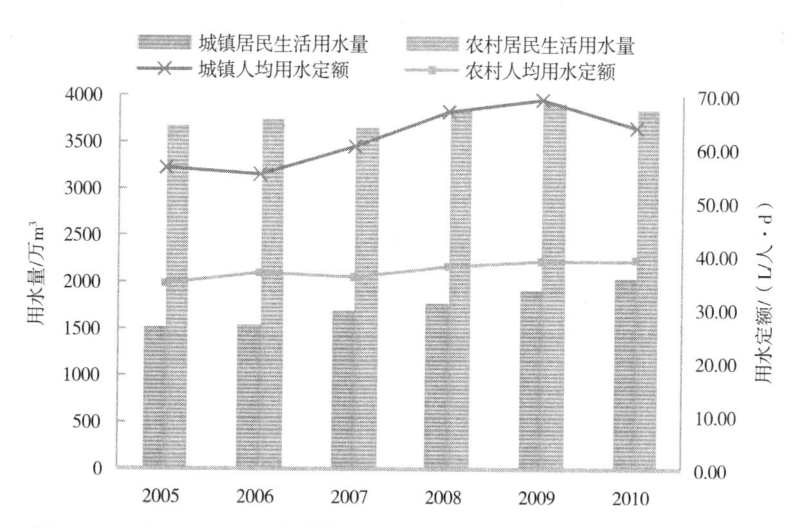

图 5-10　2005 ~ 2010 年榆林市居民生活用水量与用水定额变化趋势图

从图 5-10 中可以看出，榆林市 2005 ~ 2010 年农村居民生活用水量远大于城镇居民生活用水量，分别占居民生活用水总量的 68.47%、31.53%。从居民生活用水变化趋势来看，城镇居民生活用水量呈现出逐年增加的趋势，增幅较小。在城镇人口持续增加的情况下，城镇居民生活用水定额呈现出“减 - 增 - 减”的趋势，5 年间每日人均用水量增加了 7.51L；而农村居民生活用水量基本稳定在 3500 ~ 4000 万 m^3 之间，农村居民生活保持稳定的用水水平，人均用水定额增幅较小，5 年间每日人均用水量增加了 4.46L。

城镇居民生活用水定额的变化可以分为三个阶段：1980 ~ 2000 年为稳步增加阶段，榆林市各区（县）增加趋势一致，平均年增长率为 17.62%；自 2000 年榆林市大规模开发建设能源化工基地以来，2000 ~ 2006 年为居民用水定额大幅下降阶段，除榆阳区保持稳定外，其余各县下降幅度较大，年平均减少率为 4.55%；2006 ~ 2010 年为反弹阶段，各个区（县）增加幅度不一，而南六县的增幅略大于北六县，其中靖边县的居民用水定额为全市最小，2006 年后稳定在 40 ~ 42L/（人·d）。可见，榆林市居民生活用水量极易受到能源化工业发展的影响。

未来随着城镇居民住房卫生设施条件的逐步改善和生活水平的提高，农村人畜饮水供水设施的建设，居民用水量定额必然增加；第三产业特别是商贸服务业的发展，用水量会较快增长；此外，与当地矿产资源开发、城市市政建设的发展相伴而来的空气污染、粉尘增加，用于浇洒道路、公共卫生、园林绿地用水量亦将增加。

5.2 产业现状分析

5.2.1 榆林市产业发展历程

改革开放以来，榆林产业的发展大致可以分为以下三个阶段：

1）第一阶段：1978 ~ 1996 年，农牧业是经济发展的主导力量

90 年代中期以前，榆林市一直保持着以农牧业为主的经济形态，经济社会发展相对落后。1978 年榆林市第一产业增加值占地方生产总值的比重为 58.68%，1990 年第一产业比重下降为 36%，直到 1996 年，第一产业增加值占 GDP 的比重仍然保持在 37% 左右，高于第二产业比重 6 个百分点。从人均 GDP 的水平来看，1978 年、1990 年和 1996 年榆林市分别为 158 元、687 元和 2115 元，而同期全国则分别为 379 元、1638 元和 5634 元。这一阶段，榆林工业主要集中在纺织、轻工、服装、食品、医药为主的轻工业部门，经济社会发展还处于较低水平。

2）第二阶段：1997 ~ 2005 年，能化主导的工业体系初步建立

1997 年榆林能源化工基地开始筹划和建设，立足于煤、油、气等资源，逐步形成

了以能源化工为主导，具有地方特色的工业体系。随着神府煤田的开发，当地火电、煤炭、电石等煤化工产业得到迅猛发展，同时围绕煤炭工业产生的交通运输、邮电、批发零售等服务业也开始增加，第三产业首次超过第一产业，呈现出“三一二”形式。1998年榆林市被批准为国家能源重化工基地，在“工业立市”的思想下，榆林市第二产业比重超过第一产业，之后第二产业增长迅速，成为地区经济发展的主要带动力量，标志着榆林工业化进程开始加速，一产和三产比重则逐年下降，产业结构转型为“二三一”。1997 ~ 2005 年期间年均增长速度达到 26.4%，人均 GDP 增长了 5.2 倍；2005 年，榆林市第二产业比重达到 58%，高于当年全国平均水平 47.5%，但是人均 GDP 8310 元较同期全国的 14040 元还有一定差距。

3）第三阶段：2006 年至今，能源化工业带动地区跨越式发展

2006 年至今，榆林市经济高速增长，三次产业平均每年增速分别为 7.6%、20.6%、19.4%。2010 年实现 GDP 达 1756.67 亿元，第二产业实现增加值 1205.77 亿元，2010 年人均 GDP 达 52480 元，远高于同期全国平均水平的 29748 元。2010 年榆林第二产业占 GDP 比重达到 68.6%，成为发展最快、潜力大、产值贡献最高的产业；其中煤炭开采和洗选业、石油加工、炼焦行业、电力、热力的生产和供应业、石油和天然气开采业以及化学原料及化学制品制造业等五个重工业部门产值占到了工业总产值的 90% 以上，能化工业的发展带动了地区经济的迅速崛起，而第一、三产业发展滞后。

根据榆林市 1978 ~ 2010 年榆林市三次产业结构演进图（图 5-11）可以看出，榆林市产业取得了较大发展，产业结构从“一三二”变为“三一二”，再过渡为“二三一”，呈现出明显的一产弱、二产强、三产滞后的特点。榆林经济主要靠第二产业拉动，且

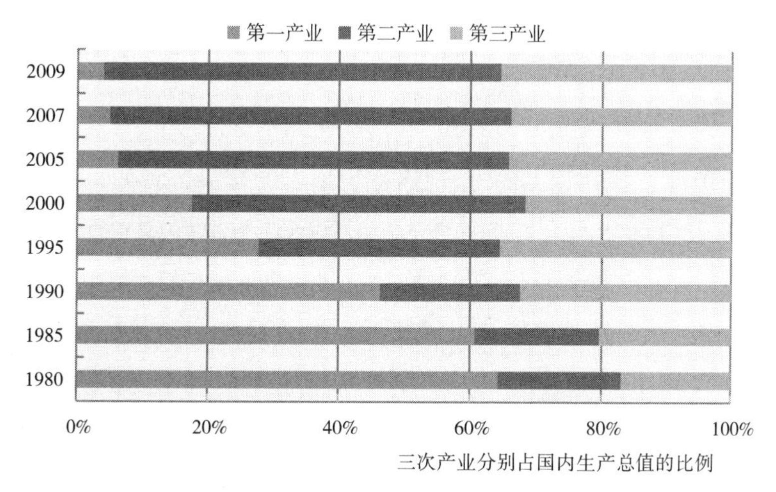

图 5-11　1978 ~ 2010 年榆林市三次产业结构演进图

（数据来源：1978 ~ 2010 年榆林市统计年鉴）

发展迅速，第三产业发展滞后。第一产业在国民经济中的比重逐年减小，地位有所下降;第二产业的地位举足轻重，经济发展仍严重依赖于工业;第三产业低迷，发展缓慢，仍属于初级发展阶段。2006 ~ 2010 年，榆林市第一产业平均每年增速仅为 7.6%，第二产业达 20.6%，第三产业增速达 19.4%。从 2000 年以来，重工业内部的采掘和原料工业比重在 90% 以上。仅煤炭开采和洗选业、石油和天然气开采业就达到 68.6%；轻工业的贡献率仅为 1.6%。榆林工业内部轻重比例失调，产业结构不合理。

5.2.2 产业发展及现状分析

1980 ~ 2010 年，榆林市经济增长速度经历了从快速增长到稳步增长的过程，榆林市 GDP 年均增长 13.3%，全市经济实力不断增强，第一产业比重持续下降，第二、第三产业比重上升，2005 年三产比例为 8 : 62 : 29。2005 年榆林市 GDP 为 285.10 亿元，是 1980 年的 39 倍，人均 GDP 为 8107.95 元，是 1980 年的 26 倍。1980 ~ 2005 年，榆林市 GDP 年平均增长率为 13%，GDP 及人均 GDP 变化趋势见图 5-12。

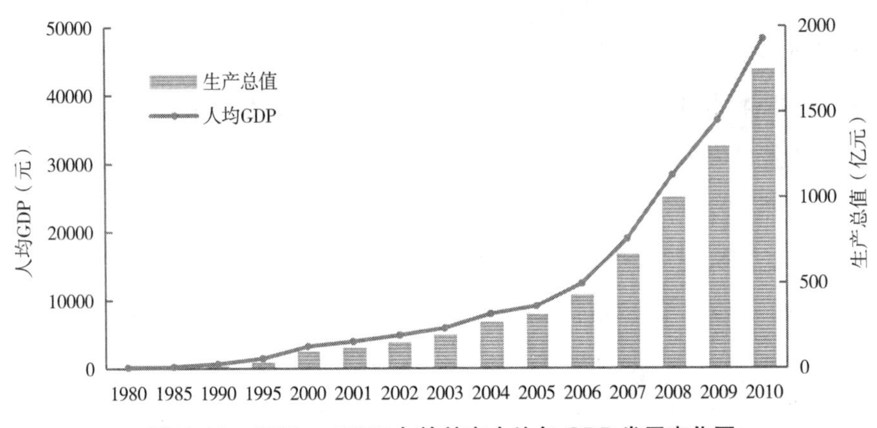

图 5-12　1980 ~ 2005 年榆林市人均年 GDP 发展变化图

1）各行政分区 GDP 发展

1980 ~ 2010 年，榆林市 GDP 呈现出平稳增长的趋势，30 年间年平均增长率为 13.3%，GDP 及人均 GDP 变化趋势见图 5-12。2005 年榆林市 GDP 为 285.10 亿元，是 1980 年的 39 倍，人均 GDP 为 8107.95 元，是 1980 年的 26 倍；其中，GDP 最高的是神木县 76.7 亿元，最低的是吴堡县 2.2 亿元；1980 ~ 2010 年 GDP 年均增长速度最快的是神木县 18%，最慢的是佳县 6%，GDP 年均增长速度基本反映了各县的经济发展水平，见表 5-8。

2000 ~ 2010 年无定河流域 GDP 年均增长速度达到 32.4%，远高于全国平均水平，2010 年人均 GDP 为 34592 元，已超过黄河流域人均 GDP（31121 元）。

榆林市历年各行政分区 GDP 变化统计表　　表 5-8

行政分区	GDP（万元）					
	1980	1990	2000	2005	2007	2010
定边	5361	13200	51100	308497	658530	1727200
府谷	2232	11600	88300	224915	467260	2659700
横山	3816	13400	65600	159769	282050	830000
佳县	3001	9900	27600	43441	74250	227300
靖边	3783	9700	114700	1006618	2037640	2403900
米脂	3032	9500	32900	59931	119480	271300
清涧	1764	8700	25600	47840	72290	203400
神木	4411	24500	234246	678309	1973220	6049400
绥德	5000	17000	33900	82819	130710	330500
吴堡	981	3100	11300	25400	43300	96400
榆阳	7702	27627	233049	522182	823740	2490000
子洲	3041	6580	22651	51991	85800	277500
总计	44124	154807	940946	3211712	6768270	17566600

从榆林市各区县的生产总值占榆林市生产总值的比例变化趋势来看，神木县、榆阳区、府谷县与靖边县所占总比重呈现出增长趋势，而南部如吴堡县、清涧县、子洲县、米脂县与佳县对市生产总值的贡献程度减少。1980 ~ 2010 年，榆林市生产总值呈现出北部增加、南部减少的趋势，以神木县、榆阳区与府谷县、靖边县组成的能源化工为重点发展方向的区域对榆林市的经济增长具有明显的推动作用（图 5-13）。

从历年各县人均 GDP 分布情况来看，人均 GDP 最高的是神木县，其次是靖边县，人均 GDP 最低的是佳县。历年人均 GDP 均高于全市平均水平的县区有榆阳区、神木县、府谷县，其他县均不同程度低于全市平均水平（图 5-14）。

2）区域经济发展水平的空间差异

产业结构不合理导致地区收入差距过大。榆林市经济发展水平呈现出明显的南北分异趋势，北六县经济较为发达，南六县为陕西省扶贫搬迁的重点区域。北部六县区占全市 GDP 的 91.7% 以上，南六县仅占 8.3%。北六县的支柱产业为煤、石油、天然气、化工为基础的能源盐化工，地方财政收入占全市的 98% 左右，而南部县的经济发展仅依赖于以“草、羊、枣、薯”为主的特色农业与政府扶贫政策，财政收入仅占全市的 2%。而南部的子洲县生产总值仅 8.85 亿元，与生产总值最高的神木县相差 22 倍，远大于国内东西部的差异。另一方面，由于矿产资源的空间分布与组合特征不同，北六县地域广阔，耕地资源丰富，产业较易形成规模；而南部属于黄土高原丘陵沟壑区，贫困人口较多，发展受阻。随着产业发展的失衡局面不断扩大，能源化工产出与农业产出的差距拉大，南北经济差距也逐渐增加。

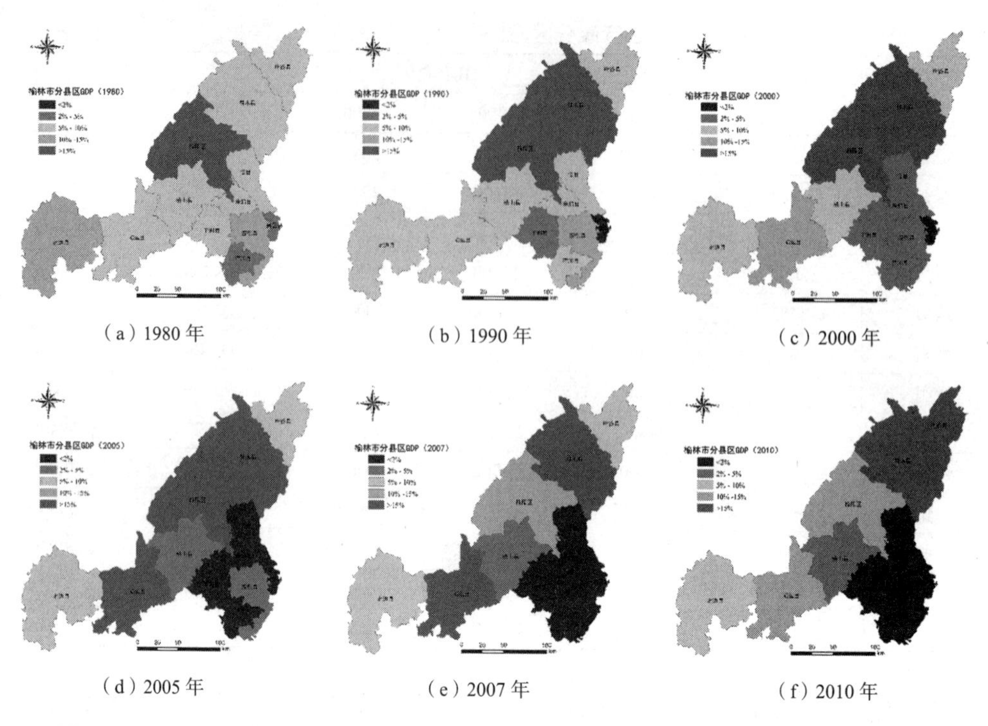

（a）1980 年　（b）1990 年　（c）2000 年

（d）2005 年　（e）2007 年　（f）2010 年

图 5-13　1980 ~ 2010 年榆林市各县（区）生产总值占全市生产总值比重变化趋势图

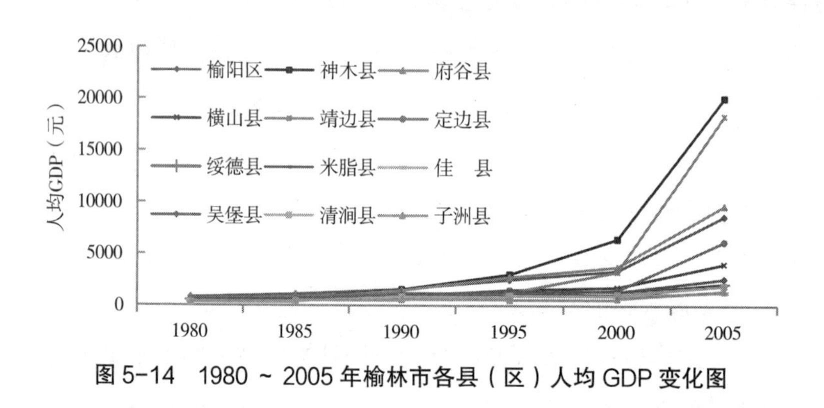

图 5-14　1980 ~ 2005 年榆林市各县（区）人均 GDP 变化图

榆林市区域经济发展水平的空间差异还体现在城乡差异上。2013 年全市城乡居民收入分别达到 26820 元、8687 元，全市城乡居民收入比率为 3.08∶1，超过了 3∶1 的警戒线，城乡经济水平的空间差异显著。

5.2.3　产业结构空间布局

榆林市地区经济总量呈现“北高南低”的局面。整体上来看，北六县的 GDP 明显高于南六县，榆林市地区生产总值达到 1756.67 亿元（2010 年），北部六县合计达到

1616.03 亿元，占榆林全市的 91.99%，其中位于北部的神木县 GDP 贡献率最高，高达 35.44%，府谷占 15.1%，榆阳 14.2%。南部吴堡县对 GDP 的贡献率最低，低至 0.55%。南北人均生产总值差距巨大，北部最高的靖边县与南部最高的吴堡县进行比较，靖边是吴堡的 61.9 倍，空间差异显著。

产业结构方面，榆林市各县区 GDP 呈现出向北部集中发展的趋势，这与能源化工基地的主要大型工业园区位于榆林市北部密切相关。北部六县重工业突出，南部六县三次产业相对均衡。从 1995 ~ 2010 年，第一产业 GDP 逐渐减少，比重在 15% 左右；第二产业 GDP 所占比重明显增加，到 2010 年，超半数的区县其第二产业 GDP 所占榆林市 GDP 的比例超过 50%，府谷、靖边第二产业比重达到 80% 以上，形成了工业占绝对主导的经济结构。而以交通运输、批发零售业为主的第三产业 GDP 在北部六县比重较为减少，在南部六县的比重明显增加。南部六县工业较弱，而农业和第三产业的比重高于地区平均值，其中清涧、佳县等区县农业比重占到 30% 以上，农业在经济发展中占据着重要的位置。与同期全国水平相比相比，2010 年榆林市第二产业比重比全国高 19.8%，第一产业比全国低 4.97%，第三产业比全国低 14.84%，第三产业发展相对滞后（图 5-15）。

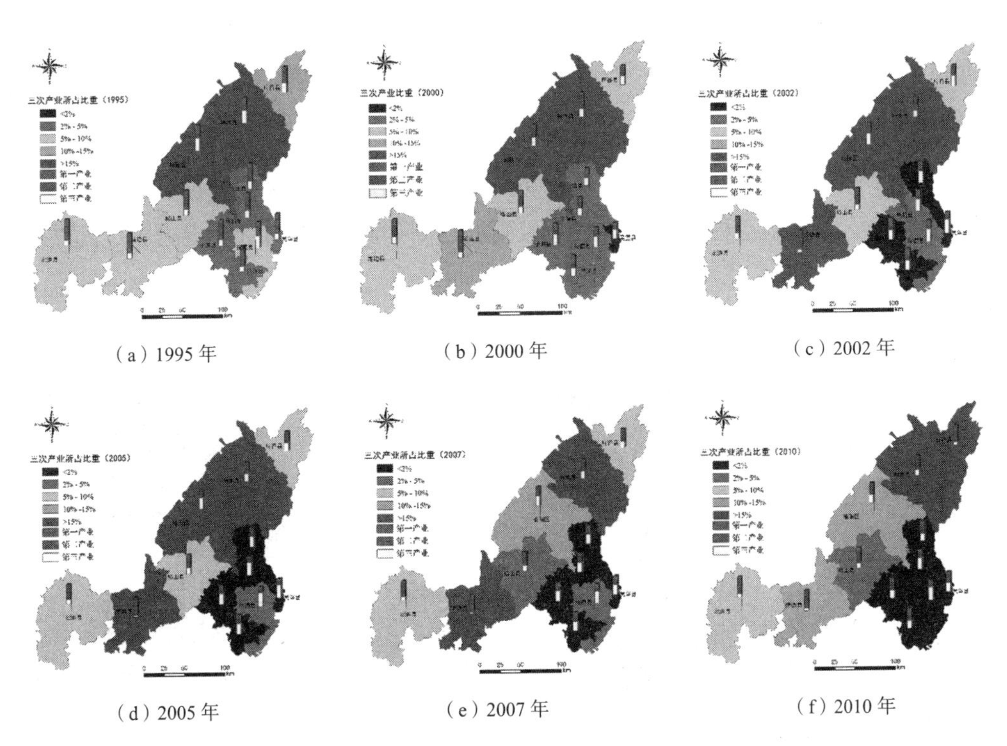

（a）1995 年　（b）2000 年　（c）2002 年

（d）2005 年　（e）2007 年　（f）2010 年

图 5-15　1990 ~ 2010 年榆林市各县区三次产业所占全市 GDP 比重变化图

5.2.4 产业集聚特征分析

1）产业集聚度分析

产业聚集度是衡量某一区域产业规模经济水平的指标。产业集聚分析主要方法有空间集中度、洛伦兹曲线和基尼系数、赫希曼 - 赫芬达尔（HHI）指数、熵指数、EG 指数、MS 指数等多种定量测算方法。区域产业的聚集度的测算与分析，对于确定该区域的优势产业，提高区域产业的竞争力具有重要意义。本书定义区域空间集聚度如式（5-1）所示。

$$D_i = \frac{v_i}{\Sigma v} \times 100\% \tag{5-1}$$

式中，D_i 表示区域 i 的空间集聚度；v_i 是区域 i 测算对象的值，Σv 是对区域内各单元测算对象的求和。通过空间集聚度的公式，分别计算 2010 年榆林市县域单元第二产业总产值、第三产业总产值、非农产业总产值的空间集聚度。

从 2010 年第二产业总产值的空间集聚度来看，第二产业集中分布在榆林市北部，其中，神木县最高（34.61%），其次为府谷县（18.81%）、靖边县（16.47%），相对较高的榆阳区（11.37%）、定边县（11.11%），南部子洲县、米脂县、佳县均小于 1%，吴堡县、清涧县和绥德县均小于 0.5%；从 2010 年第三产业总产值的空间集聚度来看，神木县仍为最高（39.13%），榆阳区位居第二（21.37%），其次为府谷县（7.71%），南部除绥德县（4.65%）外，其余均小于 4%（图 5-16）。

从 2010 年非农产业总产值的空间集聚度来看，神木县最高（35.86%），其次为府谷县（15.75%）、榆阳区（14.13%），相对较高的有靖边县（13.74%）、定边县（9.62%）。

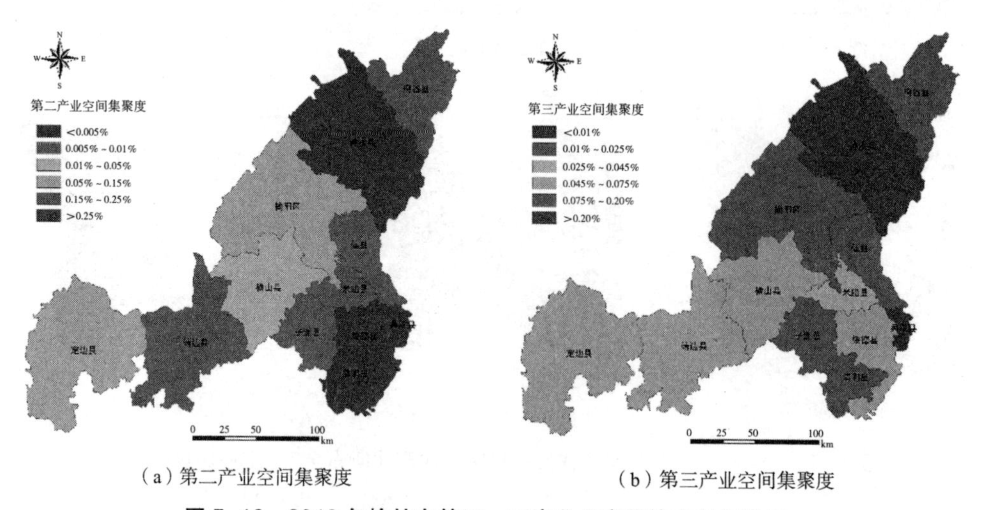

（a）第二产业空间集聚度　　（b）第三产业空间集聚度

图 5-16　2010 年榆林市第二、三产业总产值的空间集聚度

其余县均小于 5%，南部佳县、清涧县、吴堡县均小于 1%。可见，非农产业总产值的空间集聚度南北差异显著（图 5-17）。

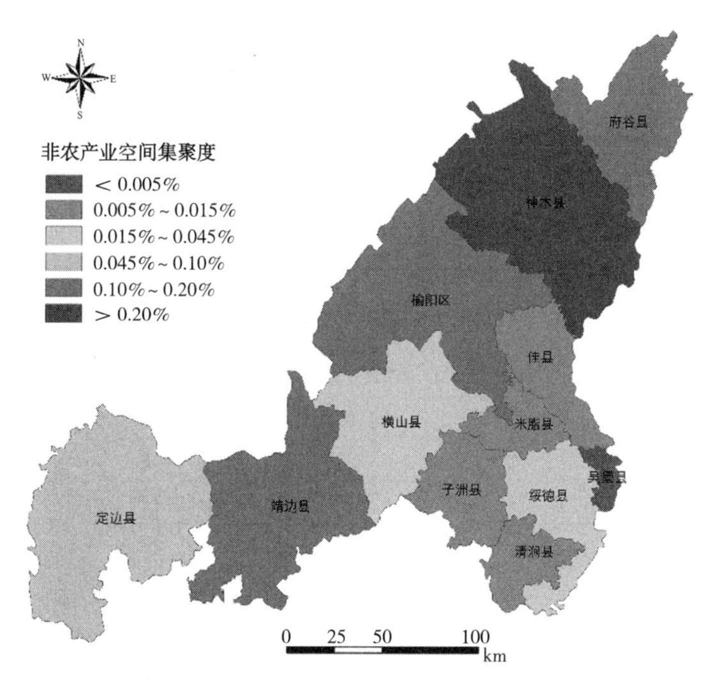

图 5-17　2010 年榆林市非农产业总产值的空间集聚度

2）产业格局演变动态变化

区域发展受制于资源、资金、环境等限制，往往不能平衡地发展所有产业，而是集中有限资源重点发展一些优势产业。陆大道指出，一个部门要成为地区经济发展的主导产业，必须同时具备如下四个条件：①有较高专业化水平，一般要求区位商之在 2 以上，该产业的生产主要为区外服务；②在地区生产中占有较大比重，一般要求该产业产值比重在 15% 以上，能对本地区经济发展产生重大影响；③与区内其他主要产业关联度高；④是能够代表区域产业的发展方向，富有生命力的产业。区位商指一个地域单元特定行业的产值在该地区总产值中所占的比例与区域该行业产值在区域总产值中所占比例的比率，是衡量产业聚集度的重要指标。本书从区位商的角度对榆林市产业聚集度进行深入分析，以期对榆林市产业的聚集发展提供依据。区位商表达式为：

$$CC=\frac{\Sigma_k C_{lk}/C_l}{\Sigma_k C_k/C} \qquad (5\text{-}2)$$

标准区位商可表示为：

$$CC_z=\frac{CC-\mu}{\Delta} \qquad (5\text{-}3)$$

式中，C_{lk} 为区域内 k 产业的产值；C_l 为区域所有产业的产值；C_k 为全省、全国 k 产业的产值，C 为全国、全省产业总产值，μ 和 Δ 分别是区位商 CC 的平均值和标准差。通过产业在不同区域范围内相对集中程度的比较，可反映出产业在某区域范围内专业化的程度。统计上显著的区位商是判断产业集群的标准，区位商是否显著可通过标准化区位商来判断，产业集群是在 5% 置信度内的区位商。考虑到单边检验，将标准化区位商划分为五个等级，如表 5-9 所示。

产业标准化区位商划分等级及说明表　　表 5-9

CC_z 取值范围	代表含义
$CC_z \geqslant 1.65$	产生产业集群，表明产业发展具有绝对的竞争力
$1.00 \leqslant CC_z < 1.65$	没有出现产业集群，产业发展具有相对竞争力，产业相对专业化水平较高
$0.20 \leqslant CC_z < 1.00$	产业发展较好，产业相对专业化水平一般
$-1.00 \leqslant CC_z < 0.20$	产业发展较薄弱
$CC_z < -1.00$	产业发展非常薄弱

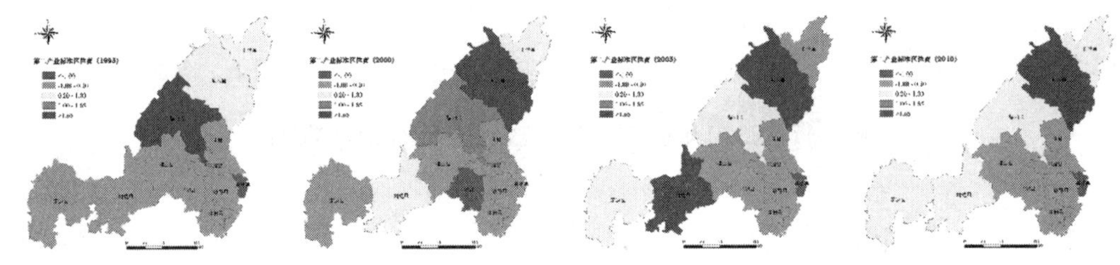

（a）二产标准区位商 1995 年（b）二产标准区位商 2000 年（c）二产标准区位商 2005 年（d）二产标准区位商 2010 年

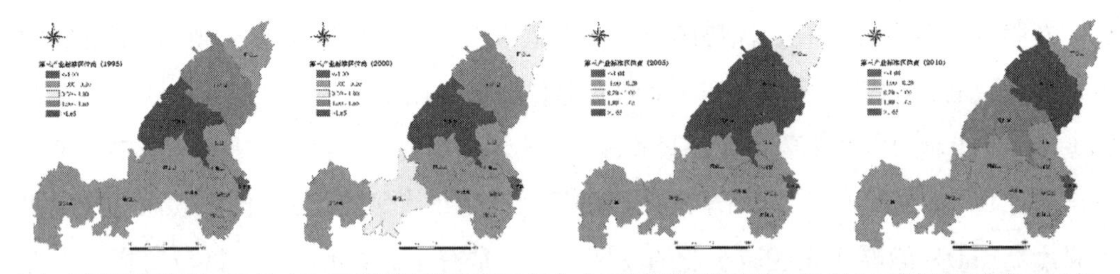

（e）三产标准区位商 1995 年（f）三产标准区位商 2000 年（g）三产标准区位商 2005 年（h）三产标准区位商 2010 年

图 5-18　1995 ~ 2010 年榆林市第二、第三产业标准区位商格局变化图

从图 5-18 中可以看出，榆林市第二产业呈现出北部横向扩张的趋势，1995 ~ 2010 年二产中心由榆阳区向北发展至神木县，榆阳区标准区位商逐渐减小后于 2010 年小幅增加；北部定边、靖边两县也经历了“增—减”的变化趋势，大量资源、资金的累积使靖边县在 2005 年以突出的油气产业优势具备新的增长点，成为榆林市第二产业发展的副中心。受到资源环境等因素的限制，两县的产业优势不具备持续性，

近年来持续走低。以神木县为代表的榆林市第二产业专业化水平（2.45）高于陕西省平均水平，属于相对优势产业，且神木县的产业相对优势地位促进了陕西省近年来经济的较快发展；南部六县均保持稳定的产业低水平发展态势，平均标准区位商在－0.75左右，产业化水平低，在榆林市处于劣势产业地位，无法满足区域发展需求。

就第三产业发展进程来看，相对于陕西省而言，1995 ~ 2010 年以来，榆林市的三产发展具有绝对的竞争力，产业发展中心集中在榆阳区、神木县两地。2005 年以来，榆阳区的三产专业化水平逐渐降低，神木县以较高的产业水平（2.77）取而代之。北部其余 4 县与南部 6 县均稳定在低产业化水平，平均标准区位商仅－0.66，产业发展落后。由此可见，榆林市的二、三产业均高度集中在北部神木县、榆阳区两地，且产业发展较好，相对专业化水平较高，相比陕西省其余各市而言，产业的持续发展具有绝对优势。

5.3　农业及用水现状分析

5.3.1　农业发展历程与生产现状分析

榆林市北部风沙草滩区土地广阔，水资源丰富，农区畜牧业发达，灌溉农业较为发达，以水稻、玉米及蔬菜等为主；南部丘陵沟壑区土层深厚，光照充足，昼夜温差大，以旱作农业为主，农作物种植以马铃薯、玉米、小杂粮和蔬菜为主。根据榆林市 1978 ~ 2010 年农业统计年鉴数据，榆林市农业生产总值大体上经历了“增—减—增”的变化趋势。榆林市总播种面积的稳定减少，减少幅度为 22.34%，而农作物产品产量变幅较大，而单位面积农产品产量由 1978 年的 64.13kg/ 亩增至 2010 年的 220.73kg/ 亩，增加幅度为 70.95%（图 5-19）。农业产值增速较快，可见农产品产量的增加并非通过扩大种植面积，而是通过提高粮食作物的生产力、农作技术等措施来实现的。

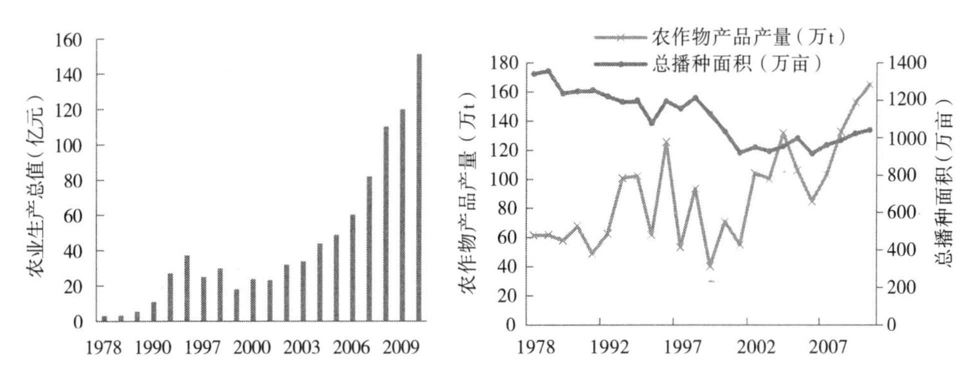

图 5-19　榆林市 1978 ~ 2010 年农业生产总值、播种面积与农产品产量变化趋势图

从各县（区）农业生产总值所占榆林市农业生产总值的比重变化图（图 5-20）来看，1980 ~ 2010 年，北部六县农业生产总值明显高于南部地区（除府谷县外），农业发展水平空间上分布不均衡。北部地区内部差异显著，以榆阳区为最大，神木县最小；南部地区农业发展较为落后，且内部差异较小，各县农业生产总值所占市农业生产总值的比重整体上低于 5%。就行政分区的情况而言，榆阳区、定边县、靖边县的农业生产总值持续增长，比重均高于 15%。随着能源化工项目规模的发展，神木县的农业生产总值呈现出逐年下降的趋势，其比重低于 10%。而南部六县无显著变化趋势，吴堡县、米脂县农业生产总值所占市农业生产总值的比重为最低，低于 2%，县域农业经济发展水平较低。

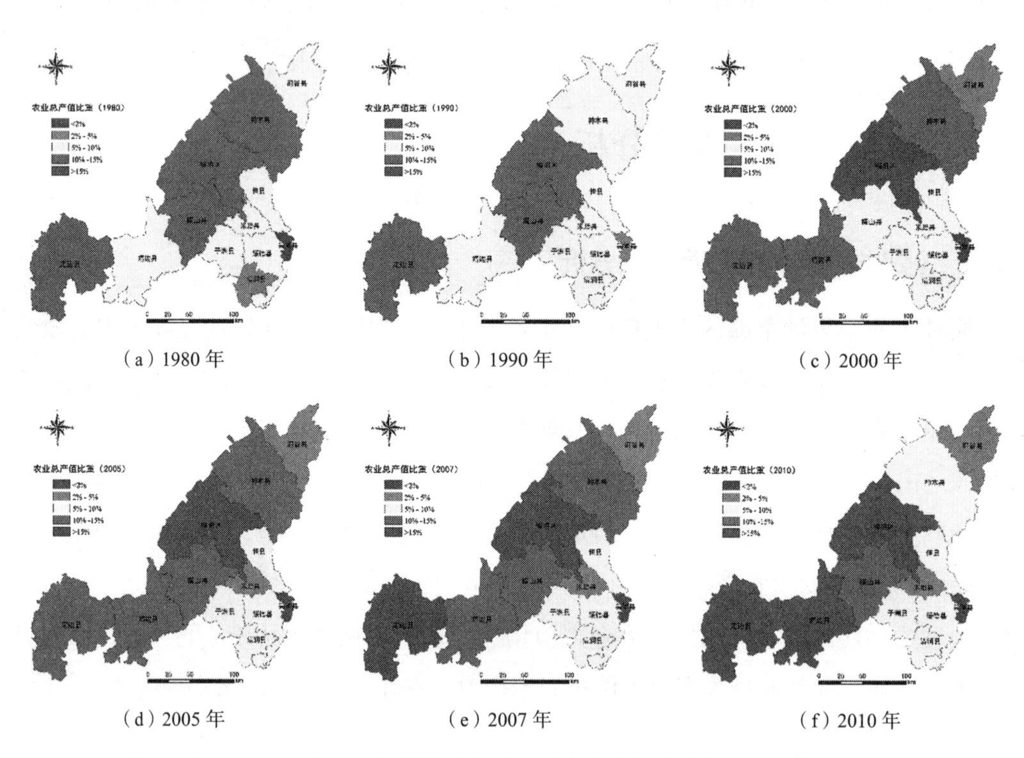

（a）1980 年　（b）1990 年　（c）2000 年

（d）2005 年　（e）2007 年　（f）2010 年

图 5-20　1980 ~ 2010 年 榆林市各县（区）农业总产值占市总产值的比例图

从 1980 ~ 2010 年榆林市农林牧渔业所占农业生产总值的比重情况来看，种植业的比重整体上呈现出下降的趋势。自 1999 年以来，国家实行的退耕还林还牧工程成效显著，林业、牧业的比重在这 30 年间有了明显的上升趋势，渔业的比重逐渐上升。总体上来看，种植业产值占农业总产值的比重下降，但仍占主导地位，农、林、牧、渔业产值比重逐渐上升，但仍然偏低。农林牧渔服务业发展较迅速，这说明传统的农耕方式在逐渐发生变化（图 5-21）。

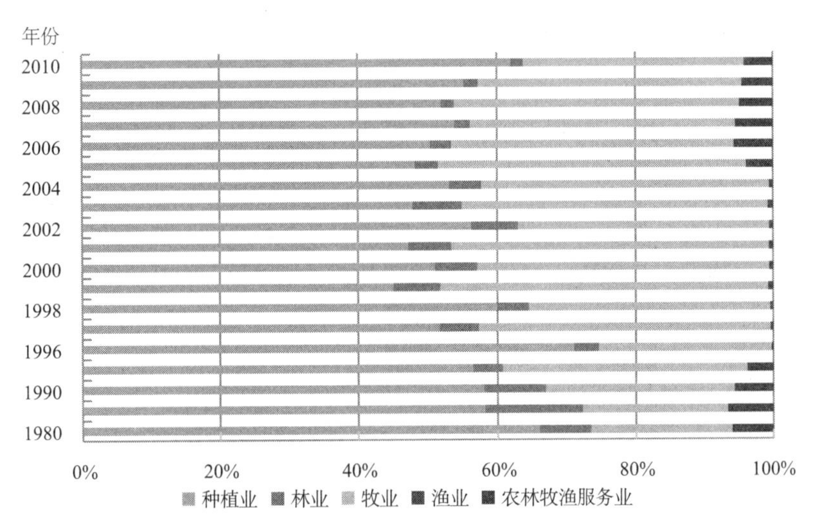

图 5-21 榆林市历年农林牧渔业所占农业生产总值的比重分配图

2010 年，榆林市种植业、林业、牧业、渔业、农林牧渔服务业结构之比为 62.0 ∶ 1.8 ∶ 32.0 ∶ 0.3 ∶ 3.9，与 1980 年的 66.1 ∶ 7.5 ∶ 20.5 ∶ 0.1 ∶ 5.9 相比，更趋于合理。虽然榆林市农林牧渔业结构有了一定的调整，但农业内部结构优化仍处于起步阶段，种植业在第一产业的比重依然很大，农业产业结构并没有从根本上改变。1980 年和 2010 年榆林市农林牧渔业产值分别为 3.54 亿元和 152.88 亿元，而农业总产值在农林牧渔业总产值中所占比重由 66.05% 下降为 61.98%，下降 4.07 个百分点。在林业、牧业和渔业三业当中，畜牧业的发展最快，连续 20 多年稳定发展，其产值由 1980 年的 0.72 亿元上升到 2010 年的 48.91 亿元，在农林牧渔业总产值中所占比重亦由 20.45% 上升到 31.99%，上升 11.54 个百分点。

由此可知，榆林市农业产业内部结构中，种植业的比重依然很高，约占农林牧渔业总产值的 2/3。与发达国家的农产品加工业产值与农业产值之比（2∶1 以上）相比，我国只有 0.43∶1，商品率低下，这说明以传统农业生产方式为主的农业生产水平仍较落后。

2010 年榆林市耕地总资源 1474 万亩，人均占有耕地 5.3 亩，均居全省第一；常用耕地面积 750 万亩，其中水浇地 171.2 万亩，主要分布在定边县、横山县及靖边县。作物种类以小麦、稻谷、玉米、大豆、薯类为主；经济作物面积为 114.49 万亩，占总播种面积的 12.83%，主要分布在定边县、绥德县及靖边县。2010 年农民人均纯收入为 5113 元，其中，北部地区如神木县、府谷县、靖边县、榆阳区、横山县的农民人均纯收入高于平均水平（图 5-22）。

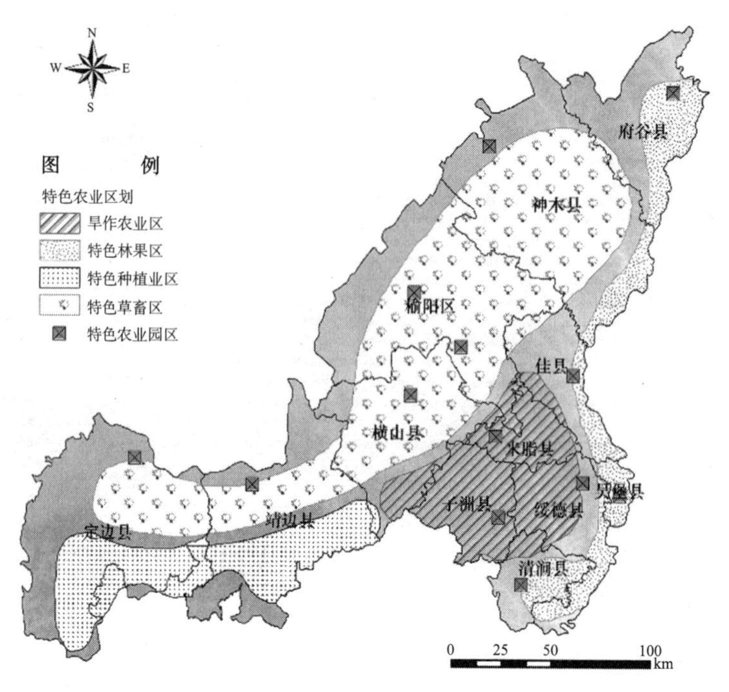

图 5-22 榆林市特色农业区划图

（资料来源：榆林市农业局，2009）

5.3.2 灌溉农业面积变化及空间分布

榆林市各部门用水量中，农业用水所占比重最大。以 2010 年现状年为例，农业用水量占总用水量的 71.09%，灌溉用水量占农业总用水量的 91.03%，渔业占 8.97%。从水资源配置上来看，地下水占农村总用水量的 32.96%。自 1949 年以来，榆林市灌溉面积变化主要经历了三个阶段：1950 ~ 1975 年为急剧增长期，期间灌溉面积增长了近 16 倍，年增长率为 104.96%；1975 ~ 1995 年为波动期，灌溉面积在 1985 年大幅减少后再增加，年均增长率为 1.79%；2002 ~ 2010 年为平稳增长期，年平均增长率为 19.35%。从这些数据的变化来看，第一阶段属于新中国成立初期，随着榆林市水利事业的迅速发展，农业生产条件产生显著改观，地区经济发展基本上依赖于农业，农业灌溉面积呈现出较大幅度的增加；第二阶段，改革开放初期经济的快速发展，建设用地大幅度增加，使有效灌溉面积减少，二是水利工程老旧失修，造成水源枯竭，有效灌溉面积沦为旱地。第三阶段后进入平稳增长期，随着大型水库的修建和引水工程的新建以及国家对基本农田保护政策的逐步完善，榆林市灌溉面积稳步增长。

从 1980 ~ 2010 年榆林市各县（区）实际灌溉面积变化图（图 5-23、图 5-24）来看，榆林市的灌溉面积整体上分布在北部风沙草滩区，南部旱作农业地区灌溉面积较少。从空间分布上来看，北部地区府谷县、神木县的灌溉面积逐渐增加，到 2000 年后受到能源化工基地建设的影响，神木县、府谷县的实际灌溉面积逐渐减少。榆溪河贯穿而过，榆阳区水资源较丰富，其灌溉面积始终是全市最大，靖边县的灌溉面积在1990 年后出现持续增长的态势。南部六县的灌溉面积基本上稳定在 5 万亩以下，其中清涧县的灌溉面积最小，30 年来实际灌溉面积不超过 1 万亩，可见供水不足对灌溉农业的影响较大。

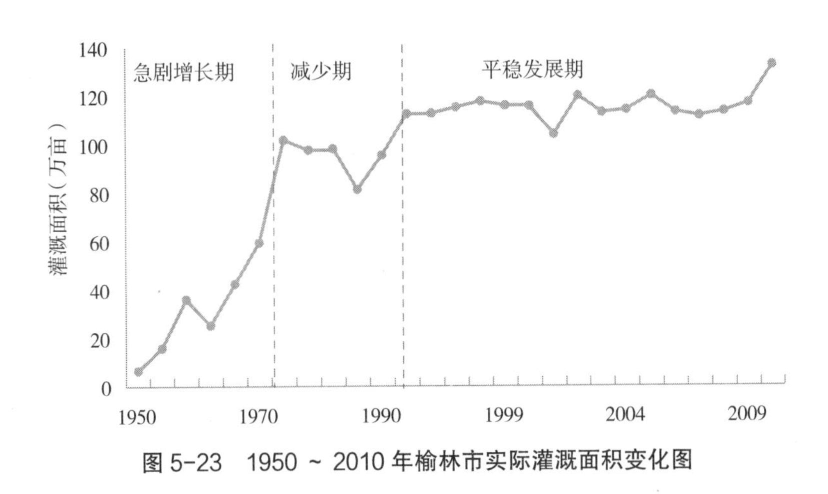

图 5-23　1950 ~ 2010 年榆林市实际灌溉面积变化图

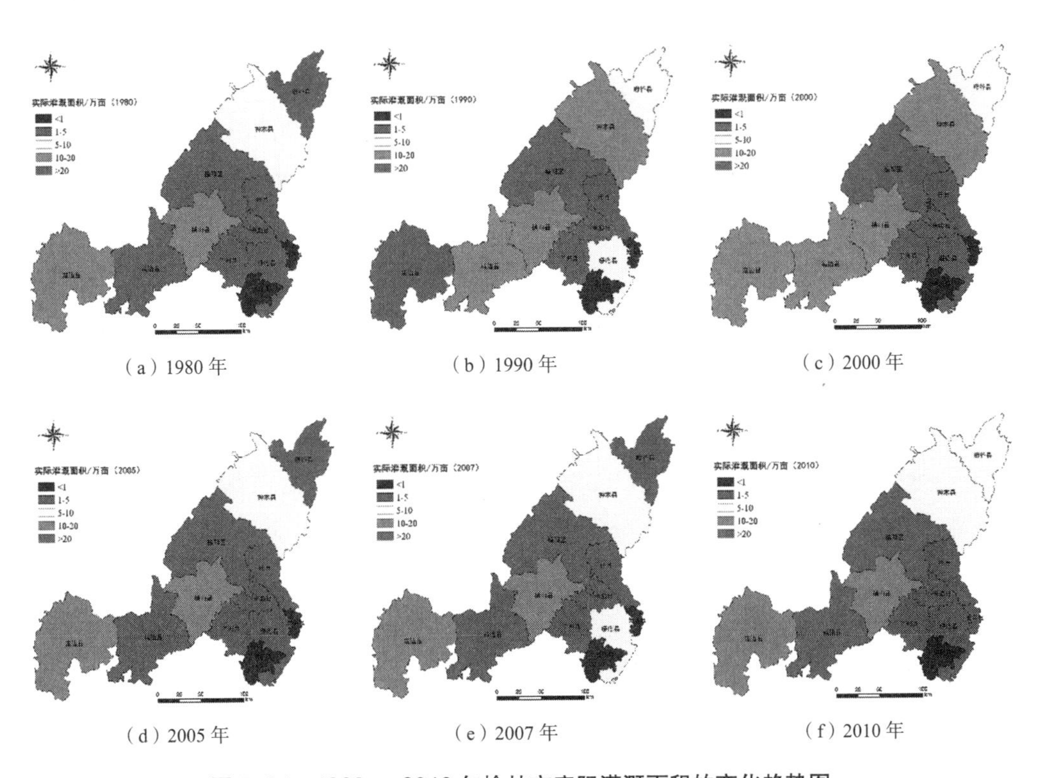

图 5-24　1980 ~ 2010 年榆林市实际灌溉面积的变化趋势图

从 2005 ~ 2010 年各分项灌溉用地变化图来看，水浇地的灌溉面积最大，分别占灌溉总面积的 84.85%，其次是水田、菜地。水浇地面积呈先减少后小幅稳定增加趋势，而水田、菜地的灌溉面积基本保持不变。就灌溉用水量而言，水浇地的灌溉水量占灌溉总水量的 68.09%，其次是水田、菜地，分别占灌溉总水量的 7.07%、3.95%。通过调整灌溉定额，水浇地的灌溉水量逐年减少，水田的灌溉水量呈现出小幅“先增后减”的趋势，而菜地的灌溉水量基本保持不变。从图 5-25 中可以看出，水田和菜地的面积相差不多，但水田用水量明显高于菜地用水量，对于资源型缺水的榆林市而言，水田面积的递减则是历史发展的必然趋势，将水田面积调整为水浇地也可以为节省农业用水提供有效途径。

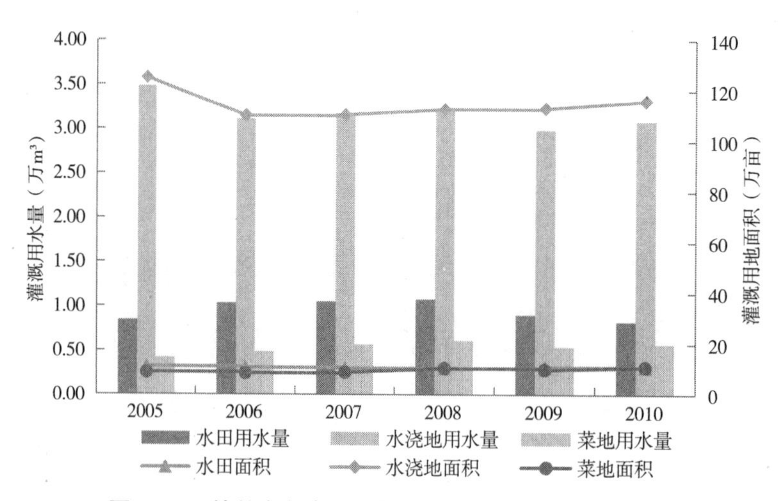

图 5-25　榆林市各类灌溉用地面积与灌溉用水量对比图

从榆林市 1997 ~ 2008 年耕地面积变化表统计结果可以看出，1997 年以来榆林市耕地面积减少主要体现在生态退耕面积的增加，2000 年后农业结构调整面积的比重在逐渐上升，至 2005 年后持续下降。2006 年后增加的建设用地面积占耕地减少面积的 94.79%，建设用地的增加是耕地面积减少的主要原因，农业结构调整、生态退耕是耕地面积减少的次要原因。耕地面积的增加主要归因于土地开发、土地整理。其中，土地开发、土地整理面积的增加使耕地面积增加的百分比占 76.09%、14.96%（图 5-26、表 5-10）。

5.3.3　农作物种植结构及空间分布

榆林市具有代表性的农作物产业分别是马铃薯产业、蔬菜产业和油料产业。三大类特色农作物产业区域分异特征显著，其中薯类比重大，主要分布在北部六县，而油

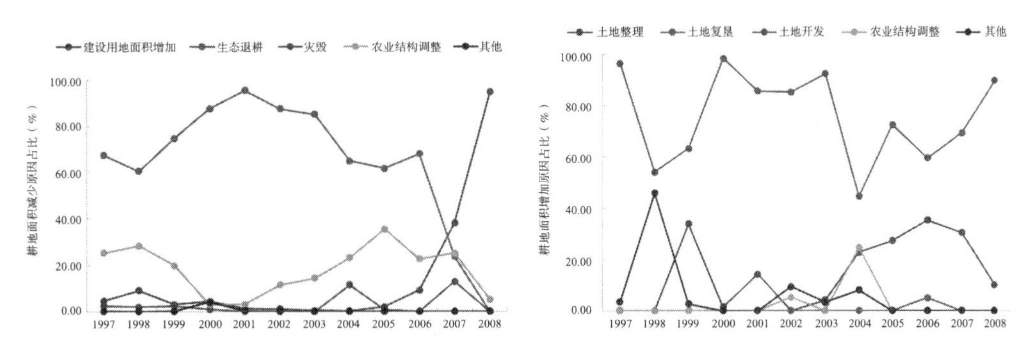

图 5-26　榆林市耕地面积变化原因所占比重图

料作物在南六县分布的较为广泛，蔬菜产业占据比重较小，相比北六县而言，南六县的蔬菜产业发展较好。榆林市 1980 ~ 2010 年种植业面积有所变化，经济作物和其他作物的种植得到了普遍重视和大力地发展。粮食种植面积整体上减少了 18.90%，经济作物的种植面积增加了 84.44%，其他农作物种植面积增加了 76.96%；榆林市种植业内部结构在 30 年间存在明显的变化，从粮食作物、经济作物和其他作物的种植面积比较结果来看，1980 年三者的面积比重为 79.40 ：4.76 ：15.85，到 2010 年三者的面积比为 83.83 ：11.42 ：4.75。

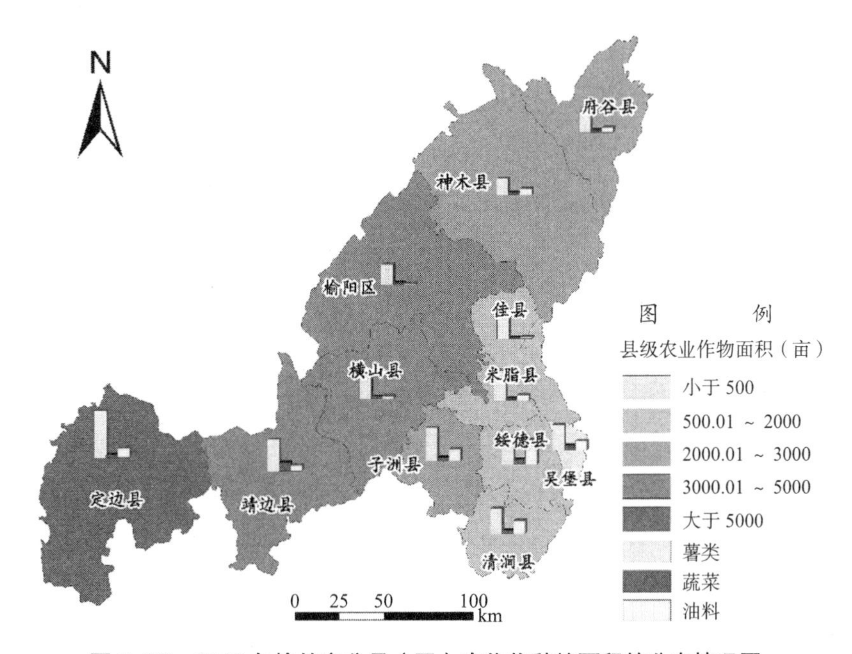

图 5-27　2010 年榆林市分县（区）农作物种植面积的分布情况图

从粮食作物种植内部结构情况看，由于小麦种植需要较好的灌溉条件，种植成本较高，并且产量较低、收益较差，小麦的种植面积呈现下降趋势。在政策引导与政府

榆林市农业耕地面积历年变化原因分析统计表 表 5-10

年度	年内耕地减少面积（公顷）	耕地面积减少子项（公顷）									年内耕地增加面积（公顷）	耕地面积增加子项（公顷）				
		建设用地					生态退耕	灾毁	农业结构调整	其他		土地整理	土地复垦	土地开发	农业结构调整	其他
		总面积	城镇用地	农村居民点	工矿交通用地	水利设施用地										
1997	2896.32	91.36	15.37	3.92	67.79	0.18	1347.94	47.20	505.16	2.00	1513.04	0.00	0.00	366.44	0.00	13.00
1998	4032.13	160.04	28.38	13.74	85.36	3.89	1081.23	35.10	506.35	0.00	668.40	0.00	0.00	21.20	0.00	17.90
1999	4429.81	97.45	23.73	3.32	30.00	0.00	2461.18	72.02	649.19	1.50	1711.79	217.76	0.00	408.53	0.00	17.20
2000	11693.70	419.84	0.37	6.61	409.85	0.00	8437.52	88.20	277.67	400.00	1553.12	19.78	0.00	1313.84	0.00	0.00
2001	20635.81	234.58	9.74	15.69	193.82	6.83	18835.76	3.67	588.78	48.10	451.67	50.50	0.00	303.12	0.00	0.00
2002	31913.62	213.87	50.79	21.85	145.18	5.59	18130.74	0.00	2364.40	0.00	532.69	0.00	0.00	455.02	27.67	50.00
2003	85111.26	311.20	10.85	7.67	286.93	0.00	64466.21	0.00	10833.36	7.40	555.18	16.32	0.00	362.96	0.00	12.80
2004	24338.56	59.57	29.65	7.22	15.67	0.00	14115.74	2465.34	5024.84	0.00	448.41	84.59	0.00	165.74	91.38	30.00
2005	9360.89	155.49	45.46	9.03	23.96	73.62	4956.45	46.84	2846.95	0.00	626.89	157.37	0.00	419.52	0.00	0.00
2006	779.76	70.34	27.46	2.65	21.59	1.00	524.26	0.00	173.87	0.01	336.70	118.83	16.69	200.98	0.00	0.00
2007	139.77	50.71	0.00	5.16	9.30	0.00	31.50	17.20	33.46	0.00	596.66	154.86	0.00	354.32	0.00	0.00
2008	177.15	151.15	57.23	1.72	60.71	72.19	0.00	0.00	8.30	0.00	853.85	86.64	0.00	776.38	0.00	0.20

扶持下，玉米播种面积大幅增长。随着种植结构的逐步调整、人口的需求变化，蔬菜种植面积大幅增加，谷类和豆类、油料作物的种植面积相对减少。随着 2004 年榆林市推行的草业发展规划，榆林市种植业内部结构逐步由粮食作物、经济作物二元结构向粮食作物、经济作物和饲料作物“三元”种植结构协调发展（图 5-27）。

农作物单位面积产量的稳定性表明灌溉用水具有稳定性。根据榆林市 1980 ~ 2010 年农作物单位面积产量变化图（图 5-28），蔬菜的单位面积产量最大，且变化幅度也最大，相比较而言，稻谷、小麦、玉米、杂粮的但产量在 30 年间变化幅度较小。蔬菜的单产从 1998 年的 740.20kg/ 亩增至 2010 年的 1740.16kg/ 亩，增加了 2.35 倍。可见，蔬菜的种植和灌溉方式经历了较大程度的改善，而其他作物的灌溉方式和水资源的利用整体上维持在一定水平上。

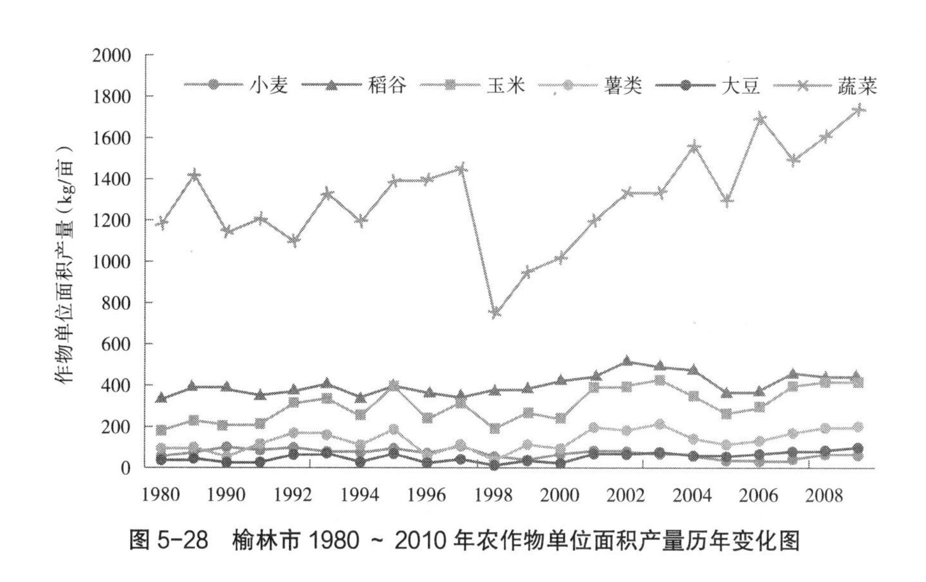

图 5-28　榆林市 1980 ~ 2010 年农作物单位面积产量历年变化图

1978 ~ 2010 年，从三大特色农作物产业种植结构来看，薯类所占比重最大，其次是油料产业，蔬菜产业所占比重最少。2010 年马铃薯播种面积占全市粮食作物播种面积的比重达到 38.5%，其产量占粮食总产量的 35.4%，平均增速达 9.9%，远高于玉米 3% 的增速及杂粮的负增长。薯类产业表现出小幅波动且整体增加的趋势，至 2010 年减幅较大，薯类种植面积仅为 4043.00 亩；而油料产业历年变化特征表现为小幅度增加，但波动幅度较大，多年平均种植面积为 3757.49 亩，占粮食作物种植总面积的 11.30%，主要作物包括向日葵和花生；蔬菜产业种植面积所占比重较小，多年来发展较快，面积稳步增加，增加幅度高达 75.80%（图 5-29）。

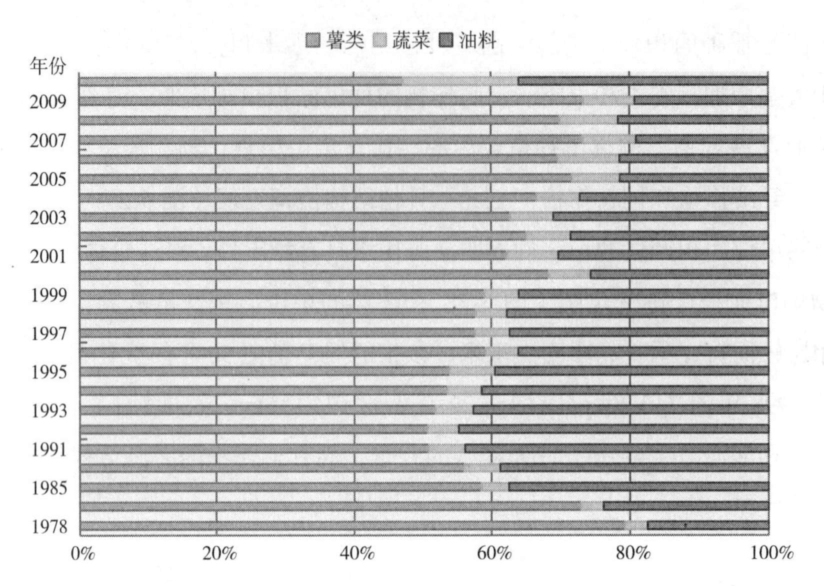

图 5-29　1978 ~ 2010 年榆林市三大特色农作物产业种植面积比重变化图

就粮食作物的产量而言，北六县的粮食产量整体大于南六县，在空间分布的特征表现为由南至北、由西向东递减的趋势。定边、靖边成为全市马铃薯生产大县，两县种植面积定边县占总农作物面积的 50%、33.4%、南部县区 24% 以上。马铃薯已成为各县区农民收入的主要渠道，已占到农民人均纯收入的 20% 以上（图 5-30）。

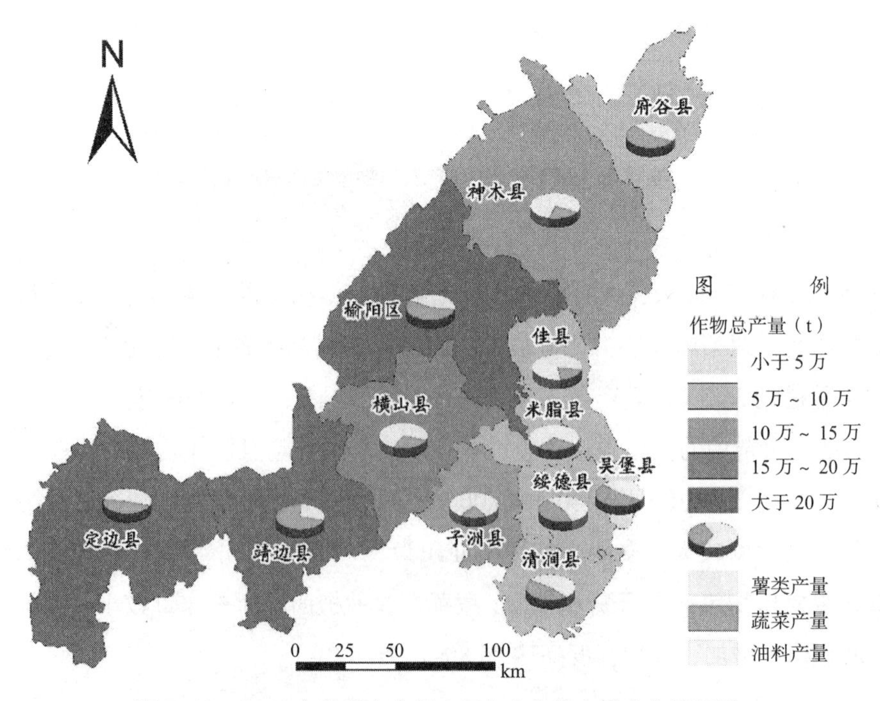

图 5-30　2010 年榆林市分县（区）农作物产量分布情况图

从各流域灌溉用地分布情况来看，2010 年榆林市共计水浇地 132.3 万亩。从各流域分区情况来看，榆林市水浇地主要分布在无定河流域内，其中榆溪河分布范围最大，其次是无定河横山段、大理河、淮宁河沿岸地区。其他流域如窟野河流域、秃尾河流域、佳芦河的主干流沿岸地区、府谷县北部皇甫川、清水川沿岸地区也有少量水浇地（图 5-31）。

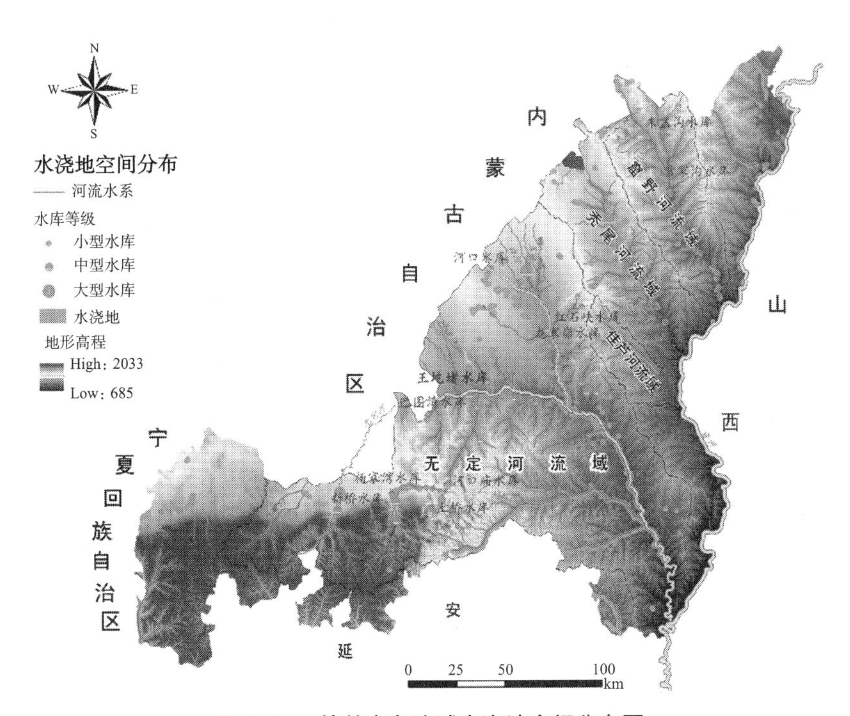

图 5-31　榆林市各流域水浇地空间分布图

从水浇地的行政分区情况来看，榆林市水浇地主要分布在北部六县，以榆阳区、定边县、神木县以及靖边县为主，北部六县的水浇地面积占全市水浇地总面积的 89.82%，其中榆阳区水浇地面积最大，占市水浇地总面积的 34.25%；南部六县的水浇地面积占市水浇地总面积的 10.18%，吴堡县水浇地面积仅为 604.3 亩，南北差异显著（表 5-11）。

榆林市水田、水浇地按行政分区面积统计表　　表 5-11

北六县（亩）				南六县（亩）			
行政分区	水田	水浇地	总计	行政分区	水田	水浇地	总计
榆阳区	27493.7	427549.5	455043.2	绥德县	24.2	46302.3	46326.5
神木县	4705.2	191345.9	196051.1	米脂县	0	27613.8	27613.8

续表

北六县（亩）				南六县（亩）			
行政分区	水田	水浇地	总计	行政分区	水田	水浇地	总计
府谷县	0	52030.1	52030.1	佳县	0	19126.7	19126.7
横山县	41043.8	124312	165355.8	吴堡县	122.9	604.3	727.2
靖边县	1276.6	132966.8	134243.4	清涧县	0	1691.3	1691.3
定边县	0	193111.1	193111.1	子洲县	0	31681.7	31681.7
总计	74519.3	1121315.4	1195834.7	总计	147.1	127020.1	127167.2

5.3.4 农业现状用水量及变化趋势分析

在全球范围内，不管是农业国家还是工业国家，农业都是用水大户。由于近年来灌溉面积的增加，农业灌溉用水量早已超过全世界淡水总用量的 70%。2010 年，榆林市灌溉用水量为 4.92 亿 m^3，农田亩均灌溉用水量为 343.8m^3/ 亩，高于陕西省亩均灌溉用水量 281.3m^3/ 亩，灌溉水平低下。

1）灌溉农业用水量

根据榆林市历年农业用水情况统计资料，农田灌溉用水量呈递增趋势，由 1980 年的 4.59 亿 m^3 增加到 2010 年的 4.75 亿 m^3。同时，林牧渔用水量在这期间增长了 2 倍多，增长趋势明显。随着农业灌溉技术的改进和农业结构的调整，亩均灌溉用水量由 1980 年的 427m^3 下降到 2010 年的 288.4m^3（表 5-12）。

历年榆林市农业用水情况统计表 **表 5-12**

年份	有效灌溉面积（万亩）	农田实灌面积（万亩）	林牧渔面积（万亩）	农业用水量（万 m³）			亩均灌溉用水量（m³）
				农田灌溉	林牧渔畜	总计	
1980	125.58	104.47	2.52	44650	1252	45902	439.4
1985	103.32	93.32	3.92	38976	1988	40964	439.0
1990	122.65	95.27	5.16	36567	2458	39026	409.6
1995	162.30	144.76	6.42	49915	1857	51772	357.6
2000	161.73	150.00	6.29	50349	1682	52031	346.9
2005	174.88	146.66	14.66	47420	2359	49779	342.7
2010	196.68	130.27	12.65	44787	2680	47464	324.0

从图 5-32 中可以看出，1980 ~ 2010 年榆林市灌溉农业用水量总体呈“减—增—减”的变化趋势，年均变化率为 0.27%。1980 ~ 2000 年实际灌溉面积与灌溉农业用水量成正比，而 2000 年后随着实际灌溉面积的增加，灌溉农业用水量呈现出逐渐减少的趋势，且减幅增加，这说明减少的灌溉农业用水量主要是依靠节水灌溉实现的。

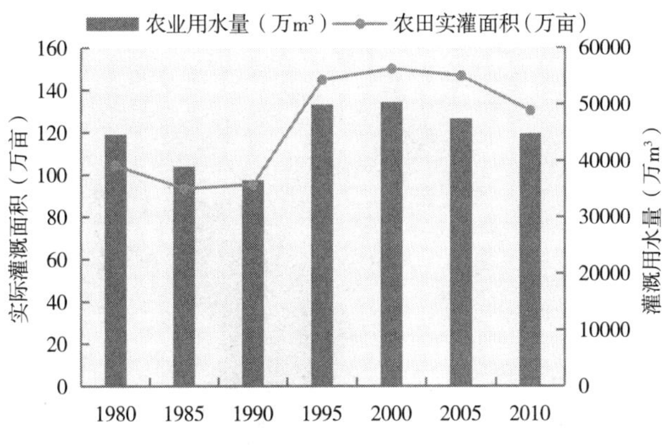

图 5-32 榆林市历年来灌溉农业用水量变化图

2）农村禽畜用水量

畜禽饲养需水量分日常需水量、冲洗需水量和消防需水量。由于农村普通饲养牲畜大多圈养，用水量只有日常需水量，没有冲洗需水量。畜禽饲养用水量受畜禽种类、饲养方式和地区气候环境的影响。一般养殖场饲养时禽舍夏季要用水降温，同时一般用刮粪板将畜禽粪便刮离，后用少量水冲洗，养殖畜禽舍的降温及冲洗用水按日常用水的 20% 左后计算，养殖禽舍的降温用水及冲洗用水按日常用水的 30% ~ 60% 来计算。由于统计数据中无家庭饲养和养殖场之分，因此，畜禽饲养用水定额按照平均值进行折算。2010 年榆林市畜禽饲养用水量如表 5-13 所示。

2010 年榆林市农村牲畜用水量　　表 5-13

牲畜类型	单位	存栏数（头 / 只）	定额 [L/（头或只・天）]	年用水量（万 m³）
奶牛	头	36758	72.5	1.34
肉牛、耕牛	头	157379	47.5	5.74
马	匹	3346	47.5	0.12
驴	头	114763	47.5	4.19
骡	头	38918	47.5	1.42
猪	头	2197092	27.5	80.19
羊	只	9020175	9	329.24
家禽	万只	887	1.25	177.57
家兔	万只	56	1.25	20.26
合计用水量				620.07

从榆林市各行政分区农业用水量的变化情况来看，农业用水量与灌溉面积成正比，空间上呈现出北多南少的特征。就北部风沙草滩区而言，以无定河流域榆阳区为中心

向南北两侧逐渐呈现出减少的趋势，窟野河流域比秃尾河流域的农业用水量少，且减少得较快（图 5-33）。

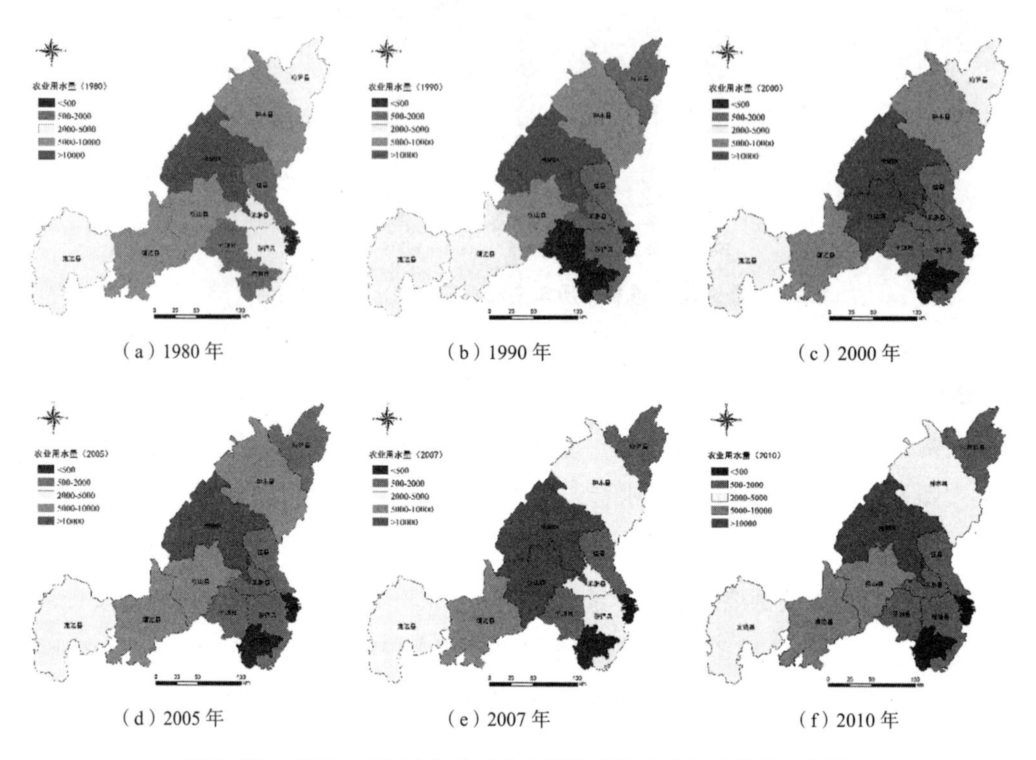

（a）1980 年　（b）1990 年　（c）2000 年

（d）2005 年　（e）2007 年　（f）2010 年

图 5-33　1980 ~ 2010 年榆林市各行政分区农业用水情况变化图

自 2005 年起，大规模能源化工项目的开工建设挤占了农业用水，北部地区神木县、府谷县、南部横山县以南地区的农业用水量呈现出逐年递减的趋势；南部丘陵沟壑区的农业用水量多年保持在 500 万 ~ 2000 万 m^3，伴随着南部地区盐化工产业园区的建设，近年来吴堡县、子洲县与清涧县的农业用水量保持在 500 万 m^3 以下。由此可见，工业用水与农业用水之间已形成竞争关系。

从图 5-34 中可以看出，榆林市农业用水量所占用水总量的比例由 1980 年的 92.35% 减少至 2010 年的 71.09%，年平均减少率为 1.91%，农业用水比例整体呈现出减少趋势。其中 1980 ~ 1985 年、2008 ~ 2009 年减幅最大，分别为 2.25%、9.31%。通过对农业用水量与农业产值份额关系对比分析，发现农业用水比例随着农业产值份额的减少而减少；通过对农业用水比例与亩均灌溉用水量关系分析，农业用水比例随着农业用水水平的提高而降低。由此可见，推进高效节水灌溉是农业节水的主要途径之一。

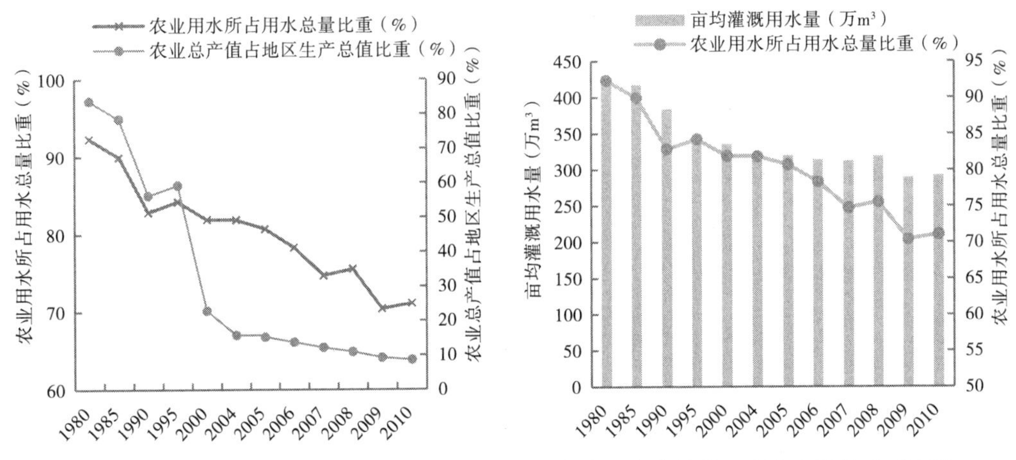

图 5-34　1980 ~ 2010 年榆林市农业用水比例与农业产值份额、用水水平关系对比图

5.4　工业及用水现状分析

5.4.1　工业发展现状与空间布局

1）工业总产值的发展

榆林市工业同样经历了快速增长的过程，全市工业总产值从 1980 年的 1.30 亿元上升到 2010 年 1959.97 亿元，年平均增长率 27.79%。自 2000 年陕北能源化工基地在榆林启动建设起，榆林市工业总产值约以 50.35% 的速度持续增加（图 5-35）。

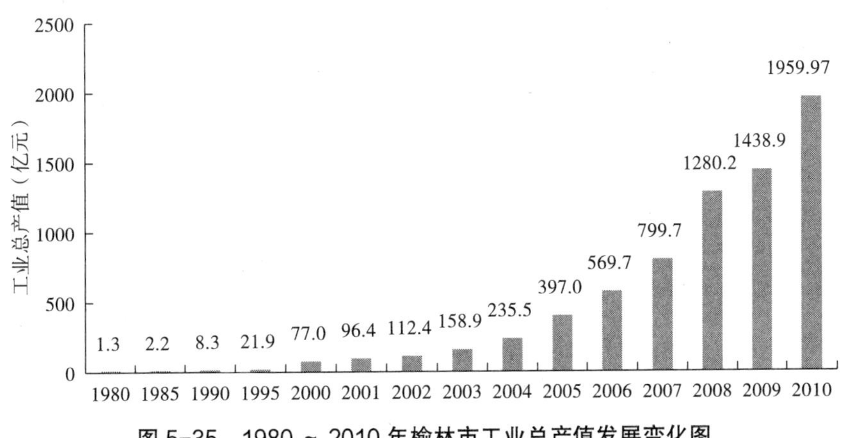

图 5-35　1980 ~ 2010 年榆林市工业总产值发展变化图

榆林市经济发展空间分异特征显著。从榆林市工业总产值的空间分异情况来看，北部六县区的工业总产值明显高于南部县区。2010 年，工业总产值最高的是神木县，

为 690 亿元，最低的是吴堡县，仅为 7 亿元。从 1980 ~ 2000 年，北部六县区的工业生产总值比重所占市工业生产总值的比重逐年增加，而南部六县区的比值逐年降低；2000 ~ 2010 年，随着能源化工基地大规模建设以来，北部六县呈现出较为明显的分异特征，神木县及周边区县工业生产总值为全市最高，而靖边县的工业生产总值逐年在减少；南部六县区的工业生产总值所占市工业生产总值的比重基本处于 2% 以下，工业发展保持持续下降水平。在 1980 ~ 2010 年期间靖边县工业总产值年均增长速度最快，增长率达到 27%，佳县最慢，增长率只有 3%（图 5-36）。

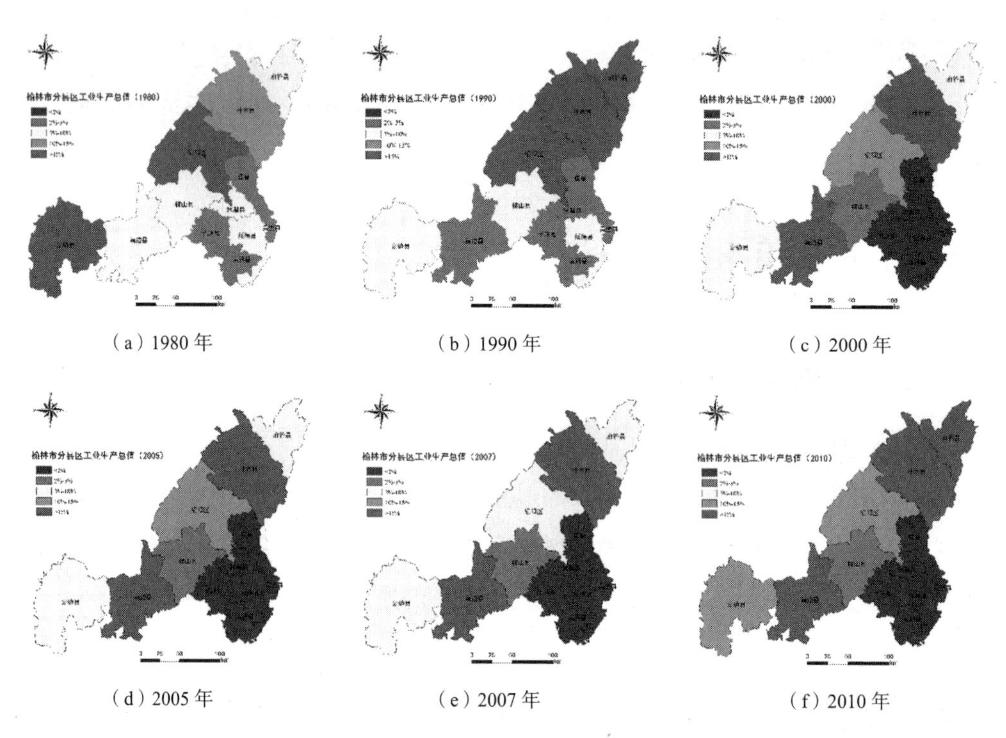

（a）1980 年　（b）1990 年　（c）2000 年

（d）2005 年　（e）2007 年　（f）2010 年

图 5-36　1980 ~ 2010 年榆林市各行政分区工业总产值所占市工业总产值比重变化图

从流域分区情况来看，窟野河流域、秃尾流域工业总产值年平均增长速度最快，为 23%，其次为无定河流域，年均增长速度为 20%。就具体行业而言，2010 年榆林市工业总产值是 2005 年的 4.9 倍，增长幅度远高于全国平均水平，表 5-14 中所列 17 个行业中，12 个行业增长幅度高于全国。农副食品加工业、有色金属冶炼及压延加工业、燃气生产和供应业是榆林 5 年来增长幅度最大的行业，高出全国平均增长幅度的 10.92 倍、9.84 倍、5.74 倍；轻重工业内部的增长都呈现出两极分化的局面：重工业中冶金、煤炭开采和洗选业、石油和天然气开采业在 5 年内扩张明显，高于全国平均增长幅度，石油加工业、非金属矿采选业则逐渐萎缩；轻工业中的食品加工相关行业增长迅速，但造纸、纺织等产业发展水平不高，产业规模逐渐缩小。

2005 ~ 2010 年榆林市各行业总产值增长幅度比较表　　表 5-14

行业	2010 年较 2005 年增长幅度		榆林 / 全国
	榆林	全国	
煤炭开采和洗选业	669.9%	186.6%	3.59
石油和天然气开采业	175.3%	19.6%	8.95
非金属矿采选业	89.5%	204.3%	0.44
农副食品加工业	1783.8%	163.4%	10.92
食品制造业	629.1%	143.9%	4.37
饮料制造业	387.5%	141.6%	2.74
纺织业	−17.1%	81.3%	−0.21
造纸及纸制品业	−44.9%	98.6%	−0.46
石油加工、炼焦及核燃料加工业	−98.6%	79.1%	−1.25
化学原料及化学制品制造业	265.9%	125.6%	2.12
医药制造业	111.7%	122.2%	0.91
非金属矿物制品业	322.5%	170.2%	1.90
黑色金属冶炼及压延加工业	142.5%	98.6%	1.45
有色金属冶炼及压延加工业	1565.2%	159.1%	9.84
电力、热力的生产和供应业	277.5%	88.0%	3.15
燃气生产和供应业	1443.8%	251.5%	5.74
水的生产和供应业	138.6%	74.8%	1.85
总产值	390.1%	117.9%	3.31

资料来源：根据《榆林统计年鉴 2010》《榆林统计年鉴 2005》《中国统计年鉴 2010》《中国统计年鉴 2006》相关数据计算。
注：①由于部分行业 2005 年、2010 年无相关数据，在计算中予以剔除。
②总产值按当年价计算。

2）工业空间布局

榆林国土面积广，人口数量相对较少，人地矛盾不突出。地貌以风沙草滩区、南部黄土丘陵沟壑区为主，荒坡地较多而耕地较少，可用于发展工业的土地较多，特别是北部风沙草滩区，地势较为平缓，适于集中布局规模较大的工业园区。近年来，依托自身的资源禀赋及开发利用程度，区域范围内初步形成了不同层级和规模的工业生产中心。以煤炭开发为主的大型工业中心集中在神府矿区、榆神矿区、榆横矿区、府谷矿区和吴堡矿区，石油天然气开发中心集中在定边、靖边、横山、子洲一带，盐矿开发中心集中在神木、榆阳、米脂、绥德等区域，石英砂岩开发中心集中在神木，铝土矿、高岭石、蒙脱石、耐火黏土、石灰岩中心集中在府谷、吴堡等地，建筑石材开发中心在清涧、府谷等地。这些主要工业行业在榆林占据重要地位，并在全国同行业中崭露头角。

各个区县依托其优势的煤、油、气资源，形成了以采掘业和矿产资源加工为主导的工业。榆林市五大支柱产业中，煤炭开采和洗选业主要集中在神木、府谷、榆阳、横山；石油和天然气开采业和石油加工和炼焦业主要集中在定边、靖边、子洲；化学原料及化学制品制造业主要是神木、府谷、榆阳、横山的煤化工产业和定边、榆阳、米脂的盐化工。全市28家中省企业均位于北部六县。南部六县工业无论从产值还是企业规模来看，与北部存在巨大差距，而由于地质条件、水资源条件的限制，南部未来工业发展仍旧面临许多难以克服的困难（表5-15）。

榆林市能源化工产业定位与分布统计表　　表5-15

行业	产业定位	主要分布县区	所在流域
煤炭开采洗选	煤炭	榆阳区	榆溪河
煤化工	发展“煤制油-煤制烯烃-两碱化工-精细化工-醇醚燃料”产业	榆阳区、横山县	榆溪河、无定河
火电	煤炭就地转能	榆阳区、横山县	榆溪河、无定河
石油加工	形成以油气综合开发为主的核心产业	靖边县	无定河、芦河
盐化工	建设以盐化工为中心的工业盐、氯碱化工产品、纯碱等产业链	榆阳区、米脂县、绥德县	榆溪河、无定河

至2010年，榆林已基本形成了由榆横工业区、榆神工业区和榆神煤化工、榆横煤化工、府谷煤电载能、佳米绥盐化工、吴堡煤焦化、定靖油气化工园区组成的“两区六园”的空间产业格局，此外还有各区县自行规划的46个工业园区和产业分布点。

榆神工业区位于榆林市北部，区内含神府矿区、榆神矿区、清水煤化工小区、榆树湾煤化工小区、麻黄梁工业小区、赵家梁工业小区。榆横煤化学工业区范围包括榆阳区和横山县，区内含榆横矿区、榆横煤化工产业园区和鱼河工业小区。府谷工业区位于榆林市北端府谷县境内，区内包括府谷矿区、皇甫川工业小区、清水川工业小区、庙沟门工业小区、郭家湾工业小区和府谷工业小区。靖边能源化工基地综合利用产业园位于定边县和靖边县的北部，区内包括定边盐化工小区、靖边能源化工综合利用小区。吴堡煤焦化工业园区位于榆林市吴堡县境内，区内包括慕家塬煤焦化工业小区、李家塌煤焦化工业小区。绥米佳盐化工区位于榆林市南部，范围包括佳县、米脂县、子洲县、绥德县、清涧县等5县，区内含佳县盐化工园区、米脂盐化工园区、绥德盐化工园区区、子洲盐气综合利用园区和清涧工业集中园区（图5-37、表5-16）。

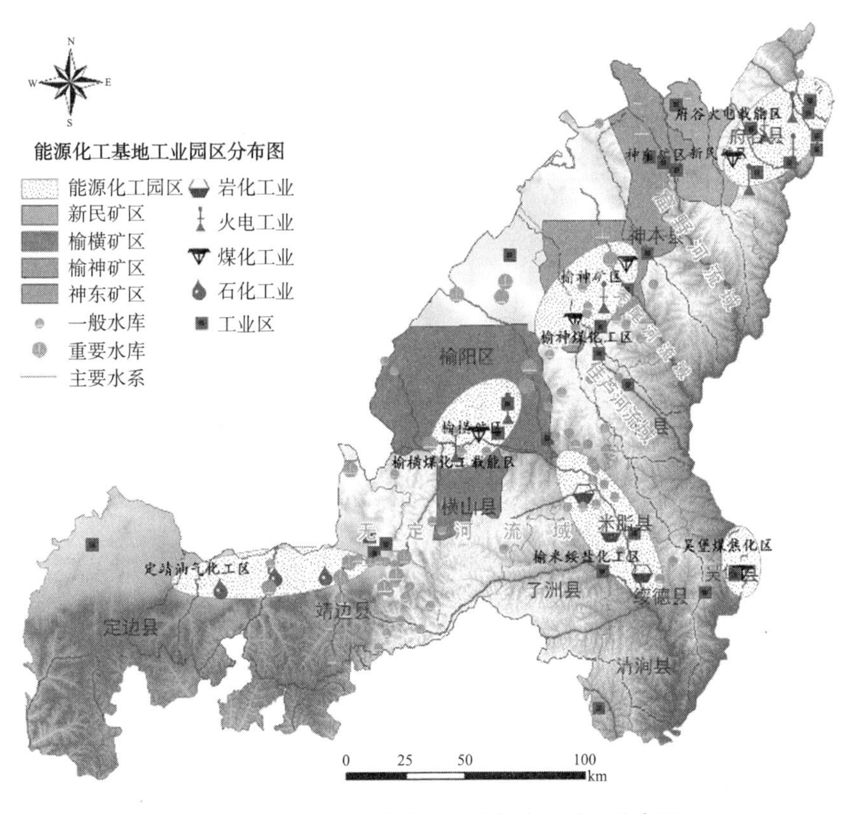

图 5-37 榆林市能源化工工业与主要矿区分布图

榆林市各工业园区发展定位统计表 表 5-16

名称	园区面积（km^2）	发展定位
榆神煤化工工业区	1108	重点发展煤炭、煤电、煤盐化工、煤炭热解、装备制造、物流产业
榆横工业区	914	重点发展煤制油、煤制烯烃、盐化工及装备制造、高科技产业
府谷煤电化载能工业区	57.39	重点发展煤化工和载能工业
神府经济开发区	42	重点发展煤炭热解、煤化工、精细化工、载能产业
靖边能源化工园区	40	重点发展煤 - 甲醇 - 烯烃 - 煤化工产品、油 -DCC- 石油化工产品
绥米佳盐化工区	20	重点发展工业盐、氯碱化工产品
吴堡工业园区	7.5	重点发展煤焦化产业

5.4.2 工业内部结构变化与区位商分析

1）工业内部结构变化历程

榆林工业产值占到第二产业产值的 95% 以上，工业的快速发展带动了整个经济快速发展。从工业内部结构来看，1990 ~ 2010 年，榆林市轻重工业比例变化显著，2000 年后重工业所占工业总产值的比重持续增加，而轻工业比重大幅度减少，重工业产值占工业总产值比重在 90% 以上，轻纺工业产值占工业总产值比重仅为 1.7%，轻、重工业严重失调；围绕资源开发而建立的采掘业和初级加工业是榆林当前的主导产业。2005 年榆林市采掘业占工业总产值比重均在 60% 以上，2010 年采掘业占工业总产值比重为 73.6%，其中煤炭开采和洗选业、石油和天然气开采业两大行业占整个工业总产值的 68.63%。制造业发展相对滞后，仅占工业总产值的 26.4%，高端制造业、战略性新兴产业则更为弱小（图 5-38）。

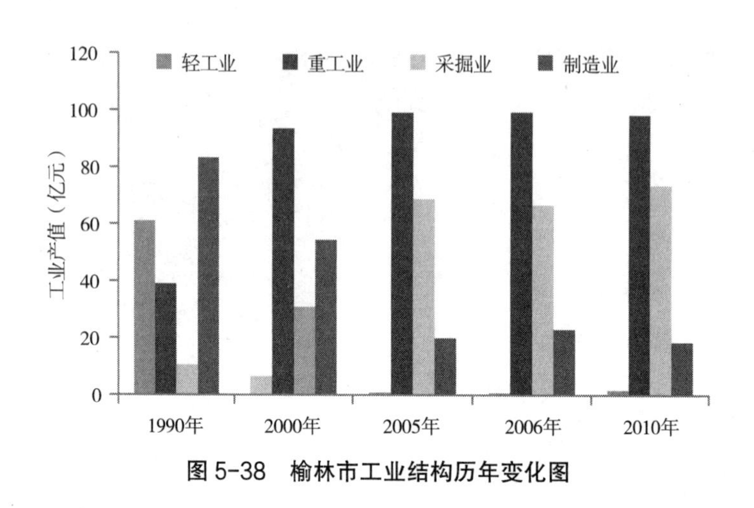

图 5-38 榆林市工业结构历年变化图

2）支柱行业发展现状

1990 ~ 2010 年，榆林市工业化水平不断提升，构建起了以煤炭、石油、天然气、岩盐采掘为基础，能源、化工为支柱的产业体系。煤炭开采和洗选业、石油加工、炼焦行业、电力、热力的生产和供应业、石油和天然气开采业以及化学原料及化学制品制造业等五个重工业部门产值占工业总产值的 91.6%，成为榆林市工业发展的五大支柱行业。其中，煤炭开采洗选业 1337 亿元，占五大支柱行业总产值的 46.79%；石油和天然气开采业 657.30 亿元，占 23%；石油加工、炼焦业 461.40 亿元，占 16.14%；化学原料及化学制品制造业 149 亿元，占 5.21%；电力热力的生产和供应业 252.80 亿元，占 8.85%。五大支柱行业不论在企业数量、工业总产值和资产总额上都具有重要地位。

就行业规模和企业数量而言，煤炭开采和洗选业、电力热力生产及供应业两大行业占榆林市规模以上工业企业总产值的 79.9%，资产比重高达 78.6%，从事两大行业的规模以上企业达到 422 家，占榆林规模以上企业的 57.7%。其他能源化工相关产业虽然在榆林工业中也占据重要地位，但从总产值及资产规模来看，都无法与上述两大行业相提并论。轻工业中比重相对较大的农副产品加工、食品制造和饮料制造业拥有规模以上企业 62 家，但工业总产值仅占规模以上工业企业 1.8%，资产总值比重不到 1%，食品加工行业企业规模小，发展始终处于弱势。

从行业发展效益来看，煤炭开采和洗选业占全部规模以上工业企业利润总额和利税总额比重分别达到90.7%和88.9%，是推动榆林地方经济发展最重要的行业；电力、热力的生产和供应业及石油和天然气开采业是其他能化产业中利润、利税较高的行业，化学原料及化学制品制造业、有色金属冶炼及压延加工业虽然产业规模较大但由于原料价格上涨、市场竞争激烈等原因，利润率较低，行业亏损严重；食品加工及纺织等轻工业由于其规模较小，行业的利润及利税仅占全部规模以上工业企业的1%左右。

3）五大支柱行业发展现状总产值变化历程

五大支柱行业总产值年平均增长率为44.04%，高于工业总产值的11%。其中，石油和天然气开采业增长最快，年平均增长率为63.81%；其次是石油加工和炼焦业、煤炭开采和洗选业，年增长率分别为52.49%、47.26%；化学原料及化学制品制造业最慢，年增长率为28.21%。由此可见，能源化工行业是促进工业发展的主要驱动力，目前仍以采掘业和资源初级加工为主，煤化工、盐化工等产业尚还处于初级阶段（表5-17）。

榆林市分行业规模以上工业企业总产值增长情况统计表 表5-17

行业分类	数量（亿元）		年增长率（%）
	2010年	1990年	
工业总产值	1882.29	6.29	32.98
五大支柱行业总产值	1769.69	1.20	44.04
煤炭开采和洗选业	888.46	0.39	47.26
石油和天然气开采业	456.78	0.02	63.81
石油加工和炼焦业	179.73	0.04	52.49
化学原料及化学制品制造业	62.00	0.43	28.21
电力热力的生产和供应	182.72	0.34	36.89

从表5-18中各行业占工业总产值的比重可以发现，2010年榆林市煤炭开采和洗选业、石油加工、炼焦行业、电力、热力的生产和供应业、石油和天然气开采业以及化学原料及化学制品制造业等工业部门产值占到了工业总产值的90%以上。煤炭开采和洗选业、石油和天然气开采业的部门产值分别占到了工业总产值的47.20、24.27%。制造业发展相对滞后，仅占工业总产值的26.4%，高端制造业、战略性新兴产业则更为弱小；重工业产值占工业总产值比重在90%以上，轻纺工业产值占工业总产值比重仅为1.7%，轻重工业严重失调。

榆林市各行业区位商、标准区位商计算结果表　　表 5-18

行业分类	CC_1	CC_{z1}	CC_2	CC_{z2}	行业产值占比（%）
煤炭开采和洗选业	3.68	3.48	14.64	2.82	47.20
石油和天然气开采业	2.24	1.86	16.78	3.29	24.27
非金属矿采选业	0.54	−0.05	0.24	−0.32	0.11
农副食品加工业	0.14	−0.50	0.10	−0.35	0.52
食品制造业	0.34	−0.27	0.38	−0.29	0.63
饮料制造业	0.10	−0.54	0.14	−0.34	0.18
纺织业	0.02	−0.63	0.01	−0.37	0.03
纺织服装鞋帽制造业	0.62	0.05	0.07	−0.36	0.13
木材加工及木竹藤棕草制品业	0.85	0.30	0.15	−0.34	0.16
家具制造业	0.04	−0.61	0.00	−0.37	0.00
造纸及纸制品业	0.03	−0.62	0.01	−0.37	0.02
石油加工、炼焦及核燃料加工业	0.83	0.27	2.24	0.12	9.55
化学原料及化学制品制造业	1.06	0.54	0.47	−0.27	3.29
医药制造业	0.03	−0.62	0.04	−0.37	0.06
橡胶制品业	0.07	−0.57	0.03	−0.37	0.02
塑料制品业	0.01	−0.65	0.00	−0.37	0.01
非金属矿物制品业	0.13	−0.51	0.10	−0.35	0.49
黑色金属冶炼及压延加工业	0.10	−0.55	0.05	−0.36	0.39
金属制品业	0.04	−0.61	0.01	−0.37	0.03
交通运输设备制造业	0.01	−0.65	0.01	−0.37	0.06
电力、热力的生产和供应业	1.31	0.81	1.64	−0.02	0.09
水的生产和供应业	0.66	0.08	0.56	−0.25	3.04

注：CC_1 代表榆林市在陕西省的区位商；CC_{z1} 代表榆林市在陕西省的标准区位商；CC_2 代表榆林市在全国的区位商；CC_{z2} 代表榆林市在全国的标准区位商。

通过计算榆林市各行业在陕西省、全国的区位商和标准区位商，榆林市的煤炭开采和洗选业、石油和天然气开采业、石油加工、炼焦及核燃料加工业的专业化水平较高。随着榆林工业化水平不断提升，以煤炭、石油、天然气开采为基础，能源、化工为主的产业体系逐渐成为支撑榆林市经济发展的主导产业。其中，煤炭开采和洗选业在陕西省和全国的标准化区位商分别为 3.48、1.86，石油和天然气开采业在陕西省和全国的标准化区位商分别为 2.82、3.29，远高于全省、全国平均水平，表明这两类行业的发展在陕西省，乃至全国均具有绝对的竞争力，发展态势较好，且形成产业集群，对榆林市经济发展具有重大影响力。电力、热力的生产和供应业、化学原料及化学制品制造业、石油加工、炼焦及核燃料加工业虽无产生产业集群，但产业发展较好，产业相对专业化水平一般，多为榆林市传统优势产业，相比省内、国内同行业领域具有一定的竞争优势。

从产业生产加工链条的延续过程来看，榆林市目前产业优势主要体现在采掘业和资源初级加工阶段，以重化工业为主。除煤炭产业相对成熟，煤化工、盐化工等产业尚还处于起步期，未真正实现产品量化生产和产业链向中下游的延伸。第二产业内部其余 16 ~ 20 类行业发展较为薄弱，出于资源劣势、技术落后等原因，这些产业发展水平相对平均，在全省、全国范围内均低于平均水平，特别是非金属矿物制品业、食品制造业、医药制造业、农副食品加工业、造纸及纸制品业、纺织业和塑料制品业制造业为主，产业化水平较低，在榆林市的发展优势也不明显。因此，优化产品结构，延伸产业链，提高产业化水平，增加科技创新力度是提高榆林市第二产业竞争优势的主要措施及途径。

5.4.3 工业用水结构与空间分布

1）工业园区与水资源空间分布

根据水资源的空间分布情况来看，水源地较为集中的区域位于窟野河、秃尾河流域内，而这两个流域的上游属于极富水区和富水区，秃尾河下游贫水区分布较广泛。就工业园区的分布情况而言，工业区较为集中地分布在神木县与府谷县交界处，产业以煤电化工为主，水源地分布较多，工业发展迅速；秃尾河流域内水系较发达，上游水资源丰富，下游水库分布密集，工业区与水库的分布相适宜。无定河流域内以中水区为主，定边、靖边两县亦为贫水区的主要分布区。工业园区主要分布在榆溪河、芦河沿岸，水库分布较密集，横山县、靖边县内工业区沿无定河及支流水系分布（图 5-39）。

2）工业用水量的变化趋势

根据水资源年报统计数据，榆林市工业用水量从 1980 年的 0.08 亿 m^3 增加到 2010 年的 1.30 亿 m^3，平均增长率为 15.19%。随着工业生产设施条件和用水方式的改善、生产技术的提高，万元 GDP 用水量从 1980 年的 468m^3 降至 2012 年的 27.2m^3。相比陕西省万元 GDP 用水量 59m^3，榆林市的万元产值用水水平仅次于延安，多年来保持低于全省平均水平并持续下降趋势。

作为国民和社会发展的重要基础产业，全国火力发电用水量约占工业用水量的 40%，约占用水总量的 9.35%，是工业部门中用水量最大的产业。榆林市火电行业采用空冷技术，发电用水量位居全国之首，历年来火电工业的万元工业产值用水量减少了 30.08%，减幅显著，规模以上企业万元工业产值用水量减幅较小，为 20.8%。而规

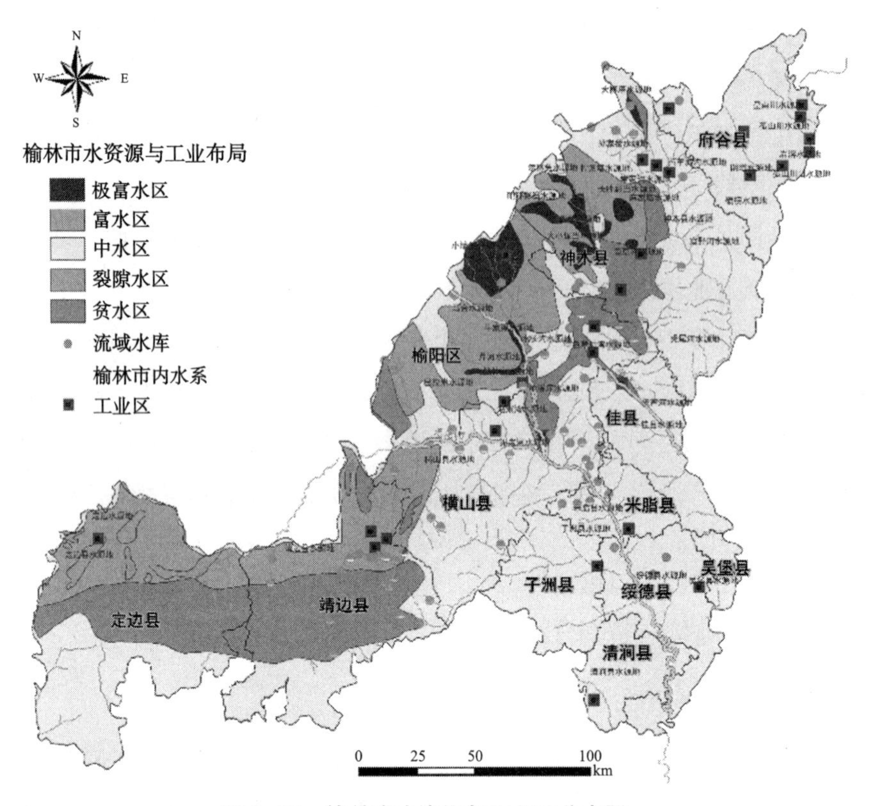

图 5-39　榆林市水资源与工业区分布图

模以下企业呈现出增加趋势。榆林市作为能源化工重点开发区，主要支柱行业基本上都具备耗水量大的特点。这类高耗水行业部门的生产工艺较成熟、产品产量稳定，短时间内实现改革工艺技术和改革用水方式，使万元工业产值用水量降低是一个稳定而缓慢的过程（图 5-40）。

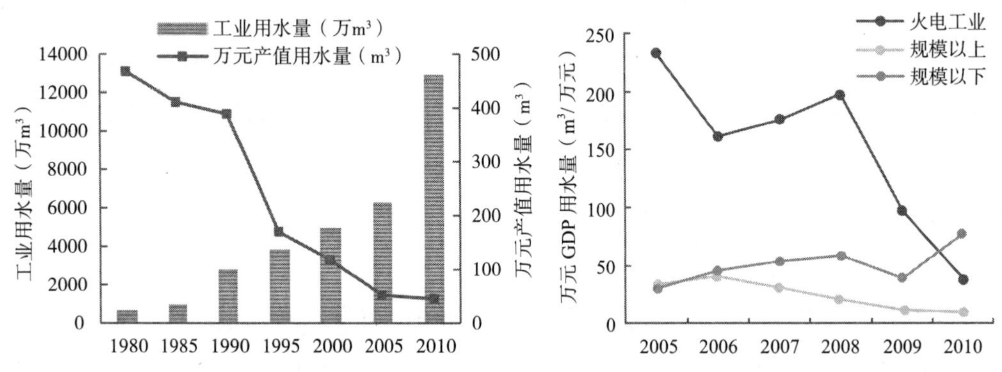

注：工业用水量指取用的新水量，不包括企业内部的重复用水量。“国有及规模以上”的工业指全部国有工业及年销售收入达到或超过 500 万元的非国有工业，不包括电力工业；“规模以下”的工业指年销售收入 500 万元以下非国有工业。

图 5-40　榆林市历年万元工业产值用水量变化趋势图

从水资源分区情况来看，工业用水量增长最快的是窟野河流域、秃尾河流域，年均增长率达到 10%，最慢的是佳芦河流域，只有 3%；从行政分区来看，北部六县的工业用水量明显高于南部六县，其中神木县工业用水量为全市最大，佳县工业用水量最小。2004 ~ 2010 年，工业用水量增长的区县集中分布在子洲县、米脂县、神木县、榆阳区，平均年增长率为 32.30%，工业用水量减少的区县有绥德县、横山县和清涧县，平均年减少率为 4.48%。受到水资源分布不均、行业结构、企业经营状况、用水管理水平及节水水平等因素的影响，各年份及各地区工业用水量的增长并不均衡（图 5-41）。

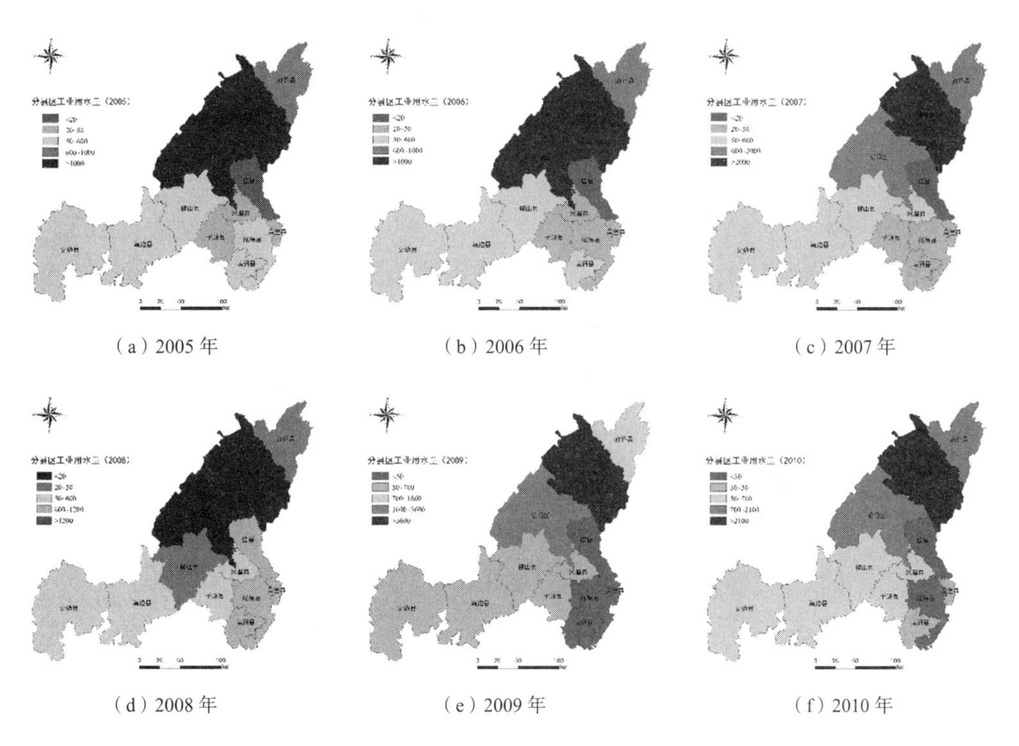

（a）2005 年　（b）2006 年　（c）2007 年

（d）2008 年　（e）2009 年　（f）2010 年

图 5-41　2005 ~ 2010 年榆林市各区县工业用水量所占市用水总量比重变化图

3）规模以上各行业取水量

根据榆林市第二次经济普查数据，对 2008 年规模以上各行业按照取水量进行分析，其中，电力、热力的生产和供应业与化学原料及化学制品制造业的用水量占榆林市第二产业用水量的 78.50%。取水量较大的行业前十位分别是化学原料及化学制品制造业、电力热力的生产和供应业、煤炭开采和洗选业、石油和天然气开采业、石油加工炼焦及核燃料业、有色金属冶炼及压延业、非金属矿物制品业、非金属矿采选业、黑色金属冶炼及压延业与饮料制造业（图 5-42）。

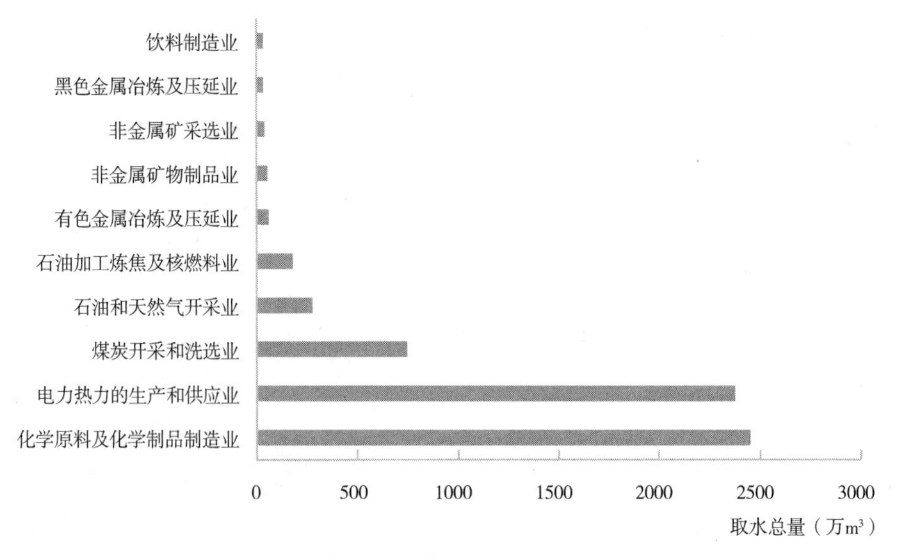

图 5-42　榆林市规模以上各行业取水总量图

4）工业取水来源分析

根据工业用水的取水来源分析，火电工业以取用地下水为主，其比例以较大的增幅逐年增加，从 2005 年的 13.35% 增至 2010 年的 82.28%，平均增长率为 36.51%，工业用地下水的比例过高；规模以上行业历年取用地表水、地下水的比例持平，取用地表水的比例平均约占 58.14%，取用地下水的比例约占 41.86%；规模以下行业取用地表水的比例呈现出“增—减—增”的趋势，至 2010 年取用地表水和地下水的比例分别为 49.57%、50.43%，5 年的平均增长率为 9.13%。从工业取水来源及取水量的角度分析，可以看出榆林市缺水严重程度逐渐加深（图 5-43）。

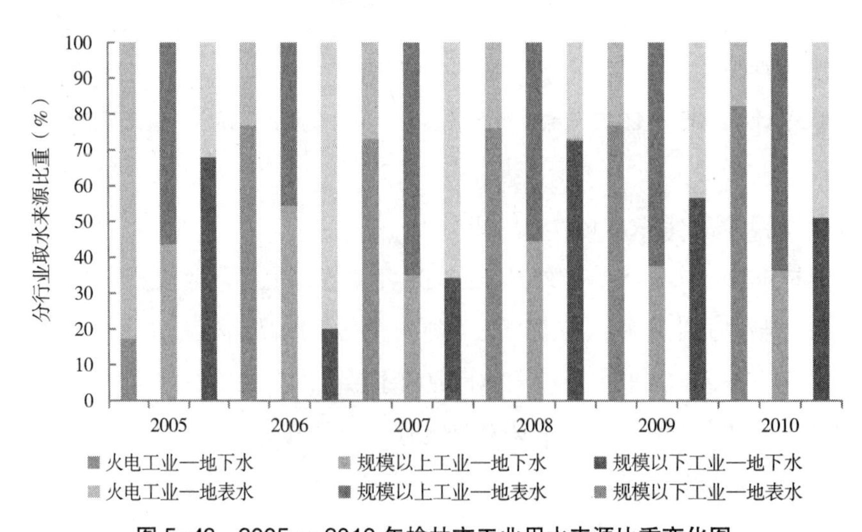

图 5-43　2005 ~ 2010 年榆林市工业用水来源比重变化图

5）工业用地下水的时空分异特征

根据榆林市工业用地下水统计数据分析，工业用地下水呈现出空间分异特征。从图 5-44 中可以看出，以地下水为主要水源的县（区）集中分布在榆林市西南部，2010 年，工业用地下水量所占工业总用水量比重最大的是靖边县、定边县、府谷县、绥德县，均在 90% 以上，靖边、定边县工业用水完全依靠开采地下水；榆林市中部县（区）工业用地下水的比重较小，均在 15% ~ 37%；南部六县区工业用地下水空间分异明显，子洲县、吴堡县工业用地下水的比例均在 5% 以下（图 5-44）。

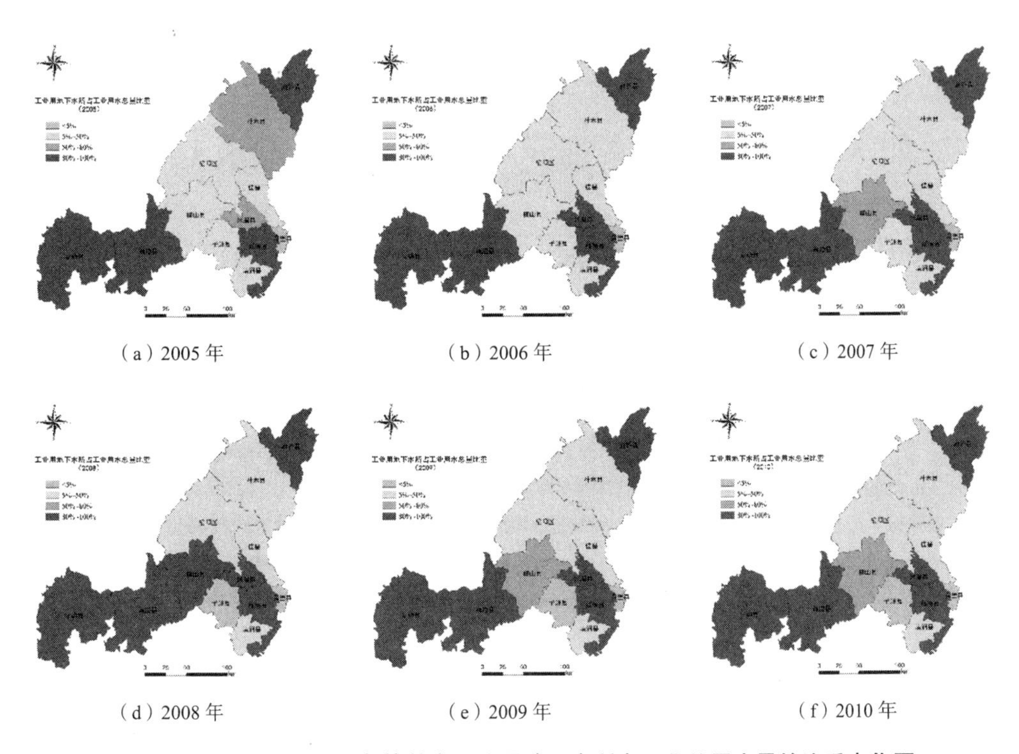
（a）2005 年　（b）2006 年　（c）2007 年
（d）2008 年　（e）2009 年　（f）2010 年

图 5-44　2005 ~ 2010 年榆林市工业用地下水所占工业总用水量的比重变化图

就工业用地下水的变化趋势而言，2005 ~ 2010 年，无定河流域、秃尾河流域工业用地下水呈现出增长趋势，分布在横山县、榆阳区、米脂县等地，年均增长率分别为 31.05%、11.0%、10.38%；工业用地下水保持在稳定水平的是清涧县、靖边县、定边县和绥德县；而窟野河流域工业用地下水呈现出减少趋势，主要体现在神木县、府谷县和南部地区的子洲县、吴堡县。其中神木县、子洲县的工业用地下水所占工业用水总量的比重年均减少率为 16.56%、49.06%，减幅较大（表 5-19）。

2005 ~ 2010 年榆林市工业用地下水所占工业总用水量比重的年均增长率计算表　　表 5-19

行政分区	年均增长率（%）	行政分区	年均增长率（%）
横山	31.05	定边	0
榆阳	11.00	绥德	0
米脂	10.38	府谷	–1.24
佳县	9.63	吴堡	–4.45
清涧	2.93	神木	–16.56
靖边	0.74	子洲	–49.06

工业用水来源产生空间分异也与各县（区）内的主要行业的空间分布有关。靖边、定边县以石油和天然气的开采业、石油加工炼焦及核燃料业、非金属矿采选业、黑色金属冶炼及压延业等，这些行业用水均以地下水源为主，因此，这些行业所在的县（区）工业用地下水比重较大（图 5-45）。

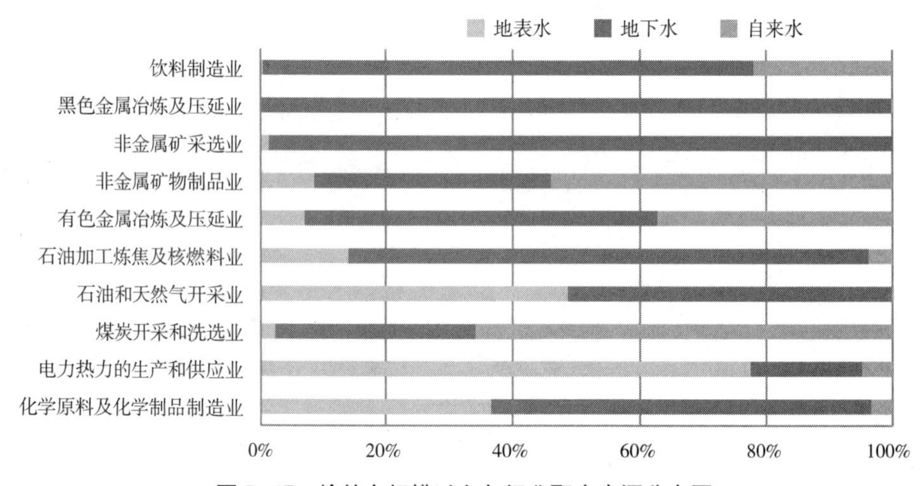

图 5-45　榆林市规模以上各行业取水来源分布图

工业用地下水对各区县的地下水系统的影响具有空间分异特征。根据地下水水位变幅监测数据（曹小星等，2009），榆林市北部六县区地下水水位整体呈现下降趋势，风沙草滩区水位下降区位于定边县北部、靖边县西部。受到工业活动对地下水的影响，靖边县和府谷县地下水水位下降幅度较大，约为 80cm，神木、定边县地下水水位变幅略小，约为 30 ~ 40cm，榆阳区地下水水位较稳定。

6）工业用水重复率分析

工业用水重复率是工业各部门各行业用水水平的象征。2005 ~ 2010 年，榆林市工业用水重复率呈现出增加的趋势，其中火电工业和规模以上工业的用水重复率高于规模以下工业。2010 年榆林市火电工业、规模以上的工业用水重复利用率在 50% 以上，而规模以下工业用水重复率仅为 18.91%。而榆林市规模以上工业企业中，五大支柱行业个数所占比例为 68.17%，可见大部分高用水工业行业的重复利用率较高。这与行业性质有关,电力行业、化学工业、石油行业的复用率高,是因为大部分用水为循环冷却水,作为热量、能量的载体或介质，经过处理后可循环利用，相对于水直接参与生产和制造的行业来说，有利于工业用水重复利用（图 5-46）。

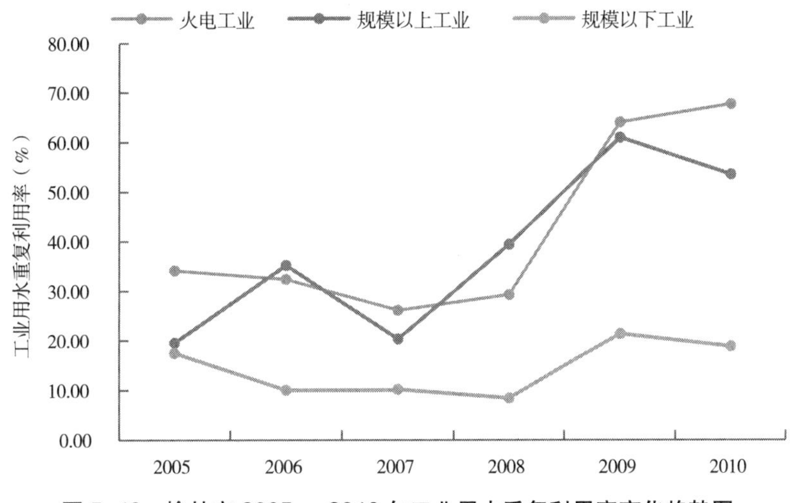

图 5-46　榆林市 2005 ~ 2010 年工业用水重复利用率变化趋势图

5.4.4　工业用水影响因素分析

从国外发达国家的经验看，发达国家工业用水随经济发展的变化存在倒“U”形关系，即环境库兹涅茨曲线（EKC），大多数国家工业化过程中用水量随着经济发展的变化出现由上升转而下降的转折点，且工业用水下降点对应的第二产业在 GDP 总量中所占的份额约为 30% ~ 50%（贾绍凤，2004）。用水库兹涅兹曲线表明工业用水可分为三个阶段：①快速增长阶段，工业化初期以能源、原材料为主的重工业高速发展，用水量处于快速增长阶段；②缓慢增长阶段，工业化中后期，空间及环境容量的有限性和资源短缺性逐渐得到重视，加工型工业、高技术高附加值工业应运而生，节水技术及工艺得到规模性地普及，从而有效控制工业用水增长，随着节水技术、制度及节水意识的增加，工业用水增长幅度下降，进入缓慢增长的阶段；③用水零增长阶段，进入后工业化阶段，产业结构进行重大调整，主导行业向第三产业转移，通过改进工业技术、建立健全法规体系、强化用水管理等措施，最终达到用水零增长甚至负增长阶段。

根据榆林市1956～2010年的统计数据，建立榆林市工业用水量与人均GDP之间的关系，从图5-47可以看出，工业用水量呈现出先增加后缓慢减少的趋势。人均GDP小于2万元时，工业用水量增长较快；当人均GDP达到3万元时，工业用水增长缓慢；当人均GDP超过4万元时，工业用水量表现出下降的趋势。而国际上，工业用水下降点对应的人均GDP阈值为3700～17000美元（以1985年为基数）。工业用水量与人均GDP之间呈现出一个近似库兹涅茨曲线式的关系，即工业用水量最初随着人均GDP的增加而增加，当经济发展达到较高的一个阶段时，工业用水量就会达到一个峰值并停止增长，之后随着人均GDP的增长而降低。

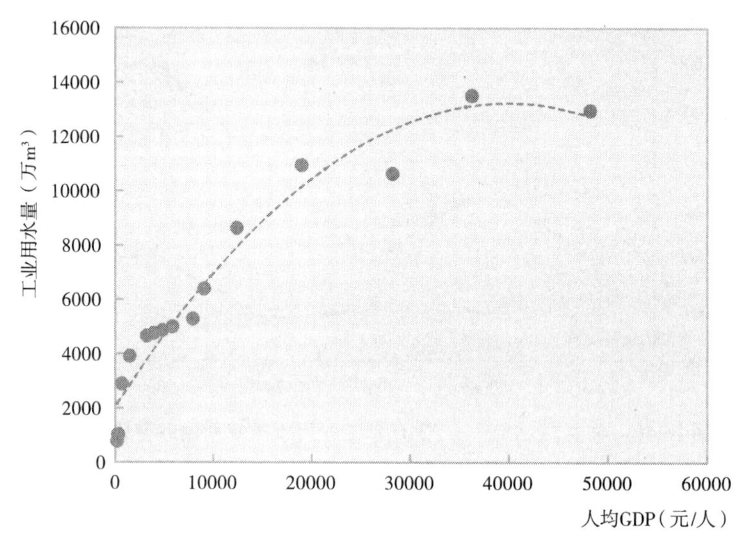

图5-47　榆林市工业用水量与人均GDP关系变化图

这在一定程度上验证了工业用水在上升到一定阶段后可能会出现停止增长或转而下降的现象。此外，王小军（2010）等学者通过对1990～2005年社会经济用水相对于GDP的用水经济增长进行分析，得出当榆林市经济增长1%时，社会经济用水约增加0.2%这一结论。为探寻榆林市能源化工区工业用水实现零增长的途径，本书根据董辅祥（2000）工业用水量的指数模型分析工业用水量增长的原因。指数模型建立起工业用水量与工业用水重复利用率、生产工业水平、工业产值和工业结构等4个单一因素变化指数之间的关系，即

$$\theta=\alpha\beta\gamma\rho \tag{5-4}$$

其中，θ为用水量变化指数；α为工业用水重复率指数；β为生产工业水平变化指数；γ为工业产值变化指数；ρ为工业结构变化指数。该指数模型表明工业取水量总体变化

指数是重复利用率、生产工艺水平、工业产值和工业结构等 4 个单一因素变化指数之积，任一因素变化率大于 1，表明该因素变化导致工业用水量增长；相反，任一因素变化率小于 1，表明该因素变化导致工业用水量减少；变化率为 1 的，则说明该因素对工业用水量不产生影响。

根据指数模型计算结果（表 5-20），2005 ~ 2010 年工业用水量呈现出增加的趋势。而工业产值变化指数、工业水平变化指数、工业结构变化指数都是工业用水量的增加原因。2005 ~ 2010 年 γ 从 1.43 减至 1.39，表明虽然工业产值的增长仍为工业用水量增加的主要原因，但影响程度在减弱。从生产工业水平变化指数来看，2007 ~ 2008 年 β 有所减少，但受到工业产值变化指数增加的影响，工业用水量仍有所增加，这说明提高工艺水平使工业用水量减少的程度小于产值增加使工业用水量增加的程度。2008 ~ 2009 年 β、ρ 均有所减少，尽管产值仍增加，但用水量增速有所减少，表明调整工业结构、提高工艺水平是减少用水量的主要途径。从工业用水重复率指数来看，2005 ~ 2010 年 α 有所减少，与工业用水量的减少保持一致趋势，即工业用水重复率的提高是工业用水量减少的主要原因。

榆林市工业用水指数模型计算结果表　　　　**表 5-20**

年份	θ	α	γ	β	ρ
2005 ~ 2006	2.33	0.91	1.43	1.35	1.32
2006 ~ 2007	1.36	1.12	1.40	1.27	0.68
2007 ~ 2008	2.11	0.87	1.60	0.97	1.56
2008 ~ 2009	1.71	0.70	1.12	1.24	1.72
2009 ~ 2010	1.28	1.17	1.36	0.96	0.83
2005 ~ 2010	1.62	0.73	1.39	1.32	1.21

由此可见，榆林市的工业节水主要通过提高用水效率来实现的；工业结构调整、工艺水平提高也是抑制工业用水量持续增加的主要途径。随着我国资源节约和环境保护形势的变化，国家对节能降耗的重视程度逐年递增，节水技术的发展和设施的普及利用，工业用水量和用水方式发生了很大的变化，工业万元产值用水量已成为约束性指标，榆林市万元产值用水量呈现出明显下降态势，且下降速度快，30 年间减少了 90.38%。综合来看，榆林市万元工业增加值（当年价）用水量领先全国水平（69m^3），如维持现有产业结构，则万元工业增加值用水指标提升空间较小。根据榆林市社会经济发展规划，到 2020 年，榆林市万元产值用水量的值将维持在 35m^3 左右，用水水平接近全国前列。而该指标减幅速率变小，意味着工业节水量则越来越少。

5.5 第三产业及用水现状分析

第三产业是指除第一、二产业以外的其他行业，是衡量一个地区经济发展水平和现代化程度的重要标志。在《国民经济行业分类》GB/T 4754—2017 中，分为 15 个门类，即自 F 类～T 类计 47 个大类，为分类最多的产业。根据国务院办公厅转发的国家统计局关于建立第三产业统计报告上对中国三次产业划分的意见，中国第三产业包括流通和服务两大部门，具体分为四个层次：一是流通部门，交通运输业、邮电通讯业、商业饮食业、物资供销和仓储业；二是为生产和生活服务的部门：金融业、保险业、地质普查业、房地产管理业、公用事业、居民服务业、旅游业、信息咨询服务业和各类技术服务业；三是为提高科学文化水平和居民素质服务的部门，如教育、文化、广播、电视、科学研究、卫生、体育和社会福利事业；四是国家机关、政党机关、社会团体、警察、军队等。

5.5.1 第三产业发展历程分析

近年来，榆林能源化工基地建设步伐的加快，榆林市第三产业总量不断增加。2000～2010 年，榆林第三产业虽然保持一定的增长速度（图 5-48），产值不断扩大，但第三产业占全市生产总值的比重由 2000 年的 42.3% 下降到 26.1%，对经济发展的带动力十分有限。根据榆林市第二次经济普查结果，2013 年榆林市全年生产总值 2846.75 亿元，第三产业增加值 721.51 亿元，占全市经济总量的 25.3%。榆林市第三产业产值从 1980 年的 7611 万元增至 2010 年的 458.74 亿元，年平均增长率高达 22.15%；第三产业的从业人员人数从 1978 年的 6.71 万人增至 2010 年的 59.18 万人，所占全市从业人员总数比重由 8.15% 增至 30.66%，增长较快。

2010 年榆林市第三产业增加值位居全省第五位，而经济总量已位居全省第二；第三产业增加值占全市经济总量的 26.11%，远低于全省平均水平（36.22%）。与周边地市的鄂尔多斯、银川、吴忠和吕梁市相比，榆林市第三产业呈现总量偏小、比重偏低、速度偏慢的态势。三产增加值分别低出 28.03%、18.78%、13.91% 和 41.15%，而榆林市的经济总量除低于鄂尔多斯市外，均大于其他地市。通过对比可以看出，榆林市经济总量的发展趋势和第三产业增加值的发展趋势表现出明显的反差；第三产业增加值的总量和速度也显著低于第二产业，且增速差距不断拉大。

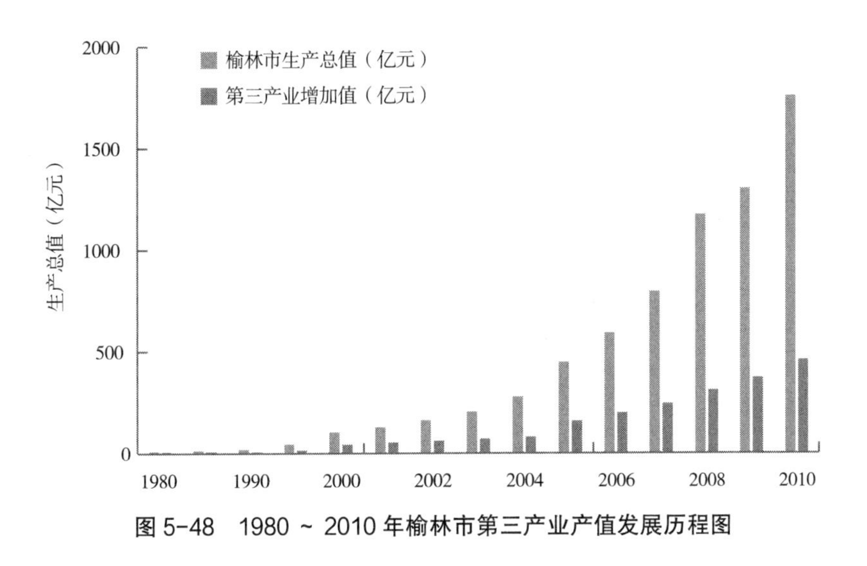

图 5-48　1980 ~ 2010 年榆林市第三产业产值发展历程图

5.5.2　三产内部结构及空间分布特征

第三产业的发展相对滞后，从三产内部结构看，三产比重由 2000 年的 42.3% 下降到 2010 年的 26.1%，尤其是为工业提供配套服务的科技、现代物流、金融等生产性服务业发展缓慢，对榆林市工业产业的发展形成了一定的制约。服务业发展相对缓慢，传统服务业占主导地位。北部地区产值较高但比重低，六区县中仅榆阳区三产比重达到 39.4%；南部地区比重较高但产值低，且主要以商贸物流等传统服务业为主。与能源化工高度关联的建材、装备制造等行业发展落后，直接影响了物流产业体系建设的完整性和系统性，榆林市第三产业的增长仍依赖于传统服务业，其比例远高于金融、地产等新兴服务业。批发和零售业、非营利性服务业及交通运输仓储业是榆林市第三产业发展的主要行业，2010 年这三大行业占到第三产业增加值的 82%，其中批发和零售业比重占到 46.04%，新兴产业如金融保险、信息通讯、科研开发等服务业的比重仅为 8%，现代物流发展滞后，服务专业化水平低（图 5-49）。

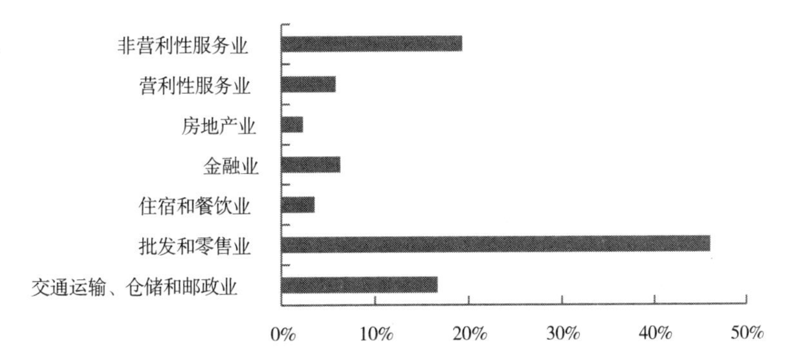

图 5-49　榆林市第三产业各行业产值占行业总产值比重图

对比2004年、2008年两次经济普查数据，榆林市批发和零售业从2004年的21.8亿元增至2010年211.19亿元，年均增长率46.01%，增幅显著；交通运输、仓储和邮政业也保持稳定的发展趋势，住宿餐饮业、金融业、房地产业等均呈现出小规模增加的态势，但仍与全省水平存在一定差距（表5-21）。

2004 ~ 2010年榆林市第三产业分行业增加值统计表　　表5-21

行业	行业增加值（亿元）			
	2004	2008	2009	2010
交通运输、仓储和邮政业	19.02	36.32	71.85	76.47
批发和零售业	21.8	62.47	149.74	211.19
住宿和餐饮业	6.38	18.42	14.69	16.27
金融业	5.77	23.4	24.94	28.97
房地产业	8.75	24.69	9.80	10.57
营利性服务业	11.03	23.09	22.47	26.74
非营利性服务业	33.17	83.49	77.96	88.53
第三产业总计	105.93	274.88	371.45	458.74

从第三产业的从业人员的分布来看，第三产业单位从业人员占全市二、三产业从业人员总数的66.3%，其中个体经营户从业人员占全市二、三产业个体经营户从业人员总数的78.2%；个体户经营较为集中的四个行业是：批发和零售业9621户，占40.93%；交通运输业4101户，占17.44%；住宿和餐饮业3180户，占13.53%；居民服务和其他服务业2443户，占10.39%。就从业人员的数量计，公共管理和社会组织的从业人数占三产各行业之首，传统行业如批发和零售业、教育等从业人数较多，占三产从业人数总量的63.88%；金融业、交通运输、仓储和邮政业、信息传输、计算机服务和软件业的从业人口数量有所增加。

综上，榆林市第三产业内部结构不合理，传统行业占主导地位的局面仍没有改变，且整体水平低于陕西省平均水平。第三产业内部就业分布过度集中，产业结构的落后导致就业人口分布滞后。在当地能源化工产业快速发展的带动作用下，第三产业与第二产业协同发展的趋势显著，新兴行业的比重正在逐渐增加。受到资源分布不均衡、经济发展水平等的影响，榆林市县域经济发展不均衡。2010年，以神木县、榆阳区为主的北六县第三产业增加值占榆林市的39.13%、21.37%，而南部六县三产增加值的比重均低于5%，空间差异显著。

5.5.3　第三产业用水量及变化分析

城镇公共用水量作为城镇综合用水量的一部分，是衡量第三产业用水量的主要指标。城镇公共用水量与城镇居民生活用水量构成城镇综合用水量。受产业结构、人口密度、气候条件、水资源禀赋、生活习惯等因素的影响，城镇人均日综合用水量空间分异显著。按照我国城镇行政建制统计，2010 年全国城市、县城、建制镇的人均日综合用水量分别为 319.6L、195.8L、219.5L。陕西省城镇人均日综合用水量约为 185.9L，低于全国平均水平（275.5L）。根据 2005 ~ 2010 年《榆林市水资源公报》统计数据，随着第三产业和人口的快速增长，榆林市第三产业用水也不断增加。2005 ~ 2010 年第三产业用水量平均增长率为 23.19%，增长趋势逐渐减小，三产用水量稳中有增。榆林市各县（区）第三产业用水的变化趋势如图 5-50 所示。

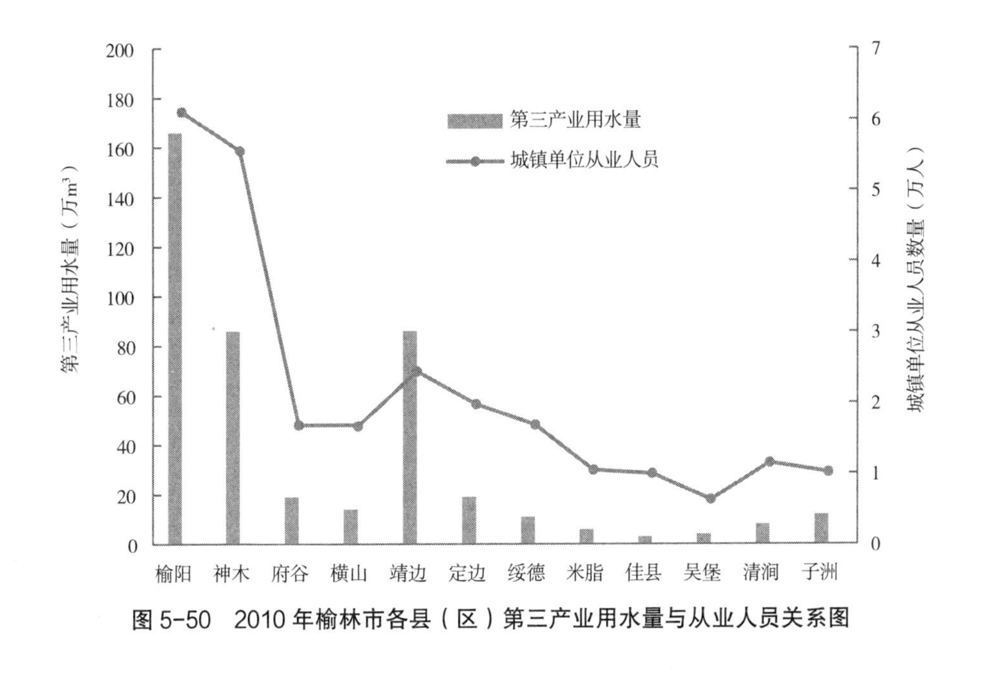

图 5-50　2010 年榆林市各县（区）第三产业用水量与从业人员关系图

榆阳区、神木县、靖边县为三产用水量最多的县（区），用水量占榆林市三产用水总量的 77.88%；南部六县三产用水量的总和仅占全市的 10.14%，南北三产用水量差异显著。从各县（区）第三产业用水量与生产总值、从业人员的关系中，验证了三产用水量与从业人员的数量成正相关关系，而与第三产业生产总值无关。

5.6 小结

1）人口及用水量分析

1956 ~ 2010 年，榆林市的人口总量呈现出持续增长、增量减少的趋势；在空间上呈现出由东向西、由南到北，人口密度递减的趋势。受到能源化工区空间布局的影响，北部六县人口增长率、城镇化率均高于南部，尤其是无定河流域现状人口量大。秃尾河、窟野河流域上游的锦界镇、孙家岔镇，府谷镇、庙沟门镇，榆阳区白界乡，横山镇，东坑镇，定边镇、绿洲镇等地，均属于榆林市能源化工基地建设重点城镇，工业经济的发展将会对未来人口集聚产生显著作用。

榆林市人均用水量远低于全国人均综合用水水平。城镇生活用水靠地表水供给，农村生活用水以取地下水为主。城镇、农村居民生活用水量逐年增加，年平均增长率为 6.02%、0.90%。居民生活用水量与城镇化的空间分布一致，城镇化率高的区域生活用水量较高；而流域分布差异显著，无定河、窟野河、秃尾河流域居民生活用水量占生活用水总量的 50.26%、41.55%、4.83%。自 2000 年榆林市大规模开发建设能源化工基地以来，居民用水定额大幅下降，榆林市居民生活用水量极易受到能源化工业发展的影响。相较各流域水资源丰欠程度、城镇化发展水平而言，秃尾河流域未来人口集聚的潜力较大。

2）三次产业发展现状分析

1978 ~ 2010 年，榆林市产业产业结构从“一三二”过渡为“二三一”，未形成合理的产业体系；榆林经济主要靠第二产业拉动，第三产业发展滞后。榆林市经济发展水平呈现出明显的南北分异趋势，且差距逐渐拉大。北部六县区占全市 GDP 的 91.7% 以上，南六县仅占 8.3%。全市城乡居民收入比率为 3.08 ∶ 1，城乡经济水平的空间差异显著。北部六县重工业突出，南部六县三次产业相对均衡。从 2010 年产业总产值的空间集聚度来看，第二、三产业集中分布在榆林市北部，且呈现出北部横向扩张的趋势，产业专业化水平高于陕西省平均水平；而南部吴堡县、清涧县、绥德县产业空间集聚度均小于 0.5%，产业化水平低，产业发展非常薄弱。

3）灌溉农业及用水量分析

1978 ~ 2010 年榆林市北部六县农业生产总值明显高于南部地区，农业发展水平空间分布不均衡。薯类主要分布在北部六县，而油料作物、蔬菜在南六县分布较为广泛。榆林市的灌溉面积整体上分布在北部风沙草滩区，水浇地面积最大，占灌溉总面积的 84.85%，主要分布在榆溪河沿岸，南部六县水浇地面积仅占比 10.18%，空间差异显著。榆林市种植业、林业、牧业、渔业、农林牧渔服务业结构之比为 62.0 ∶ 1.8 ∶ 32.0 ∶ 0.3 ∶ 3.9。种植业的比重下降，但仍占主导地位，农、林、牧、渔业产值比重逐渐上升，但仍然偏低，农林牧渔服务业发展较迅速，传统的农耕方式在逐渐发生变化。

榆林市农业用水量所占各部门用水总量的比例由 1980 年的 92.35% 减少至 2010 年的 71.09%。农田灌溉用水量呈递增趋势，由 1980 年的 4.59 亿 m^3 增加到 2010 年的 4.75 亿 m^3；农业灌溉技术有所提高，亩均灌溉用水量由 1980 年的 427m^3 下降到 2010 年的 288.4 m^3。对于资源型缺水的榆林市而言，水田面积的递减则是未来发展趋势，将水田面积调整为水浇地可以为节省农业用水提供有效途径。

4）工业及用水量分析

榆林市重工业产值占工业总产值比重在 90% 以上，轻纺工业产值占工业总产值比重仅为 1.7%，轻、重工业严重失调。围绕资源开发而建立的采掘业和初级加工业是榆林当前的主导产业。煤炭开采和洗选业、石油加工、炼焦行业、电力、热力的生产和供应业、石油和天然气开采业以及化学原料及化学制品制造业为榆林市工业发展的五大支柱行业。其中，煤炭开采和洗选业、石油和天然气开采业的发展在陕西省，乃至全国均具有绝对的竞争力，发展态势较好，且形成产业集群，对榆林市经济发展具有重大影响力。工业总产值分布空间差异显著。北六县区的工业总产值明显高于南六县。窟野河流域、秃尾流域工业总产值年平均增长速度最快，为 23%，其次为无定河流域，年均增长速度为 20%；南部六县工业无论从产值还是企业规模来看，与北部存在巨大差距，而由于地形条件、水资源条件的限制，南部未来工业发展仍旧面临许多难以克服的困难。

榆林市作为能源化工重点开发区，主要支柱行业基本上都具备耗水量大的特点。榆林市工业用水量逐年增加，从 1980 年的 0.08 亿 m^3 增加到 2010 年的 1.30 亿 m^3，平均增长率为 15.19%；万元 GDP 用水量从 1980 年的 468m^3 降至 2012 年的 27.2m^3。榆林市工业用水重复率呈现出增加的趋势，火电工业、规模以上的工业用水重复利用率在 50% 以上，而规模以下工业用水重复率仅为 18.91%。北部六县的工业用水量明显高于南部六县。北部地区靖边县、定边县用地下水的比例均在 90% 以上，南部县工业用地下水的比例均在 5% 以下。工业用水来源产生空间分异与各县（区）内的主要行业的空间分布有关。榆林市的工业节水主要通过提高用水效率来实现的；工业结构调整、工艺水平提高也是抑制工业用水量持续增加的主要途径。

5）第三产业及用水量分析

榆林市第三产业增加值和经济总量的发展趋势表现出明显的反差。2000 ~ 2010年，榆林第三产业增加值占全市生产总值的比重由42.3%下降到26.1%，对经济发展的带动力十分有限。第三产业的从业人员总数比重由8.15%增至30.66%，增长较快。与周边地市相比，榆林市第三产业呈现总量偏小、比重偏低、速度偏慢的态势。榆林市第三产业内部结构不合理，榆林市第三产业的增长仍体现在传统服务业，批发和零售业、非营利性服务业、交通运输仓储业是榆林市第三产业发展的主要行业，占到第三产业增加值的82%；与能源化工高度关联的建材、装备制造等行业发展落后；现代物流发展滞后，服务专业化水平低。第三产业内部就业分布过度集中，产业结构的落后导致就业人口分布滞后。在当地能源化工产业快速发展的带动作用下，第三产业与第二产业协同发展的趋势显著，新兴行业的比重正在逐渐增加。北部地区产值较高但比重低，南部地区比重较高但产值低，且主要以商贸物流等传统服务业为主。

随着第三产业和人口的快速增长，榆林市第三产业用水也不断增加，2005 ~ 2010年平均增长率为23.19%。第三产业用水的空间差异显著，榆阳区、神木县、靖边县为三产用水量最多的县（区），用水量占榆林市三产用水总量的77.88%；南部六县三产用水量的总和仅占全市的10.14%，南北三产用水量差异显著。

CHAPTER 6

第6章 锦界工业园区水资源的人口和产业承载力测算

本章以各个企业生产的工业产品为最小用水单元，从微观层面分析不同企业、不同产品类型生产用水的特征，采用定额法对园区水资源的产业承载力进行了测算；以不同类型企业劳动就业为基础，采用带眷系数法对园区内人口进行测算。根据园区近、远期水资源供需平衡分析结果，评估工业园区扩建和新增项目的合理性及必要性，提出锦界工业园区与水资源承载力相适应的人口与产业承载规模。

6.1 锦界工业园区概况

锦界工业园区是陕北能源重化工基地的核心园区之一，也是陕西省实施“三个转化”战略和发展循环经济的示范园区。园区位于陕北黄土高原北侧，毛乌素沙漠南缘，秃尾河东岸，距神木县城西南35km，与清水工业园隔河相望，行政区划属榆林地区神木县瑶镇乡和高家堡镇。园区规划面积48.23km^2，现已形成煤电化工、载能、建材、煤焦化、农畜产品加工等五个产业片区，共有入园项目57个，截至2011年底，入驻企业共完成建设投资500亿元，实现工业产值220亿元，占榆林市工业总产值的11.23%，是榆神工业区内发展规模较大、基础设施配套较为完善的产业园区，是榆神工业区重点产业发展区。自成立以来，经过十几年的建设，锦界工业园成为亚洲最大的火电基地、全国最大的PVC生产基地、甲醇生产基地、浮法玻璃生产基地、首套规模最大、技术等级和煤炭资源转化率最高的煤焦油轻质装置、中国西部最大的电石基地。

园区主要依靠当地丰富的煤炭、电石、石灰石、石英砂以及周边地区丰富的原盐等资源，以“煤转电、煤化工、盐化工”为主导产业，规划发展形成以能源、煤化工、盐化工和玻璃建材为主体的工业园区、农畜产品加工等五个产业片区，主要包括国华锦能煤电一体化项目（建成4×600MW，扩建4×1000MW）、神木化工60万t煤制甲醇项目、北元化工110万t聚氯乙烯项目和天元化工50万t中温煤焦油轻质化项目、富油能源12万t中低温煤焦油综合利用项目等。

6.1.1 园区资源禀赋

1）地形地貌

锦界工业园区总体地势为中部低，南、北部高，西北部、东南部边界为沙梁。地表为平均1～2m厚度黄沙层，表面覆盖有沙柳、沙芥、沙蒿等固沙性灌木。地面最大高差 77m，绝大部分坡度在 0 ~ 15%，平均最大坡度不超过 20%。区内为第四系地层覆盖，下伏煤系地层，存在烧变岩。

2）区位优势

锦界工业园区距榆林机场 80km、鄂尔多斯机场 90km，园区内榆神高速公路、规划中的神佳高速公路、榆神公路（省道 204）、神延铁路穿境而过，规划建设的起鸡合浪物流中心、包西铁路神木北站位于园区北侧，通过锦大路与园区联系，交通便利，为园区企业生产原料以及产品运输提供了有利的交通条件。

3）锦界工业园区工业项目

自园区正式全面启动建设以来，园区内已经建成投产的项目包括：神华陕西国华锦界能源有限责任公司 6×600MW 发电机组和 2000 万 t/ 年锦界煤矿工程、陕西亚华煤电集团锦界热电有限公司 130MW 热电项目、陕西神木化学工业有限公司的 60 万 t/ 年甲醇项目、神木汇森凉水井矿业有限责任公司 400 万 t/ 年煤矿和陕西煤业化工集团神木天元化工有限公司 50 万 t/ 年煤焦油加氢等项目。目前正在建设的项目有陕西北元化工集团有限公司的 120 万 t/ 年氯碱项目；神木富油能源科技有限公司的 12 万 t/ 年煤焦油深加工项目。锦界工业园区循环经济产业链如图 6-1 所示。

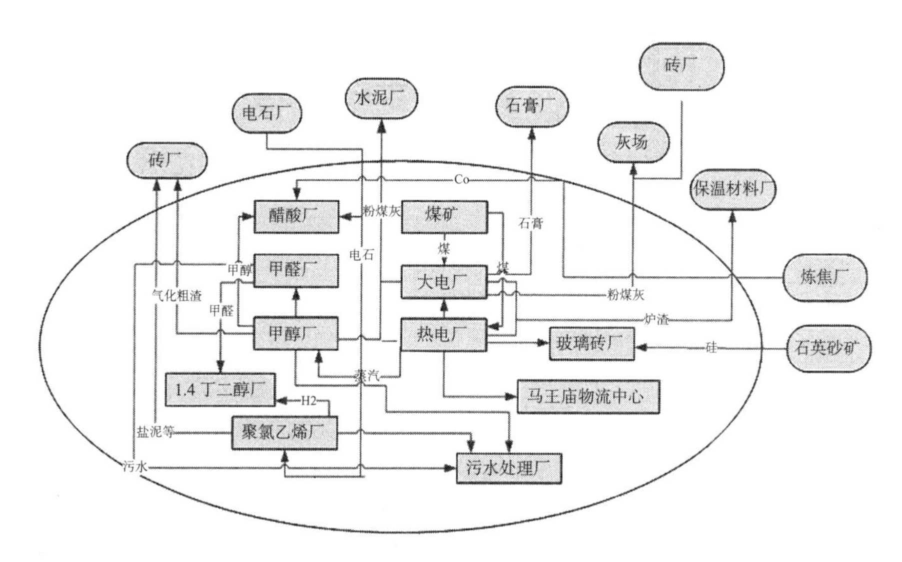

图 6-1　榆林市锦界工业园区循环经济产业链示意图

6.1.2　园区经济技术指标

1）锦界工业园循环经济指标

锦界工业园循环经济指标主要由资源产出率指标、生产总值消耗指标、主要资源综合利用指标、主要污染物总量控制指标等四大部分组成。资源产出率指标是指消耗能源及矿产资源所产出的GDP，该项指标越大，表示资源利用的经济效益越好；生产总值消耗指标是指单位产品或单位GDP所消耗的能源，包括单位GDP能耗、单位工业增加值能耗、主要产品单位综合能耗、单位GDP水耗、单位工业增加值用水量等；主要资源综合利用率指标反映工业固体废物、工业废水等的资源化程度及再生资源回收利用情况，包括工业固体废物综合利用率、工业用水循环利用率、再生资源回收利用率；主要污染物总量控制指标反映工业固体废物、废水、二氧化硫和COD的最终排放量，包括工业固体废物处置量、废水、二氧化硫和COD的排放量，如表6-1所示。

锦界工业园循环经济主要指标表 表6-1

	指标名称	单位	2010年	2012年
资源产出指标	资源产出率	亿元/万t	8.5	9.00
	能源产出率	万元/tce	0.25	0.27
	土地产出率	万元/km^2	17500	19750
资源消耗指标	单位GDP能耗	万元/tce	1.21	1.10
	规模以上单位工业增加值能耗	万元/tce	1.18	1.10
	单位GDP水耗	m^3/万元	5.2	5.0
	单位工业增加值用水量	m^3/万元	30	25
资源综合利用率	工业固体废物综合利用率	%	90	95
	工业用水重复利用率	%	97	99.8
	污水再生利用率	%	95	98
	生活垃圾分类回收利用率	%	85	90
	生活垃圾无害化处理率	%	95	98
	废旧物质回收利用率	%	90	95
	废钢铁回收利用率	%	90	95
	废有色金属回收利用率	%	90	95
	废纸回收利用率	%	90	95
废物排放总量指标	二氧化硫排放量	万t	0.53	0.51
	化学需氧量排放量	万t	0.0041	0.0037
	工业固体废物排放量	万t	36.38	27.29
单位GDP污染物排放强度	工业固体废物	t/万元	0.84	0.75
	二氧化硫	kg/万元	4.2	3.69
	化学需氧量	kg/万元	0.54	0.48

2）原煤转化能源经济技术指标

目前，国内将煤炭转化为能源产品的方式有发电、煤制油、煤制甲醇和二甲醚、煤制天然气等，能量效率由低到高为：煤制油34.8%、煤制二甲醚37.9%、煤制甲醇

41.8%、发电 45%、煤制天然气 50% ~ 52%。煤制天然气的能量效率最高，是最有效的煤炭利用方式，也是煤制能源产品的最优方式。

从单位热值水耗来看，每吉焦耗水量由低到高分别为：煤制天然气 0.18 ~ 0.23t、煤制油 0.38t、煤制二甲醚 0.77t 、煤制甲醇 0.78t。可见煤制天然气耗水水平最低，是最为节水的能源产品，这对于富煤缺水的西部地区发展煤化工产业意义重大。按照每万吨煤转化能源消耗定额，可通过现状原煤产量折算原煤转化的产品产量及耗水情况（表 6-2）。

2010 年每万吨煤转化产品产量及耗水量与总耗水量计算表　　表 6-2

项目	主要产品	单位产量	2010 总产量（万 t）	单位耗水（万 m^3）	2010 总耗水量（万 m^3）
兰炭	兰炭	6060t	15593.59	0.2	3118.72
	焦油	600t	1543.92	0.2	308.78
煤制甲醇	甲醇	4000t	10292.8	4.4	45288.32
煤制油	煤制油品	2232t	5743.38	2.56	14703.06
煤制化肥	尿素	6000t	15439.2	7.8	120425.76
煤电一体化	发电	2140 万 kW · h	55066480	1.21	6663.04

3）榆林煤炭及转化利用总体路线（图 6-2）

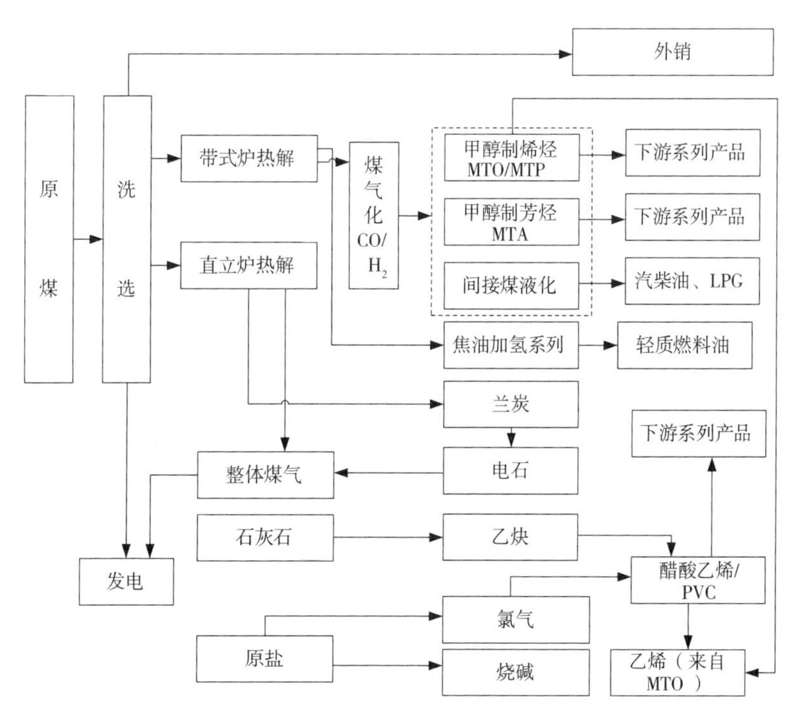

图 6-2　榆林市煤炭及转化利用产业链图

6.1.3 园区人口现状及预测

根据神木县2010年人口数据统计资料，锦界镇人口总数为2.75万人。近年来，锦界镇的小城镇和工业园区坚持“镇园相依、产业互补，市政统一、整体推进”的开发思路，小城镇的发展以聚集园区人口、为园区企业提供社会服务为主，形成产业配套。本书采用综合增长法对锦界工业区的未来人口进行预测，便于统计及测算，采用锦界镇的人口数量代表锦界工业园区的人口数量（表6-3）。

2010年锦界工业园区各产业板块人口统计表　　表6-3

产业板块	项目定员/人
煤炭板块	2900
电力板块	1620
煤化工板块	11000
产业下游深加工	4400
管理及服务人员	3100
共计	23020

1）综合增长法预测

依据神木人口增长趋势，参照人口控制指标，神木县的平均出生率为0.033%，平均死亡率为0.0061%，迁入率为0.05%，迁出率为0.048%。全国第六次人口普查数据显示，2000～2010年内榆林市、锦界镇人口年平均增长率分别为0.47%、6.58%，远高于榆林市人口增长率的平均水平。锦界镇是以工业为主的城镇，人口机械增长率高，大量工业项目的建设，拉动当地人口就业以及人口集聚。因此，设定2010～2020年人口自然增长率为5.3‰，机械增长率为10%；随着园区产业结构优化升级、产业逐渐向循环经济转型，远期园区内人口机械增长应有所下降，2020～2030人口自然增长率设定为4.5‰控制，机械增长率为5%。暂住人口参照同类工业园区情况，以常住总人口的25%控制。人口增长率预测模型表示为式（6-1）。

$$P=P_0(1+k+b)^n \tag{6-1}$$

式中：P表示总人口（人），P_0表示基准年总人口（人），n表示规划年期，k表示规划期间人口自然增长率，b为机械增长率。人口自然增长率k可用出生率b和死亡率d表示：

$$k=b-d \tag{6-2}$$

2）带眷系数法

带眷系数法是指城市根据新建工业项目的职工数、带眷比例情况而计算城市人口的方法。当建设项目已经落实，规划期内人口机械增长稳定的情况下，宜按带眷系数法计算人口发展规模。计算时应分析从业人员的来源、婚育、落户等状况以及城镇的生活环境和建设条件等因素，确定增加的从业人员及其带眷系数。具体预测公式为式（6-3）

$$P=P_1(1+a)+P_2+P_3 \tag{6-3}$$

式中，P 为规划期末城镇人口规模；P_1 为带眷职工人数；a 为带眷系数；P_2 为单身职工人数；P_3 为规划期末城镇其他人口数。其中带眷系数指每个职工所带眷属的平均人数。带眷系数受职工收入、年龄、人均支出、户籍、教育程度、城镇规模的发展与当地就业状况改善等因素的影响。

根据工业园人口组成分析，考虑 30% 的人员带眷，70% 的人员不带眷，带眷系数取 1.5。工业区的服务人员约占整个工业区产业人口项目定员数（100% 基数）的 20%，其中预计 10% 的人口数量被当地农村城市化人口所消化，另外 10% 的服务人员为工业区以外的外来流动人口；因此，工业区的单身产业人口、带眷的产业人口及其家眷、工业区以外的外来流动人口构成了机械人口增长总数。

3）劳动平衡法

劳动平衡法将城镇人口分为基本人口、服务人口和被抚养人口，按照计划所需的基本人口和各类人口间的比例关系推算城镇总人口。对于锦界镇这类产业单一、经济运行相对封闭的城镇来说，劳动平衡法具有一定的实际意义。根据国内大型化工园区的开发经验和统计数据，就业岗位密度为 800 ~ 1200 人 /km^2 建设用地。作为陕西省面积最大的开发区，榆神工业园区控制性规划面积为 1108km^2，预计 2015 年创造就业岗位约 10 万个，就业岗位密度为 90.25 人 /km^2。参照榆神工业园区的就业岗位密度，从锦界工业园区用地条件、电力、煤炭化工类企业占地以及职工人数分析，锦界工业园区生产性职工为 3.86 万人。从城镇协调发展及生产配套需要考虑，生产性职工与非生产性职工的比例按 4 : 1 计，则非生产性职工为 9650 人，工业园区职工总数为 4.85 万人。结合以上参数，代入公式，可得出锦界人口预测结果，如表 6-4 所示。

综合以上计算方法，结合《锦界工业园区的发展规划》，从锦界工业园发展实力与地位分析，人口增长预测结果显示，2020 年锦界镇总人口 12.30 万人，2030 年人口可达到 20.61 万人。

锦界人口预测结果表　　表 6-4

年份	常住人口（万人）	流动人口（万人）	总人口（万人）
2000	1.08	0.25	1.33
2010	2.20	0.55	2.75
2015	3.59	0.91	4.50
2020	9.84	2.46	12.30
2030	16.49	4.12	20.61

6.2 锦界工业园区现状用水量测算

6.2.1 园区项目及分类

1）煤电工业片区

煤电化工片区主要有陕西国华锦界能源有限责任公司负责建设的煤电一体化项目，电厂一二期总容量为 4×600MW，三期 4×1000MW。电厂配套 1500 万 t 煤矿已建成 1000 万 t 产能，是陕西省第一个“西电东送”的电源点项目。

2）煤焦化工业片区

煤焦产业片区主要有天元化工 50 万 t/ 年中温煤焦油轻质化项目、富油化工 12 万 t/ 年焦油深加工项目、延长安源 100 万 t/ 年煤焦油综合利用项目、鑫义化工 15 万 t/ 年石脑油重整项目、富鼎 5000t/ 年活性炭项目、宇正活性炭 1 万 t/ 年活性炭项目、双翼 6 万 t/ 年型焦项目、陕煤集团 3000 万 t/ 年煤分质利用项目等。

3）化工工业片区

化工产业片区主要有 1000 万 t/ 年煤制甲醇项目、12 万 t/ 年 1，4- 丁二醇、10 万 t/ 年聚四氢呋喃项目、100 万 t/ 年甲醇汽油项目，是目前国内建成投产规模最大的甲醇项目之一。

4）氯碱工业片区

氯碱工业片区主要有陕西北元化工有限公司 100 万 t/ 年聚氯乙烯项目，该项目是国内最大的聚氯乙烯项目，年产聚氯乙烯达 110 万 t，每年可直接转化原盐 165 万 t、电石 165 万 t，间接转化原煤 600 万 t 以上，是全国已建成最大的聚氯乙烯生产企业。该产业片区还包括维远化工、锦兴化工等 6 户总产能为 95 万 t/ 年的片状烧碱加工项目、泰安化工 4 万 t/ 年三氯乙烯、四氯乙烯项目、天业化工 2 万 t/ 年三氯氢硅等氯碱下游产业项目。

5）载能工业片区

载能工业片区主要有 15 户电石企业、1 户金属镁及镁合金企业、2 户工业硅项目。由神木县电石企业组建的神木县电石集团有限责任公司投资建设的 120 万 t/ 年电石循环综合利用项目，包括 120 万 t/ 年兰炭、120 万 t/ 年白灰、360 万 t/ 年洗煤、2×135MW 兰炭尾气空冷发电机组，该项目不仅实现资源全部循环综合利用，而且对于该县高耗能产业实现转型升级具有重要意义。

6）建材工业片区

建材工业片区主要有锦龙 30 万 t/ 年电石水泥项目、北元化工 240 万 t/ 年水泥项目、瑞诚 1250t/ 日浮法玻璃项目、金联 2.4 亿块 / 年粉煤灰标砖项目等。年产 120 万 t 的水泥厂可提供 100 人就业，劳动生产率 30 ～ 130t/ 人（表 6-5）。

2010 年锦界工业园区主要生产装置规模统计表　　表 6-5

项目内容		建设情况	项目规模	单位
煤炭板块	凉水井煤矿	现有	400	万 t/ 年
	锦界煤矿	规划扩建	1500	
	兰炭项目煤炭资源配置矿井	规划	2200	
	小计		4100	
电力板块	神华陕西国华锦界能源公司一、二期	现有	240	万 kW
	陕西亚华煤电集团锦界热电有限公司	现有	12.4	
	新元电厂	现有	3	
	神木化工	现有	3.7	
	陕西北元化工公司 PVC 项目配套热电	在建	24	
	神华陕西国华锦界能源公司三期	规划扩建	400	
	陕煤焦炉气热电	规划	8.5	
	锦界工业园集中热电	规划	30	
	小计		751.6	
煤化工板块	煤炭低温干馏	规划	1300	万 t/ 年
	中低温煤焦油加氢	规划	400	
	甲醇	现有	60	
	烧碱	现有、在建	110	
	聚氯乙烯	现有、在建	110	
	石脑油重整 / 芳烃提取	规划	100	
	有机硅	规划	20	
	三氯氢硅	规划	15	
	硅材料	规划	10	
	多晶硅	规划	1	
	气相白炭黑	规划	2	
	电石	现有改造扩建	45	

（资料来源：实地调研与资料整理结合）

6.2.2 园区各行业用水指标

1）煤炭开采用水

煤炭开采产业属于煤电基地上游产业链，采煤产业的用水可以分为井上生产用水、井下生产用水与生活用水。井上生产用水主要包括选煤用水、矸石山冲扩堆用水、机械设备冷却用水、绿化用水、道路洒水等。其中，井上生产用水中选煤用水量最大。根据国家对煤炭采选业用水量的定额限制，陕西省对已建和新建煤炭采选业的企业用水定额值分别限定为 0.2m^3/t、0.1 m^3/t。井下生产用水主要包括防尘洒水、设备冷却水、防火灌浆用水、矿井冬季保温蒸汽用水等。生活用水部分主要包括矿区办公楼用水、生活区用水、活动区用水以及矿区周围居民用水（王海等，2008；吴志红，2009）。实地调研结果表明，锦界园区内年产 1000 万 t 的煤矿大约需要职工 300 人，考虑到煤矿区内生活用水特性，年生活用水约为 1 万 m^3。

2）火力发电用水

火力发电厂用水的主要构成有：循环冷却系统补给水、电厂除灰、除渣系统用水、锅炉补充水、辅助系统冷却水、脱硫系统用水、煤场用水和生活用水等（程贞铭等，2011）。

循环冷却水一般占总耗水量的 70% 以上，当汽轮机采用空冷系统时，耗水量仅为传统蒸发式冷却水塔耗水量的 1/3。一个百万千瓦的火力发电厂循环水量大约为 7.5 万 t/h，而循环水的补充水大约为 2250t/h，耗水量相当大。锦界电厂的水冷发电需水水平为 13 万 m^3/d，而空冷发电为 3.4 万 m^3/d。

火电厂水力除灰、除渣系统是火电厂仅次于湿冷系统的另一大用水系统。以冲灰水为例，如灰水比按 1 ∶ 15 计，一个百万千瓦电厂的灰水排放量约为 0.4 ~ 0.5m^3/s，占电厂耗水量的一半。另外，冲灰水的水质非常差，处理费用较大，难以回收利用，并会造成地下水和地表水的二次污染。

锅炉补给水系统用水量不大，根据国家对锅炉补给水率的标准，中小型机组补给水率是锅炉额定蒸发量的 2‰，而大型机组为 6‰。一套 60 万 kW 的火电机组补给水量为 12t/h；辅助设备的冷却系统、脱硫系统、煤场只消耗少量水，因为对水质要求不高，因此一般采用经过处理后的工业废水、化学废水和生活污水等经常性废水和平时收集的非经常性废水，以进一步减少水的消耗（表 6-6）。

锦界工业园区国华电厂分类用水量表 表 6-6

机组容量	循环冷却水（m^3/h）	循环水补水（m^3/h）	工艺、生活用水（m^3/h）	锅炉补水（m^3/h）		合计（m^3/h）	
				最大	正常	夏季	年均
2400MW	12544	266	355.4 ~ 606.6	488.6	237.4	1216	1110

与《取水定额 第 1 部分：火力发电》GB/T 18916.1—2002 中机组冷却形式为直流冷却供水系统的相应指标相比，单机发电量取水量为 0.51m³/（MW·h），定额指标为 ≤ 0.72；装机取水量为 0.14 m³/（s·GW），定额指标为 ≤ 0.12。两项指标均达到国家标准，处于国内先进水平（表 6-7）。

锦界工业园区亚华电厂分类用水量表　　表 6-7

机组	循环冷却水（m³/h）	循环水补充（m³/h）	锅炉补水（m³/h）			合计（m³/h）
			锅炉排污	对外供气损失	小计	
1 号、3 号机组	7000	17.6	8.8	147	155.8	173.4
4 号全部台机组		39.1	19.6	326.7	346.2	385.3

注：调研期间电厂仅 2 台机组运行，出力只达到 90%，4 台机组满负荷运行耗水量为估算值。

3）煤化工产业用水

煤化工产业是以煤炭为主要原料生产化工和能源产品的产业，具有技术、资金、资源密集型特征，涉及煤炭、电力、石化等领域，对能源、水资源的消耗较大，对资源、生态、安全、环境和社会配套条件要求较高。

煤化工产业可分为传统煤化工和现代煤化工两大领域。传统煤化工主要包括合成氨、甲醇、焦化、电石等行业，存在长期粗放发展、资源消耗大、能源转化效率低、产能过剩、整体开工率偏低等问题。现代煤化工产业是以先进煤气化为主，制取以替代石油化工产品和成品油的能源化工产业，主要包括煤制油、煤制烯烃、煤制天然气、煤制乙二醇、二甲醚以及煤制芳烃等工业产品，具有资源转化利用率高、工艺技术水平高、生产成本较低等特征。

煤化工工艺中主要用水项目有：反应用水、用于冷凝的冷却水、用于加热的水蒸气用水、洗涤用水、生活用水等。例如，煤制天然气主要有备煤、气化、净化、甲烷化、空分、公用工程几个部分。用水较大的是气化部分的洗煤、空分、公用工程的热电站几部分，公用工程中的气化、空分、净化、热电循环水站的装置需要用到冷却水。

煤化工产业属高耗水项目，生产 1t 合成氨需耗新鲜水约 12.5m³，生产 1t 甲醇耗水约 8 m³，直接液化吨油耗水约 7 m³，间接液化吨油耗水约 12 m³（田银娥，2011）。据资料显示：煤化工项目耗水量大，20 亿 m³/a 的煤制天然气项目耗水量高达 2500 万 t/a。而煤化工项目污水处理量也很大，如神华宁东煤化工基地烯烃循环水、供水系统安装及土建项目的循环水装置最大水处理量高达 432 万 m³/d，相当于北京城区最高用水量 257.5 万 m³/d 的 1.68 倍，是目前世界最大的工业循环水装置之一。工业和信息化部（2011）年制定了《“十二五”煤化工示范项目技术规范》，主要对纳入“十二五”示范的煤间接液化、煤制天然气、煤经甲醇制烯烃、煤制合成氨、煤制乙二醇、低质煤提质等六大领域示范项目的能源转化效率、综合能耗、吨产品新鲜水用量加以规定（中国科学院地理科学与资源研究所陆地水循环与地表过程重点实验室，2012）（表 6-8）。

不同煤制能源产品的水耗统计表　　表 6-8

产品名称	单位产品水耗（m³/t）			产品名称	单位产品水耗（m³/t）		
	全国	榆林			全国	榆林	
		新建企业	现有企业			新建企业	现有企业
甲醇	15.0	6.5	10.0	煤制天然气	5.63 ~ 6.84	7.0	9.46
煤间接制油	16.0	7.5	9.0	煤制乙二醇	9.0	7.0	9.5
煤直接制油	7.0 ~ 13.0	8.0	10.0	煤制芳烃	9.6	6.1	7.5
煤制烯烃	20.0 ~ 29.0	12.0	15.0	合成氨	14.0 ~ 18.0	8.0	10.0

4）其他化学工业用水

由于不同的化工企业生产工业产品种类不同，需水量不同。因此，各类工业产品的用水特点和用水量不同。根据各种工业产品耗水量的大小，可以把所有化工产品分为三大类（表 6-9）。

化工企业工业产品耗水量大小分类标准　　表 6-9

分类	标准	产品
小用水户	<50m³/t	油漆、由硫磺制硫酸、氯和烧碱、环氧树脂、合成洗涤剂
中等用水户	50 ~ 500 m³/t	甲醇、纯碱、聚乙烯、醋酸、电石
大用水户	500 ~ 1000 m³/t	乙烯、合成氨、聚丙烯、化学纤维、低密度醋酸

数据来源:《工业区与工业布局研究》，梁仁彩著。

6.2.3 园区现状用水量

1）主要工业产品用水量

本书参照《陕西省行业用水定额》制定的用水标准，用高用水定额、低用水定额分别代表高用水方案、低用水方案。根据锦界工业园区 2009 年主要工业产品的产量数据，分别确定不同种类工业产品的用水定额，计算在高、低用水方案下锦界工业园区的现状用水量。对于部分用水定额取值无法确定的工业项目，本书通过参考同行业相近产品用水定额或邻近省份定额、国家平均水平等方法代替。榆林市锦界工业园区项目现状年需水量的计算结果如表 6-10 所示。

2009 年锦界工业园区现状用水量统计表　　表 6-10

产品名称	产量	单位	高用水定额	低用水定额	用水定额单位	高用水量（万 m^3）	低用水量（万 m^3）
发电量	120.3	亿 kW·h	0.71	0.71	m^3/（MW·h）	854.13	854.13
生产原煤	1271.41	万 t	0.25	0.15	m^3/t	317.85	190.71
发电用煤	431.54	万 t	2	1.20	m^3/t	862.42	513.69
甲醇	55.88	万 t	12	7.5	m^3/t	670.56	419.1
聚氯乙烯	96.58	万 t	10.5	8.5	m^3/t	1014.09	820.93
烧碱	14.48	万 t	6.5	6	m^3/t	94.12	86.88
液氯	0.44	万 t	3	2.5	m^3/t	1.32	1.1
盐酸	0.61	万 t	4	3	m^3/t	2.44	1.83
电石	25.55	万 t	1	0.8	m^3/t	25.55	20.44
兰炭	46.61	万 t	0.2	0.15	m^3/t	9.32	6.99
水泥	13	万 t	0.6	0.3	m^3/t	7.8	3.9
玻璃	250	万重量箱	0.4	0.2	m^3/ 重箱	100	50
羊绒	66	t	60	45	m^3/t	0.40	0.30
合计						3960	2970

注：锦界工业园区区锦界一般采用离子膜法制碱。

从表 6-10 的计算结果可以看出，2009 年锦界工业园在高、低方案下的工业用水量分别为 3960m^3、2970m^3。

2）现状人口用水量

2010 年锦界镇人口总数为 2.75 万人，其中农村人口数为 1.04 万人，城镇人口数量为 1.71 万人。根据 2013 年《陕西省行业用水定额》的划定标准，城镇居民生活用水指标为每日 95L/ 人，农村居民生活用水指标为每日 65L/ 人，居民生活用水量为 2300.5 m^3/d，年生活用水总量为 83.97 万 m^3。

3）园区绿化用水量

厂区内绿地面积的大小，直接影响绿化的功能，绿地面积越大，对防止污染、改善工厂的工作环境越有利。由于工厂的性质、规模、所在地的自然条件以及对绿化的要求不同，绿地面积差异悬殊。一般来说，重工业类企业厂区绿地面积占厂区总面积的 20%，化学工业类企业绿地面积应占 20% ~ 25%，轻工业 40% ~ 50%，其他工业类 25% 为宜。从大气 O_2 和 CO_2 平衡来看，城市人均绿地应达到 30 ~ 40m^2，城市绿化覆盖率在 30% ~ 40% 较好。我国国家卫生城市标准中要求建成区绿化覆盖率 ≥ 30%，环保模范城市标准则要求大于 35%。因此，考虑到园区远期人口规模和建设生态工业园区的双重因素，园区绿化覆盖率应不低于 35%。按园区绿化覆盖率 35% 要求计算，园区绿化面积约为 16.91km^2。参照《中国主要农作物需水量与灌溉》一书给出的内蒙古赤峰地区牧草地净灌溉定额，根据锦界气候条件，结合 2013 年《陕西省行业用水定额》的修订定额，锦界工业园区绿地的用水定额为 250m^3/ 亩（以中等年水平计），全年需生态用水约 635.82 万 m^3。

综上分析，锦界工业园区在高、低方案下现状用水总量为 4679.79 万 m^3、3689.79 万 m^3。

6.3 锦界工业园区水资源承载力测算

6.3.1 园区供水水源及供水量

秃尾河中上游为锦界工业园区的主要水源地，水量稳定，水质为Ⅱ级。干流设有高家堡水文站及雨量站，据高家堡水文站多年测流资料，流域内多年平均降雨量为 375.4mm，秃尾河年平均流量 9.77 m^3/s，多年平均径流量 4.06 亿 m^3。锦界工业园内工业用水、城镇居民生活用水来源主要为位于秃尾河中上游的瑶镇水库，同时瑶镇水库也为农业灌溉和生态建设用水水源。

1）瑶镇水库

瑶镇水库位于秃尾河干流上游的瑶镇乡附近，水源地为沟岔水源地，水库坝址南距榆神公路 13km，东距神木县城 43km，距锦界工业园 13.6km。总库容 1060 万 m^3，调节库容 621.75 万 m^3，设计供水规模为 18.5 万 m^3/d，属中型水库，控制流域面积 770km^2，是以工业和城镇供水为主，兼顾农业灌溉和生态建设用水的水利工程。根据水文资料统计分析，该水库年均可供水量 7648.28 万 m^3，其中瑶镇水库 95% 保证率可向锦界工业园区供水 6257 万 m^3/a；估计枯水年 97% 保证率可向锦界工业园区供水 5700 万 m^3/a。目前，瑶镇水库至锦界工业园区一期工程供水管道和锦界水厂已经建成投运，日供水能力为 9.7 万 m^3/d，年供水能力为 3540.5 万 m^3。

2）采兔沟水库

锦界工业园区的后备水源是采兔沟水库，坝址位于神木县境内秃尾河中上游、榆神公路采兔沟大桥北 1km 处，距神木县城 40km，榆林市 70km，距锦界工业园 5km。采兔沟水库控制流域面积 1339km^2，总库容 7281 万 m^3，设计日供水能力 15 万 t，主要为神木县城生活用水、下游农业用水、清水工业园区提供工业和城镇居民生活用水，只在特殊情况下向锦界供水。采兔沟水库锦界工业区供水工程位于采兔沟水库大坝下游，日供水能力 6 万 m^3。根据建库后 2010 年水平年水资源供需平衡分析计算，采兔沟水库多年平均可供水量为 6648 万 m^3，供水保证率 95%。规划日均取水 5 万 m^3，最高日取水 6.5 万 m^3。考虑到下游 1 万亩水地灌溉用水和生态需水，现日供水量达 13 万 t，并向河道口下泄水量 2 万 t，保证生态用水。

3）可利用的地下水资源

根据榆林地区水资源勘查报告，长城以北沙漠草滩区地下水资源较为丰富，锦界工业园区周边的地下水年可开采量约为 3160 万 m^3。其中 80% 的水量沿含水层地板由地形高处向低处的丘间洼地和滩地汇集径流，最终在沟谷中以泉或者渗流的形式排出，成为地表水的重要补给量。扣除地下水与地表水 80% 的重复量，地下水年可供给量约为 658 万 m^3。受制于严格的地下水开采制度，园区每年可利用的地下水量约为 473 万 m^3。

综上分析，园区现状年可供水资源总量约为 4013.5 万 m^3。

4）新增供水能力

瑶镇水库至锦界工业园区锦界水厂二期工程完成后，预计日供水能力约为 17 万 m^3，园区年可供水资源的增量约为 2191.5 万 m^3。另外，考虑到深层地下水的开采缺乏持续性，不再将深层地下水列入可供水量，而是进一步开发利用非常规水源，将煤矿输矸水按流域分区收集，进行集中处理后为工业园区供水。一般而言，陕北地区大型煤矿每天将近有 1500 ~ 3000m^3 煤矿输矸水水量，中型煤矿每天 500m^3，依此推算，可利用的输矸水量约为 7 万 m^3/d，2555 万 m^3/a。园区内经过三级处理的中水也作为城市供水水源，日处理能力为 6 万 m^3/d。

综上分析，锦界工业园区新增供水能力 7311.4 万 m^3，加上现状 4013.5 万 m^3 的供水能力，合计可实现供水能力 10477 万 m^3。

6.3.2 园区需水量增量计算

1）居民生活用水量

从锦界工业园区发展实力与地位分析，根据锦界镇人口预测方法，结果显示，2010 年锦界镇人口总数为 2.75 万人，其中农村人口数为 1.04 万人；按照神木县的城镇化率 69.59% 计算，2020 年锦界镇总人口 12.30 万，城镇居民 8.56 万人，农村居民 3.74 万人；2030 年人口可达到 20.61 万人，其中城镇居民 16.49 万人，农村居民 4.42 万人。根据《陕西省行业用水定额》的划定标准，居民生活用水量预测结果如表 6-11 所示。

榆林市居民生活用水量预测结果表　　表 6-11

水平年	城镇			农村			生活用水总量（万 m³）
	人口（万人）	用水定额（L/人·d）	用水量（万 m³）	人口（万人）	用水定额（L/人·d）	用水量（万 m³）	
2010	1.71	95	59.29	1.04	65	24.67	83.97
2020	8.56	117	365.55	3.74	72	98.29	463.84
2030	16.19	132	780.03	4.42	79	127.45	907.48

以上计算结果显示，到 2020 年，锦界镇的人口用水量为 463.84 万 m³，约为现状年生活用水总量的 5 倍；到 2030 年，新增用水需求的同时也提出了更高的用水要求，预计生活用水总量高达 907.48 万 m³，约为现状年生活用水总量的 11 倍。锦界镇人口增至 12.30 万人时，生活需水量约增加 397.87 万 m³，人口增至 20.61 万人时，生活需水量将增加 443.64 万 m³。

2）新增工业项目的需水量

随着锦界工业园区项目规模的新建、扩大，锦界工业项目的用水需求也随之增加。以 2010 年为基础年，根据榆林市“十二五”规划测算未来新增项目及新增的用水量。其中，根据陕西省行业用水定额（2013）的用水标准，新建、扩建企业采用低定额，已有企业节水改造采用高定额；规模较大的企业取偏小值；极少部分工业项目定额值无特定说明的，其用水定额可参考同行业相近产品定额或国家、邻近省份定额。榆林市锦界工业园区未来新建项目年需水量的计算结果如表 6-12 所示。

锦界工业园区工业项目年需水量计算　　表 6-12

项目名称	设计能力	单位	高用水定额	低用水定额	用水定额单位	高需水量（万 m³）	低需水量（万 m³）
锦界煤矿	20	Mt/a	0.25	0.15	m³/d	500	280
甲醇厂	0.6	Mt/a	12	7.5	m³/t	670.56	419.1
聚氯乙烯	100	万 t	10.5	8.5	m³/t	1050	850
国华电厂	3600	MW	0.71	0.71	m³/（MW·h）	6105	6105
烧碱	120	万 t	6.5	6	m³/t	780	720
水泥	240	万 t	0.6	0.3	m³/t	144	72
制砖	2.8	亿块	6	3	m³/t	504	252
兰炭	66	万 t	64.6		m³/h	516.8	516.8
二甲醚	20	万 t	1.3	1.1	m³/t	26	22
金属镁	4	万 t	31		m³/t	124	124
煤焦油加氢	94	万 t	9	7.5	m³/t	846	705

续表

项目名称	设计能力	单位	高用水定额	低用水定额	用水定额单位	高需水量（万 m³）	低需水量（万 m³）
丁二醇	6	万 t	130		m³/h	104	104
三氯氢硅	6	万 t	5.6		m³/t	33.6	33.6
煤制清洁燃料油	20	万 t	6.12		m³/t	122.4	122.4
精酚	5	万 t	2.08		m³/h	8.32	8.32
集装站	3	Mt/a	220		m³/d	6.6	6.6
亚华热电	130	MW	7580		m³/d	227.4	227.4
浮法玻璃	760	万重量箱	0.4	0.2	m³/ 重箱	304	152
现有、扩建项目需水量小计						12072.6	10720.2
锦界煤矿	1500	万 t/ 年	0.25	0.15	m³/t	375	225
陕煤焦炉煤气制甲醇	30	万 t/ 年	13	m³/t	m³/t	390	390
锦界工业园集中热电	30	万 kW	0.71	0.71	m³/（MW· h）	117.15	117.15
煤炭低温干馏	1300	万 t/ 年	0.2	0.15	m³/t	260	195
中低温煤焦油加氢	400	万 t/ 年	6	6	m³/t	2400	2400
石脑油重整 / 芳烃	100	万 t/ 年	7.5	6.1	m³/t	750	610
硅材料	46	万 t/ 年	5.6	m³/t	m³/t	257.6	257.6
气相白炭黑	2	万 t/ 年	3.0	2.5	m³/t	6	5
规划新建项目需水量小计						4555.75	4199.75
工业项目需水总计						16628.43	14919.97

注：①标砖的重量按照 3kg/ 块计算；②丁二醇的用水定额为 63.64m³/h，参照新疆 1，4 丁二醇精细化工项目环境影响报告书；③煤焦油加氢与间接法煤制油技术指标对比情况来看，以 40 万 t 装置测算煤焦油加氢技术而言，吨油耗水 3.42t，而间接法制油技术耗水 11.45t，这一值与南非（11.48t）的煤制油水平非常接近，煤焦油加氢技术耗水量约是间接法制油技术的 0.3 倍。煤焦油加氢生产燃料油项目的用水参数，吨油品的耗水量按照 6m³ 来计算。

（资料来源：实地调研与资料整理结合）

从表 6-12 中可以看出，电厂、聚氯乙烯、煤焦油加氢、烧碱、甲醇等工业项目用水量巨大，按照榆林市锦界工业园区发展规划，锦界工业园区高方案下的年需水量为 12072.6 万 m³，低方案下的年需水量为 10720.2 万 m³；通过工业需水预测模型计算 [式（3-18）、式（6-19）]，得出 2030 年锦界工业园区规划新建工业项目在高、低方案下的需水量共计 4555.75 万 m³、4199.75 万 m³；锦界工业园区工业项目需水总量在高、低方案下分别为 16628.4 万 m³、14919.9 万 m³。

3）其他需水量

根据化工园区的绿化要求，园区绿化覆盖率为 35%，绿化面积约为 16.88km²。采用园区绿化用水定额 250m³/ 亩，全年需生态用水约 634.71 万 m³；根据园区远期的扩建规划，园区未来规划面积为 62.89km^2，若园区绿化覆盖率按不低于 40% 计，则远期在高、低方案下生态年需水量分别约为 946.02 万 m^3、827.58 万 m^3。

4）园区各部门增量的需水总量

锦界工业区人口数量约占锦界镇城镇人口数量的 70%。到 2020 年锦界工业园区新增生活用水量约为 279.91 万 m^3，2030 年园区新增生活用水量约为 310.55 万 m^3；根据现有项目预期建设规模，在高方案下新增的工业产品年需水量为 12072.6 万 m^3，低方案下的年需水量为 10720.2 万 m^3；对于园区生态用水而言，根据园区绿化要求，未来生态需水量在高、低方案下将增加 260.72 万 m^3、154.72 万 m^3。因此，从目前园区规模与已建成的能化重点项目的发展战略分析，锦界工业园区各部门用水需求年需水量为如表 6-13 所示。

锦界工业园区在不同方案下各部门新增需水量的计算　　表 6-13

年份	高方案（万 m^3）				低方案（万 m^3）			
	生活用水量	工业用水量	生态用水量	新增用水量总计	生活用水量	工业用水量	生态用水量	新增用水量总计
2020	279.91	12072.6	260.72	8553.11	279.91	10720.2	154.72	7094.65
2030	310.55	16628.4	260.72	13139.5	310.55	14919.9	154.72	11325.04

综上，结合现有园区规划及人口、产业增长趋势分析，到 2020 年，在高、低方案下，园区预计新增水量 8553.11 万 m^3、7094.65 万 m^3；到 2030 年，在高、低方案下，园区预计新增水量 13139.5 万 m^3、11325.04 万 m^3。

6.3.3　园区水资源供需平衡分析

根据园区现有人口数量、工业项目的生产规模、园区绿地面积，锦界工业园区在高方案下的现状用水总量为 4678.68 万 m^3，低方案下现状用水量为 3958.68 万 m^3，而现有供水工程的供水能力仅为 4013.5 万 m^3，仅供低方案下锦界工业园区的生活、生产方式，水资源余量仅为 54.82 万 m^3。当园区内工业产品的生产用水采取较高定额时，锦界工业园区将面临水资源短缺的局面，水资源缺口高达 665.18 万 m^3，而园区内居民生活用水、工业生产用水及园区绿化用水将无法保障。

然而，根据园区工业项目发展规划、人口增长趋势，园区内仍将大规模新建工业项目，并吸引周边地区人口集聚。本书设定园区人口的增长与锦界镇的人口增长趋势一致，根据新增、扩建的工业项目、新增人口、园区扩建计划，预计到 2020 年，园区在高、低方案下的需水总量为 8560.11 万 m^3、7094.65 万 m^3；到 2030 年，园区在高、低方案下的需水总量分别为 13139.5 万 m^3、11325.04 万 m^3；而锦界工业园区新增供水能力仅为 7311.4 万 m^3，以现在的水资源条件看，无力支撑 2020 年、2030 年的园区发展要求。锦界工业园区水资源供需平衡情况如表 6-14 所示。

锦界工业园区供需水量平衡计算表　　表 6-14

年份	供水量（万 m^3）	需水量（万 m^3）		水量余缺（万 m^3）	
		高方案	低方案	高方案	低方案
2010	4679.68	4013.5	3958.68	666.18	721.0
2020	6463.5	8560.11	7094.65	−2096.61	−631.15
2030	7311.4	13139.5	11325.04	−5828.1	−4013.64

注：表 6-14 中 2020 年、2030 年的供水量与需水量分别指当年的新增供水量、新增需水量；负数为水量缺口。

由此可见，锦界工业园区现有的供水水源可维持园区内人口、工业、生态的基本需水要求；而随着园区及项目扩建、人口增加，园区将会出现水资源短缺的局面，在高方案下，2020 年、2030 年园区未来可以用于新建及扩建生产项目的水资源缺口高达 2096.61 万 m^3、5828.1 万 m^3，低方案下水量缺口分别为 631.15 万 m^3、4013.64 万 m^3。另外，项目的扩建与新建会造成大量人口集聚，由此产生的第三产业的发展，会使园区水资源短缺的情况进一步加剧。

根据产业规模及用水量，结合不同性质用地排放系数的差异，锦界工业园（包括锦界镇）2015 年、2020 年和 2030 年污水产生量分别为 1175 万 m^3/ 年、1698 万 m^3/ 年和 3082 万 m^3/ 年。

6.3.4　园区可承载的产业规模与人口

根据上节对园区新增需水量与可供水量的平衡分析，园区将面临水资源缺口逐渐变大的趋势。从人口增长与需水量预测结果来看，到 2020 年锦界工业园每增加 1 万人，相应增加的生活用水量为 39.78 万 m^3；到 2030 年每增加 1 万人，相应增加的生活用水量将为 53.39 万 m^3。另外，随着周边地区工业园区的产业发展带来的水资源巨大需求，如清水工业园区大型煤化工项目将建设 900 万 t 煤制甲醇及 300 万 t 甲醇制烯烃，初步测算将增加 7200 万 m^3 的需水量，这与锦界工业园区形成在水资源上的竞争，使锦界园区内水资源短缺的程度加剧。

由此可见，水资源已成为神木县以及锦界工业园区大型工业项目建设的主要限制因素之一，对人口规模与产业规模进行适当地控制将有利于园区的经济与生态环境可持续发展。根据园区的可供水量与发展要求，本书将对园区产业规模与人口可承载的合理范围进行测算。假设园区绿化覆盖率在2020年不低于35%，到2030年不低于40%，对于园区生态用水而言，未来生态需水量在将相应增加154.72万m^3、260.72万m^3。

通过对锦界工业区主要原煤转化装置消耗定额的经济技术指标进行对比，结果显示，每转化一万t煤可发电2140万kW·h，耗水量高达1.21万m^3，每立方米水资源创造的产值为507万元；而原煤转化为兰炭、焦油耗水量相对较小，吨煤转化为兰炭、焦油等产品仅耗水0.2万m^3，每立方米水资源创造的产值高达1950万元。煤化工的下游产品如煤制化肥等，耗水量巨大，每立方米水资源创造的产值小，发展潜力较小（表6-15）。

原煤转化装置消耗定额经济技术指标对比统计表　　表6-15

项目	兰炭	煤制甲醇	煤制油	煤制化肥	煤电一体化
产量	兰炭6060t 焦油600t	甲醇4000t	油品2232t	尿素6000t	发电量2140万kW·h
耗水	0.2万m^3	4.4万m^3	2.56万m^3	7.8万m^3	1.21万m^3
耗电	15.15万kWh	155万kWh	166万kWh	自供	211 kWh
投资	120万元	1450万元	2176万元	2400万元	1630万元
占地面积	20亩	4.4亩	6.8亩	6.45亩	2.5亩
生产工人定员	15人	3人	2人	8人	1人
原煤增值	2.6倍	7.2倍	8.95倍	6.6倍	4倍
投入产出比	1∶3.25	1∶0.77	1∶0.62	1∶0.42	1∶0.38
热能转换效率（%）	82～85	—	36～38	—	38～43
每万立方米水创造产值	1950万元	255万元	524万元	128万元	507万元

注：以上数据为每转化1万t原煤的计算参数。兰炭以SJ-Ⅲ型焦化炉、煤制甲醇以60万t甲醇装置、煤制油以100万t煤间接液化、煤制化肥以30万t合成氨52万t尿素、煤电一体化以2×600MW电厂为样本测算，数据主要来自实际生产和项目环评报告。原煤价格按坑口价150元/t测算，兰炭、煤焦油及其他产品价格均以2008年数据测算。

然而，考虑到锦界工业园区工业产品对地方煤炭、电力、运输和服务业等相关产业的促进作用以及保障就业等社会效益，部分煤化工下游企业及化工产品适宜保持现有生产规模，而耗水量大的生产工艺则应适当减产或进行转化。从园区未来项目新建与扩建的规模来看，北元化工建设100万tPVC项目若投产，日用水量约为5万～6万m^3，年用水量约1500万～1800万m^3，可提供3000个就业岗位，有利于引导PVC上下游企业延伸，推动当地电石、焦化产业的升级。综合来看，该项目适宜开工建设。

若兖矿煤化工二期筹划的180万t甲醇、80万t烯烃扩建项目开工建设，则每年新增3300万m^3的用水需求，而新建煤炭化工厂比老旧的煤炭化工厂更加耗水，尽管其整体用水水平低于煤炭产业链的其他环节，但洗选开采煤矿的用水量仍会增加。受到金融危机的影响，煤炭市场自 2011 年下半年进入下行通道，煤炭价格更是出现大幅下跌，随着煤炭企业的经营战略从增长转向整合，煤化工项目的发展在全省，乃至全国的发展不容乐观。从长远来看，兖州煤矿在锦界工业园区的甲醇、烯烃扩建项目应进行适当缩减，重点发展煤制油的优势项目。

国华锦界电厂二期、三期处于正在建设阶段，新增的年需水量将为 2272.41 万 m^3。由于国华锦界电厂是国家西部大开发、西电东送北线电源启动项目，承担为京津唐地区输送电力的任务。作为目前国内最大的“煤电一体化”项目，国华锦界电厂可通过提高技术水平降低单位发电量的耗水定额，或加大发电重复用水的利用率进行节水（表 6-16）。

锦界工业园区适宜扩建、新增企业及主导产品的需水量统计表　　表 6-16

序号	企业名称	主导产品	高需水量（万 m^3）	低需水量（万 m^3）
1	北元化工有限公司	100 万 tPVC	1050	850
2	陕西德林化学工业有限公司	5 万 t1，4 丁二醇	91	91
3	神木安源化工有限公司	100 万 t 轻质燃料油	612	612
4	神木县富油能源科技有限公司	12 万 t 轻质燃料油	73.44	73.44
5	神木县东风金属镁有限公司	2.25 万 t 金属镁、镁合金	69.75	69.75
6	神木县维远化工有限公司	30 万 t 烧碱	195	180
7	神木县正昊烧碱项目	10 万 t 烧碱	65	60
8	神木化学化工有限公司一期	20 万甲醇	475	475
9	亚华热电厂	2×50MW 机组	227.4	227.4
10	汇森煤业凉水井矿业	800 万 t 煤矿	60	60
11	瑞诚浮法玻璃	320 万重量箱	128	64
12	神木化工二期	40 万 t 甲醇	950	950
13	14 户电石企业	65 万 t 电石	65	52
14	国华锦界电厂一期	4×600MW 机组	977.4	977.4
15	国华锦界电厂二、三期	4×1000MW 机组	2272.41	2272.41
需水量总计			7311.4	7014.4

综合以上分析，锦界工业园区新增可供水量为 7311.4 万 m^3。就园区内项目扩建与新建而言，新增的供水量可承载北元化工建设 100 万 tPVC 项目以及国华锦界电厂二期、三期项目的发展，同时要加大工业重复用水利用率的力度进行节水；而兖州煤矿煤化工二期筹划的 180 万 t 甲醇、80 万 t 烯烃适宜进行缩减或暂缓开工建设。

从锦界工业园区水资源可承载的人口规模计算结果来看，锦界工业园核心区内可承载的人口数量大大低于园区规划的人口数量。根据未来每增加 1 万人所增加的用水需求与未来居民生活供水量的平衡分析结果，到 2020 年，水资源能够承载园区的人口增量在高、低方案下分别为 4.88 万人、1.66 万人；到 2030 年，可承载的人口增量分别为 8.68 万人、7.31 万人。从锦界工业园区水资源可承载的产业用水量计算结果来看，15 家扩建和新建的企业工业项目在高、低方案下新增需水量共计 7311.4 万 m^3、7014.4 万 m^3。在满足人口生活用水和生产用水的同时，水资源可承载的生态用地面积在高、低方案下分别为 19.33km^2、16.91km^2，25.16km^2、22.01km^2（表 6-17）。

锦界工业园区水资源可承载的适度人口规模与产业规模测算表　　表 6-17

年份	高方案			低方案		
	人口增量（万人）	工业新增用水量（万 m^3）	生态用地面积（km^2）	人口增量（万人）	工业新增用水量（万 m^3）	生态用地面积（km^2）
2020	4.88	7311.4	19.33	1.66	7311.4	16.91
2030	8.68	7014.4	25.16	7.31	7014.4	22.01

根据煤炭投资建设周期，全国煤炭产能将在 2014 年、2015 年陆续释放，或在 2016 年达到峰值，结合未来榆林煤化工产业发展趋势，从园区现有已入驻企业情况来看，锦界工业园区适宜集聚发展火力发电、煤焦油加氢项目，提炼石脑油、汽（柴）油及液化气产品；发展新型煤化工，生产甲醇、乙二醇等化工产品，进一步延伸产业链，生产聚酯、三元乙丙橡胶、丙烯酸甲酯等化工产品，增加产品附加值（图 6-3）。

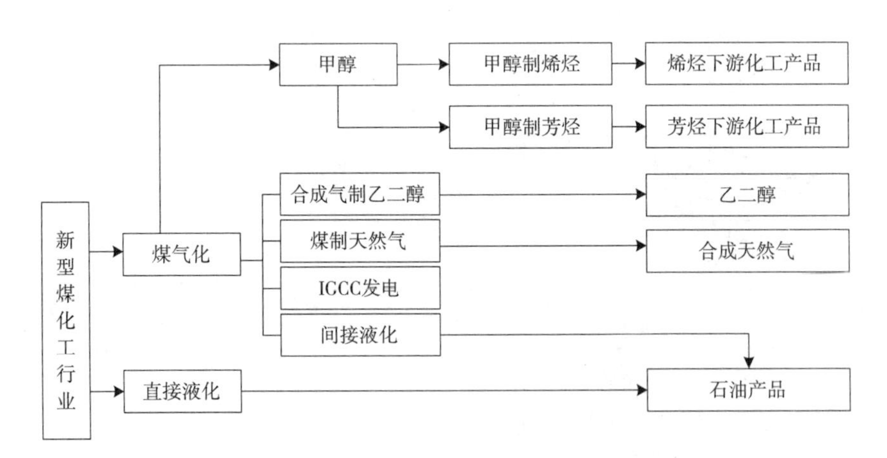

图 6-3　锦界工业园区新型煤化工产业架构图

然而，根据锦界工业园区发展规划，耗水量大的工业项目，如兖州煤矿煤化工二期筹划的 180 万 t 甲醇、80 万 t 烯烃项目若得到许可开工建设，就要面临水资源超载的局面。一方面，采用重复水利用、中水回用、污水处理等水资源综合利用技术，实现水资源的循环利用是维持工业园区可持续发展的必要途径；锦界工业园区化工产业规划15个重点建设项目总计用水在6000万m^3左右，尽可能控制甲醇等高耗水基础产品产能，生产附加值高、总用水量较少的中下游产品也是锦界工业园区可持续发展的必然选择。另一方面，规划中的黄河引水工程，朱盖沟水库、清水沟水库、红柳林引水工程计划向锦界工业园区供水，扩大供水水源则是解决水资源超载的最直接有效的途径。

6.4 小结

1）现状人口、产业用水量

2009年锦界工业园在高、低方案下的工业用水量分别为3960m^3、2970m^3。居民生活用水总量为83.97万m^3；全年生态用水量约635.82万m^3。根据园区现有人口与产业规模，锦界工业园区在高、低方案下的现状用水总量为4678.68万m^3、3958.68万m^3，而现有供水工程的供水能力仅为4013.5万m^3，仅供低方案下锦界工业园区的生活及工业生产用水，水资源余量仅为54.82万m^3。当园区内工业产品的生产用水采取较高定额时，锦界工业园区将面临水资源短缺的局面，水资源缺口高达665.18万m^3，危及园区内人口用水以及园区绿化用水。

2）人口、产业需水量预测

根据园区工业项目发展规划，预计到2020年，园区在高、低方案下的需水总量为8560.11万m^3、7094.65万m^3；到2030年，园区在高、低方案下的需水总量分别为13139.5万m^3、11325.04万m^3；以现在的水资源条件看，锦界工业园区现有的供水水源仅能维持园区内人口、工业、生态的基本需水要求；园区及项目扩建、人口增加会使园区出现用水缺口。在高方案下，2020年、2030年园区水资源缺口高达2096.61万m^3、5828.1万m^3，低方案下水量缺口分别为631.15万m^3、4013.64万m^3。到2020年每增加1万人，相应增加的生活用水量为39.78万m^3；到2030年每增加1万人，相应增加的生活用水量将为53.39万m^3。清水工业园区大型煤化工项目的开建将与之形成争水局面，会加重锦界工业园区水资源短缺程度。另外，人口的集聚将促进第三产业的发展，增加用水量，锦界工业园区将面临水资源超载局面。

3）水资源的人口、产业适度承载力

到2020年，水资源能够承载的园区的人口增量在高、低方案下分别为4.88万人、

1.66 万人；到 2030 年，可承载的人口增量分别为 8.68 万人、7.31 万人。从锦界工业园区水资源可承载的产业用水量计算结果来看，15 家扩建和新建的企业工业项目在高、低方案下新增需水量共计 7311.4 万 m^3、7014.4 万 m^3。在满足人口生活用水和生产用水的同时，水资源可承载的生态用地面积在高、低方案下分别为 19.33km^2、16.91km^2，25.16km^2、22.01km^2。

4）水资源超载应对措施及提高承载力的途径

通过对锦界工业区主要原煤转化装置消耗定额的经济技术指标进行对比，分析煤化工项目扩建、新建的必要性及合理性，在加大工业重复用水利用率进行节水的基础上，新增的供水量可承载北元化工建设 100 万 tPVC 项目以及国华锦界电厂二期、三期项目的发展；兖州煤矿煤化工筹建的 180 万 t 甲醇、80 万 t 烯烃适宜进行缩减或暂缓开工建设。采用重复水利用、中水回用、污水处理等水资源综合利用技术，实现水资源的循环利用是维持工业园区可持续发展的必要途径；控制甲醇等高耗水基础产品产能，生产附加值高、总用水量较少的中下游产品是锦界工业园区可持续发展的必然选择。另一方面，现规划中的黄河引水工程，朱盖沟水库、清水沟水库、红柳林引水工程计划向锦界工业园区供水，扩大供水水源则是解决水资源超载的最直接有效的途径。

7

CHAPTER 7

第7章 榆林市水资源的人口和产业承载力预测

本章以流域和县级行政区为居民生活用水单元，以各类主要工业产品为生产用水单元，以城镇人均绿地面积为生态用水单元，在锦界工业园区水资源的人口和产业承载力测算指标、方法的基础上，通过扩充农业、牧业及相关指标和方法，分析榆林市居民生活用水、不同产业生产用水以及生态用水的特征，测算榆林市水资源的人口和产业承载力规模。针对近、远期人口和产业发展情景，论证不同情景下水资源的人口和产业适载规模，进而采用适度规模调整模型对超载情景进行调整。

7.1 现状用水情况分析

7.1.1 现状实际供水量

1）分区、分部门现状供水量

1980 ~ 2010 年间，研究区总供水量有较大增长，水利工程实际供水能力由 1980 年的 49703 万 m^3 增至 2010 年的 69209 万 m^3，年平均增长率为 1.13%，平均每年新增供水量 3251 万 m^3，且新增供水量集中在无定河流域、秃尾河流域。地表水供水能力与工程设施的分布相一致，现阶段来看，供水能力最大的区为无定河流域，供水量为 6.73 亿 m^3，最小的是佳芦河流域，仅为 0.01 亿 m^3，秃尾河流域的供水能力达 1.80 亿 m^3。由于窟野河季节性断流，因此供水量逐年减少（表 7-1）。

榆林市 2010 年分县、分部门供水量统计表　　表 7-1

行政分区	农业灌溉供水				工业供水			城市供水			其他毛供水量（万 m^3）	毛供水量合计（万 m^3）
	实灌面积（万亩）	灌溉净用水量（万 m^3）	渠系水利用系数	灌溉毛供水量（万 m^3）	企业净供水量（万 m^3）	管网水利用系数	企业毛供水量（万 m^3）	城市净供水量（万 m^3）	管网水利用系数	出库 / 渠首引水量（万 m^3）		
榆阳	40.83	6337	0.51	17258	2638	0.85	3104	586	0.9	651	2036	23049
神木	10.29	1074	0.46	3244	5247	0.85	6173	320	0.90	356	1408	11181
府谷	5.28	523	0.43	1762	1315	0.85	1547	167	0.90	185	474	3968
横山	15.87	1637	0.45	8266	281	0.85	330	71	0.88	81	1207	9884
靖边	32.79	1433	0.39	5485	581	0.85	683	116	0.80	145	1151	7464
定边	17.85	1122	0.39	3597	302	0.85	355	118	0.88	134	544	4630
绥德	4.00	361	0.38	1510	29	0.85	34	95	0.90	105	510	2159
米脂	3.87	389	0.39	1635	241	0.85	283	73	0.88	83	369	2370
佳县	2.28	167	0.43	589	24	0.85	28	69	0.85	81	457	1155
吴堡	1.30	22	0.42	77	46	0.85	54	39	0.85	46	136	313

续表

行政分区	农业灌溉供水				工业供水			城市供水			其他毛供水量（万 m^3）	毛供水量合计（万 m^3）
	实灌面积（万亩）	灌溉净用水量（万 m^3）	渠系水利用系数	灌溉毛供水量（万 m^3）	企业净供水量（万 m^3）	管网水利用系数	企业毛供水量（万 m^3）	城市净供水量（万 m^3）	管网水利用系数	出库 / 渠首引水量（万 m^3）		
清涧	0.90	72	0.42	243	48	0.85	56	78	0.85	92	438	829
子洲	2.99	290	0.38	1121	271	0.85	319	68	0.85	80	687	2207
总计	138.25	13427	0.46	44787	11023	0.85	12966	1800	0.88	2039	9417	69209

2）供水来源及变化趋势

从各类供水来源所占总供水量的比重变化趋势图（图 7-1）中可以看出，供水水源的变化可分为两个阶段：2000 年以前，地表水源供水量减少，地下水源供水量增加，其他供水量略有减少；2000 年以后，各类供水水源均保持稳定状态，且地表水源供水量的比重高于地下水源。现状年榆林市地表及供水量为 41265 万 m^3，占总供水量的 59.62%，地下供水量为 27944 万 m^3，占总供水量的 40.38%。总体上看，地表水仍为榆林市主要供水水源，而地下水供水量略低于地表水源，且供水量比例保持稳定；其他水源供水量趋于减少。这意味着增加其他供水来源对于榆林市未来实施“开源”的节水措施中是一个重要突破点。

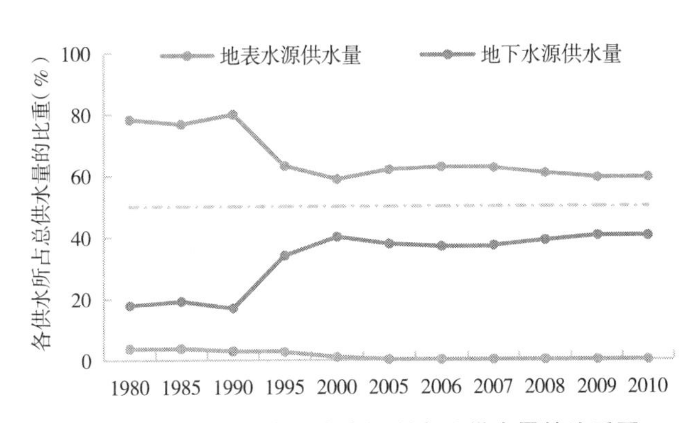

图 7-1 榆林市各类供水来源所占总供水量的比重图

从供水量的增长率变化趋势图（图 7-2）中可以看出，地表水源供水量的年均增长率变化幅度不大，而 2000 前后地下水源供水量、其他供水量的年均增长率变幅显著地下供水量增长率高达 21.23%，其他供水量年平均增长率为 26.11%。随着大量高耗水的能源化工企业新建与扩张，地下水开发的强度增大，2000 ~ 2010 年地下水源供水的年均增幅有了较大增长，供水量年平均增长率为 3.89%，呈现出上升的趋势；地表供水量的比重在减少，供水量的年平均增长率为 -0.18%，呈现出下降的趋势；其他水源的供水能力减少了 9.19%，供水比重减至 0.15%。榆林市依赖地下供水的趋势显现。

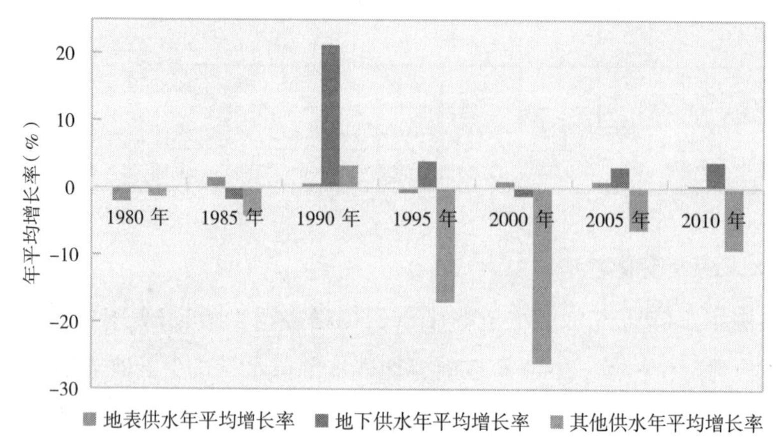

图 7-2　1980 ~ 2010 年榆林市供水量 5 年平均增长率变化图

7.1.2　用水量及其变化趋势

1）历年用水量的变化趋势

榆林市以农业用水为主，历年来农业用水量呈现出先减小后缓慢增加、并保持稳定的趋势，农业用水占用水总量的比重由 1980 年的 92.35% 降至 2010 年 68.59%。工业用水量逐年增加，年平均增长率为 9.84%，增速较快，1980 年工业用水比重仅为 1.56%，到 2010 年工业用水量占榆林市用水总量的比重已高达 18.73%。随着人口的增加与生活质量的提高，居民生活用水量表现出稳中有增的趋势。生活用水量的比重也逐年增加，30 年间共增加了 1.9 倍。1980 ~ 2010 年期间，榆林市的用水结构发生了较大的变化，工业、农业、生活用水的比例由 1.56 ：92.35 ：6.08 变为 18.73 ：68.59 ：12.68（图 7-3）。

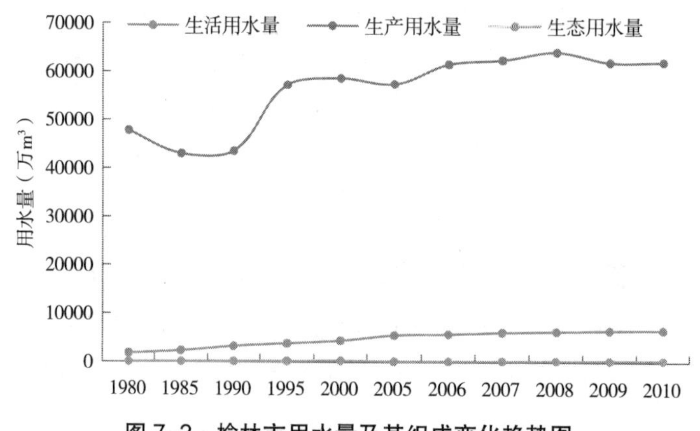

图 7-3　榆林市用水量及其组成变化趋势图

按用水部门来划分，榆林市生产用水占用水总量的比重最大，且呈现逐年下降的趋势，比重由 1980 年的 96.15% 降至 2010 年的 89.82%；生活用水持续稳定增加，2010 年生活用水占用水总量的 9.68%。而生态用水量所占比重最小，尽管历年来有所增加，但其比重仍不足 1%（表 7-2）。

榆林市各用水部门历年用水量统计表　　表 7-2

年份	生活用水（万 m^3）	生产用水（万 m^3）	生态用水（万 m^3）	总用水量（万 m^3）
1980	1832	47789	81	49703
1985	2368	43044	122	45533
1990	3317	43604	177	47097
1995	3904	57316	239	61458
2000	4459	58718	337	63514
2005	5599	57504	214	63317
2006	5813	61637	234	67684
2007	6218	62524	284	69026
2008	6396	64181	307	70884
2009	6612	62076	309	68997
2010	6700	62165	344	69209

现状年榆林市总用水量 6.92 亿 m^3，其中农田灌溉用水量 4.48 亿 m^3，占总用水量的 64.74%，比重逐年下降；工业用水 1.3 亿 m^3，占总量的 18.79%，比重逐年增加；城乡居民生活用水 0.59 亿 m^3，占总量的 8.51%；生态环境用水 0.12 亿 m^3，占总量的 1.73%。空间分布上，北六县用水占绝大部分，86.95%，南六县仅占 13.05%。其中，榆阳区、神木县用水最多，分别占全市用水总量的 33.30%、16.16%，这两区（县）城市和工业用水之和占全市总和比例为 58.83%，为全市最高，这与榆林市的工业、城市布局是相适应的（图 7-4）。

2）各部门用水量的空间分布特征

2010 年榆林市用水总量 69209 万 m^3。按水资源分区，用水最多的无定河流域为 45678 万 m^3，占榆林市总用水量的 66%，比重呈现出逐年

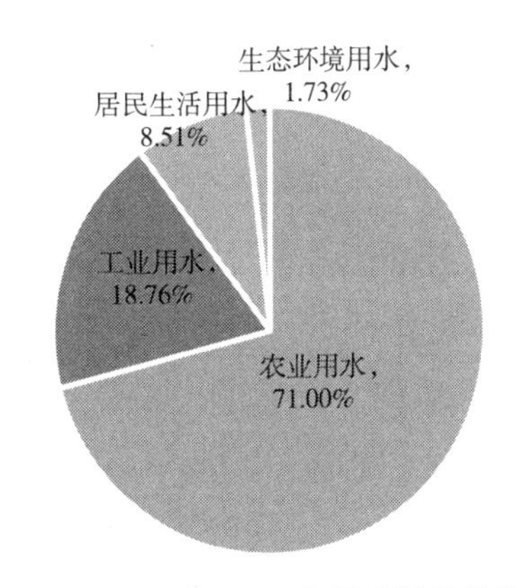

图 7-4　榆林市 2010 年用水量及其组成

减小的趋势。窟野河流域、秃尾河流域用水量占总用水量的 15.79%，其中秃尾河流域用水总量为呈现出逐年增加的趋势。按行政区划分，榆林市各县（区）用水情况具有显著的空间差异特征。用水量最多的是榆阳区，用水量为 20793 万 m^3，占榆林市总用水量的 33% 左右，用水量最少的是吴堡县为 312 万 m^3，只占榆林市总用水量的 0.5%。

根据榆林市水资源公报数据，农业用水的比重逐渐减少，工业用水和生活用水的比重明显增加。就各类用水情况而言，农业用水仍为各县（区）用水大户，受到气候、地形、地貌、作物类型等因素的影响，北六县（区）农业用水量的比重普遍高于南部六县；工业用水的比重虽小，但 95% 以上的工业用水集中在北六县（区），且比重逐年增加，尤其是神木县，其工业用水的比重超过农业用水，占各县用水总量的 55% 以上；相比之下，尽管南部六县生活用水的比重明显高于其他用水的比重，比重增加的幅度也明显大于北六县（区），如清涧县、吴堡县的居民生活用水所占县域用水总量的比重分别高达 63.93%、55.27%，但南六县生活用水量仅为北部六县（区）的三分之一，空间分异显著。1980 ~ 2010 年榆林市各县（区）工业用水、农业用水、生活用水的空间分布情况如图 7-5 所示。

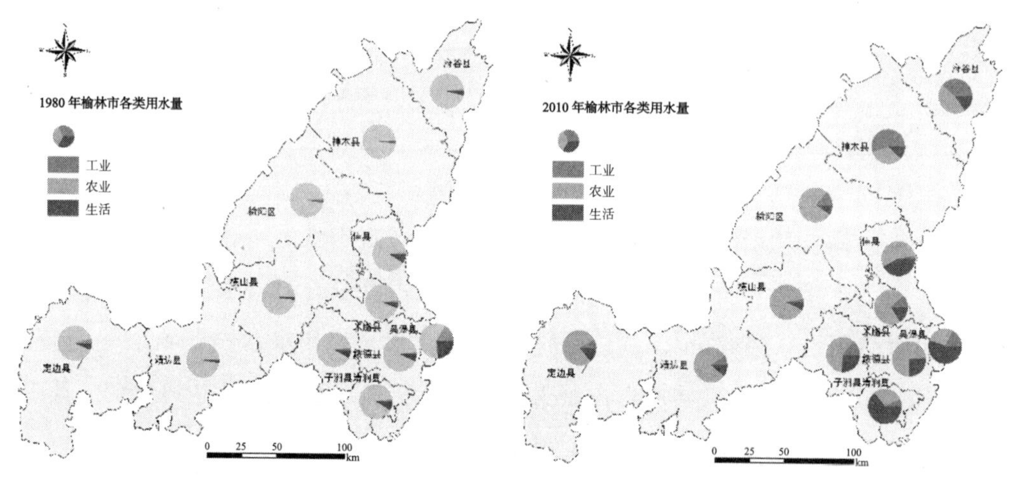

图 7-5 1980 ~ 2010 年榆林市分类用水量的空间分布图

整体来看，榆林市的用水主要集中在北部，北部六县（区）各类用水量均高于南部六县；各县（区）用水总量空间分异特征显著，榆阳区用水量最大，吴堡县用水量最小。从用水分类情况来看，农业用水主要集中在榆阳区、横山县、靖边县，工业用水主要以神木县、榆阳区与府谷县；生活用水主要集中在榆阳区、神木县及横山县（图 7-6）。

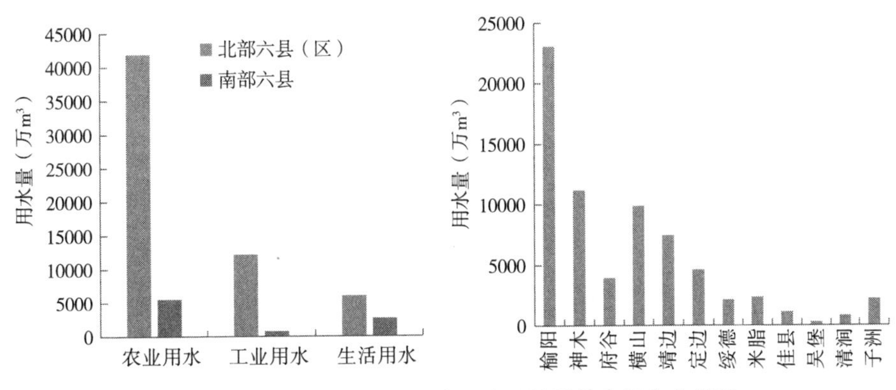

图 7-6　榆林市 2010 年各类用水总量及其空间分布情况

3）用水指标的历年变化趋势

1980 ~ 2010 年榆林市人均总用水量由 213m³/ 人下降到 190m³/ 人，万元 GDP 用水量由 468m³/ 万元下降至 39.2m³/ 万元，用水效率显著提高。2010 年规模以上工业万元增加值用水量仅为 7.4m³，远高于全国 69m³ 的用水水平。农田灌溉用水指标均呈下降趋势，高于陕西省 305.3m³/ 亩的灌溉水平。居民生活用水指标则基本保持稳定，相较之下，城镇居民生活用水指标略有上升（表 7-3）。

榆林市各项用水指标的历年变化趋势统计表　　表 7-3

年份	人均用水量（m³）	万元 GDP 用水量（m³/ 万元）	亩均灌溉用水量（m³/ 亩）	牲畜用水指标 [L/（d · 头）]		人均生活用水指标 [L/（d · 人）]	
				大牲畜	小牲畜	城镇居民	农村居民
1980	213	468	439.4	19	9	55	35
1985	178	411	439.0	24	10	61	37
1990	159	389	409.6	26	11	66	36
1995	193	170	357.6	26	11	71	38
2000	192	118	346.9	28	11	74	39
2005	180	52	342.7	19	12	71	39
2006	192	198	357.7	20	6	72	35
2007	194	110	369.3	25	12	78	37
2008	199	70	367.4	9	4	67	38
2009	192	56.8	330.9	24	11	67	37
2010	190	39.2	345.1	23	6	69	39

从流域分区来看，秃尾河、窟野河流域万元 GDP 用水量减少最快，年均增长率为 -13%，工业用水水平高于榆林市、陕西省平均水平。城镇生活用水指标增长最快的是秃尾河流域，年均增长率为 1.54%，增长最慢的为佳芦河流域，年均增长率为 1.26%。

农田灌溉用水指标下降最快的是无定河流域，年均递减率为 -1.8%，减幅相对稳定的是佳芦河流域，年均递减率为 −0.2%。

从各行政区来看，2010 年定边县、绥德县、榆阳区国有及规模以上工业万元产值用水量分别为 77m^3、61m^3、50m^3，而府谷县、靖边县、横山县、神木县万元产值用水量均小于 10m^3。农田灌溉净定额最高为榆阳区，为 260m^3/ 亩，最低为子洲县，仅为 43m^3/ 亩。城镇居民生活用水指标较高的是榆阳区，为 91 L/（d·人），最低的为靖边县，仅为 42 L/（d·人）；农村居民生活用水指标差异相对较小，最高为清涧县 48.01 L/（d·人），最低为定边县 28.31 L/（d·人）。

7.1.3 现状供需平衡分析

本书以 2010 年为基准年对榆林市水资源进行供需平衡分析。据榆林市水文资料计算分析，2010 年为平水年，认为该年的实际供水量接近于 50% 保证率的供水量（表 7-4）。

榆林市现状年水利工程供水情况统计表 表 7-4

年设计供水能力（万 m^3）	新增供水量（万 m^3）	实际供水量（万 m^3）						
		年供水合计	农业灌溉	工业生产	城镇生活	乡村生活	生态环境	水电供水
95404	671	69209	49199	12966	2847	3853	344	10070

现状年生活需水量为城镇、农村生活需水量总和，生产需水量为农业灌溉、工业生产之和。通过对现状供水能力与 P=50% 的需水量进行平衡分析（表 7-5），榆林市供水能力尚缺 3209 万 m^3；当保证率为 75%、95% 时，全市缺水总量高达 12724 万 m^3、23769 万 m^3。供需平衡分析结果显示，不论是正常年还是干旱年，榆林市均面临着程度不一的缺水情况，且以无定河流域、窟野河流域缺水最为严重。

榆林市现状年供需平衡分析表 表 7-5

保证率	现状可供水量（万 m^3）	需水量（万 m^3）	供需差（万 m^3）	缺水率（%）
50%	69083	72292	−3209	4.44
75%	64687	77411	−12724	16.44
95%	58931	82700	−23769	28.74

在能源化工基地大规模地建设和扩张的前提下，社会经济、生态环境对水资源的需求将会不断增加，各种供水工程的供水能力已经不能满足国民经济发展的对水量的

要求，这种供需矛盾在一定时期内将会更加突出。未来仍需要不断增加供水量才能保障社会经济的用水安全，在地下水地过量开采受到政策限制的前提下，增加供水水源、提高其他水源的供水能力等仍是亟待解决的问题。

7.2　居民生活需水量与可承载的人口规模预测

7.2.1　人口预测

据统计报表和抽样调查结果显示，榆林市总人口年平均增长率为 1.7%。2011 年末榆林市总人口为346.50万人，人口出生率为11.35‰，人口自然增长率为6.15‰；2012年，人口出生率为 11.63‰，人口自然增长率为 6.15‰；2013 年上半年，人口出生率为 5.36‰，人口自然增长率为 2.97‰。生育率一直保持在 1.3 ~ 1.4。据预测，预计到 2015 年全市总人口能够控制在 351 万以内，年平均自增率为 6.8‰。根据《榆林市城乡一体化建设规划》（2013 ~ 2030 年），未来几年榆林市人口总量受人口增长惯性和生育旺盛期人口增加的影响，人口总量将呈现逐年增加态势，人口自然增长率在 2012 年为 5.3‰，到 2017 年人口自然增长率控制在 7.5‰以下，到 2020 年控制在 7.0‰以下，2030 年人口自然增长率将稳定在 6.8‰左右（表 7-6）。

1953 ~ 2010 年榆林市分县、区人口增长率（单位：%）　　表 7-6

行政区名称	1953 ~ 1964	1964 ~ 1982	1982 ~ 1990	1990 ~ 2000	2000 ~ 2005	2005 ~ 2010
定边县	3.32	2.41	2.18	0.76	2.05	0.92
府谷县	1.49	1.10	1.99	1.80	−1.07	2.31
横山县	3.62	1.59	2.93	0.48	2.51	1.57
佳县	2.41	1.26	1.97	0.46	0.56	1.43
靖边县	3.75	2.09	3.10	1.28	1.33	2.44
米脂县	2.85	1.09	2.08	0.36	0.77	1.07
清涧县	2.49	1.51	2.18	−0.91	3.33	0.88
神木县	2.22	1.31	2.37	1.59	0.88	1.74
绥德县	2.53	1.02	2.16	0.07	2.36	0.53
吴堡县	2.04	0.80	1.68	0.07	1.33	2.17
榆阳区	2.05	1.91	3.05	2.03	0.41	2.51
子洲县	3.18	1.54	2.51	−0.65	4.07	0.36
总计	2.65	1.51	2.43	0.75	1.52	1.50

7.2.2 人口需水量预测

根据社会经济、国民经济发展指标、水价水平，结合生活用水习惯和现状用水水平，参照建设部门已制定的《城市居民生活用水量标准》GB/T 50331—2002，根据经济社会发展水平、人均收入水平、水价水平、节水器具推广与普及情况，结合生活用水习惯和现状用水水平，同时借鉴国内同类地区生活用水定额，分别拟定预测年份城镇和农村居民生活用水定额。以2010年的生活需水量为基准，采用人口需水量的预测方法[式（3-8）、式（3-9）]结合趋势微调法对2015年、2020年、2030年在不同保证率下的需水量进行预测，根据人均用水量的变动趋势对预测值加以修正，以保证预测成果更加接近实际。

1）各流域人口需水量预测

1980 ~ 2010年，榆林市各流域内人口数量呈现出增长趋势，但各流域分区之间增长速度差异显著。窟野河流域与无定河流域人口增长相对较快，年均增长率为1.91%、1.64%，秃尾河流域的人口增长速度较慢，30年间人口仅增长了2.48万人，年均增长率仅为0.41%（表7-7）。

榆林市流域分区2010 ~ 2030年人口数量预测表　　表7-7

流域	年份	总人口（万人）	城镇（万人）			农村（万人）			总需水量（万 m^3）
			人口（万人）	定额[L/（人·d）]	年需水量（万 m^3）	人口（万人）	定额[L/（人·d）]	年需水量（万 m^3）	
窟野河流域	2010	82.43	36.62	95	1269.93	45.81	65	1086.76	2356.69
	2015	89.34	53.60	107	2100.34	35.74	69	898.70	2999.04
	2020	93.02	60.46	117	2582.07	32.56	72	853.72	3435.79
	2030	100.85	70.60	132	3388.38	30.26	79	868.92	4257.3
秃尾河流域	2010	22.33	4.45	91	147.75	17.88	66	428.71	576.46
	2015	22.72	5.39	103	202.43	17.33	70	440.29	642.72
	2020	22.92	7.63	112	312.10	15.29	73	404.64	716.74
	2030	23.32	9.93	126	456.75	13.39	79	387.86	844.61
无定河流域	2010	214.80	42.51	99	1536.17	172.29	64	4044.51	5580.68
	2015	230.20	55.42	112	2263.00	174.78	68	4349.26	6612.26
	2020	238.34	67.59	122	3009.75	170.75	71	4434.85	7444.6
	2030	255.50	94.57	137	4729.16	160.93	78	4581.57	9310.73
佳芦河流域	2010	12.25	2.93	96	102.72	9.32	63	214.10	316.82
	2015	13.92	3.62	108	143.30	10.30	67	250.87	394.17
	2020	14.82	4.15	118	178.72	10.67	70	271.81	450.53
	2030	16.88	5.40	133	262.22	11.48	77	321.06	583.28

2）各行政分区人口需水量预测

2010 ~ 2015 年榆林市人口年增长率采用 1.06% 计，根据榆林市人口规划要求，2020 ~ 2030 年的人口年增长率则采用 6.8‰。通过现状调查、参考室外给水设计规范，《城市居民生活用水量标准》GB/T 50331—2002 设定榆林市居民生活用水量定额为 85 ~ 140L/（人·d），再根据 2013 年陕西省对行业用水定额标准进行修订，结合水利部提出的《全国水资源综合规划》，以流域和区域水资源和水环境承载能力为控制，综合考虑全面强化节水、水价等各项需水影响因素，要求城镇和农村配置水量的比例由现状的 31 ∶ 69 调整到 37 ∶ 63、全国经济社会需水总量年均增长率控制在 0.5% 以内等原则，确定榆林市居民生活用水定额：2015 年榆林市城市居民生活用水定额取值 110L/（人·d），2020 年取 125L/（人·d），2030 年农村居民生活取值为 140 L/（人·d）；按照《村镇供水工程技术规范》SL 310—2004，结合榆林市农村地区目前的实际用水情况，建议农村居民农村生活用水定额 2015 年取 60L/（人·d），2020 年取 70L/（人·d），2030 年取 85L/（人·d）（表 7-8）。

榆林市各行政区生活需水量预测成果表　　表 7-8

行政区及预测年		城镇化率（%）	总人口（万人）	城镇人口（万人）	定额 [L/（人·d）]	年需水量（万 m^3）	农村人口（万人）	定额 [L/（人·d）]	年需水量（万 m^3）	需水总量（万 m^3）
榆阳区	2010	36.36	52.14	18.96	100	691.92	33.19	71	855.80	1547.72
	2015	42.41	55.33	23.47	114	976.45	31.87	73	854.65	1831.10
	2020	54.20	59.59	32.30	125	1473.65	27.29	78	774.19	2247.84
	2030	65.99	70.66	46.63	140	2382.70	24.03	85	743.58	3126.28
神木县	2010	37.41	41.07	15.37	100	560.83	25.70	71	662.87	1223.70
	2015	39.63	44.10	17.48	114	727.19	26.62	73	713.95	1441.14
	2020	52.10	47.50	24.75	125	1129.15	22.75	78	645.32	1774.47
	2030	58.00	55.56	32.22	140	1646.54	23.33	85	722.06	2368.60
府谷县	2010	17.19	23.88	4.11	95	142.38	19.78	64	459.00	601.38
	2015	21.71	24.53	5.33	108	210.51	19.20	66	463.47	673.98
	2020	25.34	25.22	6.39	115	268.21	18.83	71	485.54	753.75
	2030	28.96	26.74	7.74	130	367.50	19.00	78	538.85	906.35
横山县	2010	10.14	36.04	3.66	95	126.74	32.39	64	751.71	878.46
	2015	12.93	37.06	4.79	108	189.33	32.27	66	778.83	968.16
	2020	14.78	38.14	5.64	115	236.72	32.50	71	838.23	1074.94
	2030	19.55	40.55	7.93	130	376.15	32.62	78	925.27	1301.42
靖边县	2010	14.44	32.86	4.74	100	173.16	28.11	71	724.95	898.11
	2015	23.61	33.72	7.96	114	331.33	25.76	73	690.86	1022.19
	2020	31.29	34.65	10.84	125	494.62	23.81	78	675.44	1170.06
	2030	46.17	36.70	16.94	140	865.77	19.76	85	611.34	1477.11

续表

行政区及预测年		城镇化率（%）	总人口（万人）	城镇人口（万人）	定额 [L/（人·d）]	年需水量（万 m^3）	农村人口（万人）	定额 [L/（人·d）]	年需水量（万 m^3）	需水总量（万 m^3）
定边县	2010	14.62	33.05	4.83	95	167.49	28.22	64	654.94	822.43
	2015	17.67	33.82	5.98	108	236.24	27.84	66	672.08	908.32
	2020	20.22	34.64	7.01	115	294.07	27.64	71	712.74	1006.81
	2030	26.74	36.45	9.75	130	462.49	26.70	78	757.48	1219.97
绥德县	2010	17.73	35.85	6.36	95	220.39	29.50	64	684.65	905.04
	2015	20.32	37.13	7.55	108	298.33	29.59	66	714.17	1012.50
	2020	23.25	38.52	8.96	115	375.89	29.57	71	762.43	1138.31
	2030	30.78	41.62	12.81	130	607.76	28.81	78	817.16	1424.92
米脂县	2010	16.99	21.98	3.74	95	129.53	18.25	64	423.51	553.04
	2015	21.44	22.37	4.80	108	189.65	17.58	66	424.24	613.89
	2020	25.24	22.79	5.75	115	241.45	17.04	71	439.34	680.80
	2030	36.41	23.69	8.63	130	409.30	15.07	78	427.35	836.65
佳县	2010	11.21	26.32	2.95	90	96.90	23.37	64	542.42	639.32
	2015	13.33	27.06	3.61	103	135.02	23.45	66	566.03	701.05
	2020	15.23	27.85	4.24	105	162.58	23.60	71	608.69	771.26
	2030	20.17	29.59	5.97	120	261.44	23.62	78	670.00	931.44
吴堡县	2010	16.02	8.65	1.39	90	45.54	7.27	64	168.66	214.20
	2015	20.36	8.83	1.80	103	67.34	7.03	66	169.72	237.06
	2020	23.79	9.02	2.15	105	82.23	6.87	71	177.21	259.45
	2030	27.22	9.43	2.57	120	112.42	6.86	78	194.63	307.04
清涧县	2010	13.63	21.74	2.96	90	97.32	18.78	64	435.82	533.14
	2015	15.70	22.24	3.49	103	130.70	18.75	66	452.48	583.17
	2020	17.96	22.77	4.09	105	156.69	18.68	71	481.64	638.33
	2030	18.43	23.92	4.41	120	193.12	19.51	78	553.58	746.70
子洲县	2010	10.10	30.90	3.12	90	102.48	27.78	64	644.78	747.25
	2015	12.31	31.76	3.91	103	146.43	27.85	66	672.11	818.54
	2020	14.09	32.65	4.60	105	176.34	28.05	71	723.31	899.65
	2030	18.64	34.47	6.43	120	281.42	28.05	78	795.63	1077.05
榆林市	2010	26.83	364.50	97.79	97	3462.42	266.70	65	6327.52	9789.93
	2015	28.77	377.94	108.74	111	4389.01	269.20	68	6642.17	11031.18
	2020	37.49	393.33	147.46	119	6405.14	245.87	72	6467.29	12872.43
	2030	41.51	429.36	178.23	134	8717.20	251.14	79	7253.45	15970.65

从人口增长与需水量预测结果来看，到 2015 年，新增居民生活需水量为 1241.24 万 m^3；到 2020 年，新增居民生活需水量为 1841.25 万 m^3；到 2030 年，新增居民生活需水量为 3098.22 万 m^3；即到 2015 年，榆林市每增加 1 万人，相应增加的生活需水量

将为 92.34 万 m^3；到 2020 年，榆林市每增加 1 万人，相应增加的生活用水量为 119.60 万 m^3；到 2030 年，榆林市每增加 1 万人，相应增加的生活用水量将为 185.99 万 m^3，需水量巨大。

7.2.3　水资源可承载的人口规模测算

本书以 2010 年的水资源数据、社会经济统计数据作为基础数据，从供用水量、人均水资源量两个角度分析水资源对人口发展的可持续条件，结合不同水平年的需水量预测结果，运用水资源承载力及城市人口适度规模模型 [式（3-33）]，计算榆林市水量承载能力 C_1、水质承载能力 C_2、城市适度规模 P_r 以及超载率 z。模型参数的确定，人均污水排放量 S_p 取 2010 年榆林市人均排放量 9.22t/ 人；一般来讲河流具有自净能力的径污比最低限为 20，河流自净能力可按 $W_c=0.05W_s$ 计算。模型计算结果如表 7-9 所示。

榆林市水资源承载力及区域人口适度规模计算表　　表 7-9

年份	C_1（万人）	C_2（万人）	P_r（万人）	P_a（万人）	Z（%）
2010	356.36	364.33	356.36	364.50	102.28
2015	392.73	364.94	364.94	377.94	103.56
2020	435.60	375.32	375.32	393.33	104.80
2030	450.84	403.88	403.88	429.36	106.31

根据对榆林市水量、水质承载力的计算，榆林市未来将以水量超载型为主。通过对超载度的计算，z 值为 102.28% ~ 106.31%，水资源的人口承载力均处于超载状态，且超载程度随时间呈现出逐渐加重的趋势。以 2010 年作为基础参照数据，根据对人口增长趋势的一元线性回归分析，计算出未来水资源的城镇、农村人口承载力，如表 7-10 所示。

榆林市水资源人口承载规模及超载量计算表　　表 7-10

年份	城镇人口（万人）			农村人口（万人）			总人口（万人）		
	承载	预测	超载量	承载	预测	超载量	承载	预测	超载量
2010	72.65	97.79	25.14	296.65	266.7	−29.95	369.3	364.5	−4.8
2015	91.38	108.74	17.36	291.69	269.2	−22.49	383.06	377.94	−5.12
2020	110.48	147.46	36.98	274.84	245.87	−28.97	385.32	393.33	8.01
2030	151.18	178.23	27.05	252.7	251.14	−1.56	403.88	429.36	25.48

榆林市水资源的人口承载规模测算结果表明，水资源的承载状况在城镇、农村呈现出显著的差异。伴随着榆林市工业经济的井喷式发展，大量农村人口涌向城镇，流动人口逐渐向中心城区、重工业化城镇的集聚，榆林市城镇人口始终处于超载状态，且超载程度在加重，2020年、2030年可承载的城镇人口数量分别为110.48万人、151.18万人，预测结果分别超载36.98万人，27.05万人；农村人口在水资源可承载范围内，2020年、2030年可承载的农村人口数量分别为274.84万人、252.70万人，均高于预测的农村人口数量。随着城镇化进程的不断推进，农村人口整体上呈现出减少的趋势，农村人口始终维持在水资源承载范围之内，且已经几近饱和，也面临着超载的潜在威胁。由于城镇化是未来必然的发展趋势，因此未来区域经济产生的人口集聚势必会造成人口的增长，使水资源的人口承载力进一步减小，城镇化与水资源超载相互制约的作用会更加明显。

7.3 水资源的农牧业承载规模测算

7.3.1 农牧业需水量预测

1）灌溉农业需水量的预测

现状耕地面积采用2005 ~ 2010年《榆林市统计年鉴》资料进行统计。全市有各类水利工程的总灌溉面积170万亩，实际灌溉面积130万亩，占总灌溉面积的76.5%。1980年以来全国粮食、蔬菜、水果总产量大幅度增加，但农田灌溉用水总量并没有增加。这一事实不但证实了节水灌溉技术的进步和普及，而且说明随着农业技术的进步，作物需水量和水分生产函数发生了很大变化。灌溉用水的计算结果如表7-11所示。

2010年各流域灌溉用水量计算表　　表7-11

流域分区	湿润年（万 m^3）	中等年（万 m^3）	干旱年（万 m^3）
佳芦河流域	690.99	995.77	1236.34
窟野河流域	4463.39	6432.07	7986.00
秃尾河流域	4789.31	6901.74	8569.13
无定河流域	37624.57	54219.75	67318.71
总计	47568.26	68549.33	85110.17

根据 2005 ~ 2010 年榆林市水资源年报数据统计，榆林市灌溉面积大体呈现出先减后增的趋势，而灌溉用水量变化呈现出相反趋势。从灌溉用地的分类情况来看，水田的面积基本保持稳定，水浇地的面积小幅增长，年平均增长率 1.59%，菜田面积逐年减少，年平均减少 4.88%；从灌溉定额的角度来看，各类用地的灌溉定额呈现出先增后减的趋势（表 7-12）。

榆林市 2005 ~ 2010 年各类灌溉用地用水变化统计表　　表 7-12

年份	水田			水浇地			菜田			小计
	面积（万亩）	用水量（万 m^3）	定额（m^3/ 亩）	面积（万亩）	用水量（万 m^3）	定额（m^3/ 亩）	面积（万亩）	用水量（万 m^3）	定额（m^3/ 亩）	用水量（万 m^3）
2005	11	8243	739	116	30827	265	11	5717	525	44787
2006	10.72	10320	963	110.09	31080	282	8.51	4864	572	46264
2007	10.52	10500	998	110.44	31756	288	8.90	5696	640	47952
2008	11	10764	979	113	32220	285	10	6122	612	49106
2009	11	8997	818	113	29866	264	10	5431	543	44294
2010	11.16	8431	755	125.19	34795	278	8.9	4194	471	47420

数据来源：2005 ~ 2010 年度榆林市水资源年报。

参照榆林市历年农业灌溉用水水平，根据榆林市实际情况和农业节水发展趋势，结合榆林市城市发展规划的发展要求，预计到 2015 年农田灌溉面积增加 5 万亩，到 2020 年农田灌溉面积增加 20 万亩；预测水田面积时，考虑到水田用水定额高，国家开展退耕还林还草等有关政策，基础设施建设和工业化、城市化发展等占地的影响，榆林缺水地区应减少水田面积。在坚守耕地红线的原则下，榆林市农业发展的趋势应是：维持现有基本农田面积不变或增加，减少的水田面积转为水浇地，改变作物种植结构，从灌溉水利用率的增加以及节水灌溉技术的提升进行节水。

随着科技进步，节水作物的采用，预测农业灌溉定额以年平均减少 2.5% ~ 5%，灌溉水利用系数得到提高。目前，榆林市渠系水利用系数平均仅为 0.45，预测至 2020 年渠系水利用系数将提升至 0.50 ~ 0.65；预测至 2030 年农业灌溉水利用系数为 0.65 ~ 0.80。根据不同的参数水平，采用灌溉需水量预测方法 [式（3-10）]，预测未来不同水平年的农业需水量。

2）灌溉农业节水量计算

滴灌是目前干旱缺水地区最有效的一种节水灌溉方式，水资源的利用率可达 95%；膜下滴灌的平均用水量是传统灌溉方式的 12%。目前在榆林现代农业示范园区内，开展了指针式喷灌、滚移式喷灌、微喷灌、滴灌、膜下滴灌等有多种节水灌溉技术。其中，指针式喷灌栽培技术，在干旱年可节水30%以上；滚移式喷灌节水30%以上。全市发展高效农业节水灌溉面积达96.57万亩，按照现状年30%的节水率计算，农业用水量可减少7113万 m^3，到2015年可节水6417.86万 m^3，到2020年可节水7135.79万 m^3，到2030年可节水7532.89万 m^3，相当于锦界工业园区现状年在高水平下的用水量（表7-13、表7-14）。

2010～2030年榆林市各流域灌溉面积及用水量预测表　　表7-13

流域分区	2010		2015		2020		2030	
	面积（万亩）	用水量（万 m^3）	面积（万亩）	用水量（万 m^3）	面积（万亩）	用水量（万 m^3）	面积（万亩）	用水量（万 m^3）
窟野河流域	12.15	4295.46	13.61	3875.67	15.40	4309.22	16.76	4549.02
秃尾河流域	15.69	5547.77	17.58	5005.60	19.89	5565.54	21.64	5875.26
无定河流域	100.96	35703.10	113.13	32213.91	128.00	35817.48	139.29	37810.72
佳芦河流域	5.30	1873.68	5.94	1690.57	6.72	1879.68	7.31	1984.29
总计	134.09	47420.00	150.25	42785.75	170.00	47571.92	185.00	50219.30

榆林市流域分区灌溉农业用水量预测结果统计表　　表7-14

流域分区	灌溉农业用水量（万 m^3）			
	2010	2015	2020	2030
窟野河流域	3651.14	3294.32	3662.83	3866.67
秃尾河流域	4715.60	4254.76	4730.71	4993.97
无定河流域	30347.63	27381.83	30444.86	32139.11
佳芦河流域	1592.63	1436.99	1597.73	1686.65
总计	40307.00	36367.89	40436.13	42686.40

3）畜禽饲养用水量

畜禽饲养用水量受畜禽种类、饲养方式和地区气候环境的影响。参考新疆、甘肃、河南、河北等省份、自治区关于畜禽饲养用水定额标准以及《农村给水设计规范》中的用水定额，考虑陕西的实际情况，榆林市农村普通畜禽饲养需水量定额按照表7-15计算。

畜禽饲养用水定额表　　表7-15

牲畜种类	农村普通饲养 [L/（头或只·天）]	一般养殖场 [L/（头或只·天）]
奶牛	70	75
肉牛、耕牛、马、驴、骡	45	50
猪	25	30
羊	8	10
鸡、兔、鸭、鹅	1.0	1.5

则根据农村牲畜用水量计算式（3-6），可对牲畜数量及需水量进行预测。结果如表 7-16 所示。

2010 ~ 2030 年榆林市牲畜数量及用水量预测表　　表 7-16

牲畜 / 家禽类别	2010		2015		2020		2030	
	数量万只（头）	年需水量（万 m^3）	数量万只（头）	年需水量（万 m^3）	数量万只（头）	年需水量（万 m^3）	数量万只（头）	年需水量（万 m^3）
奶牛	2.67	70.76	2.84	75.13	2.11	55.86	1.67	44.09
牛、马、骡	28.76	498.57	23.78	412.28	21.83	378.43	25.81	447.42
猪	123.20	1236.58	131.98	1324.76	141.39	1419.22	157.86	1584.54
羊	563.78	1852.02	644.41	2116.90	784.70	2577.75	846.15	2779.60
家禽类	932.28	425.35	995	453.99	1062	484.56	1149	524.11
总计	1650.69	4083.29	1798.06	4383.06	2012.08	4915.81	2262.52	5379.76

7.3.2　各流域水资源的农牧业承载规模测算

结合上文对灌溉农业需水量、节水量，以及农村畜禽饲养需水量的预测，榆林市各流域农业需水总量的预测结果如表 7-17 所示。

榆林市各流域农业需水量预测综合结果统计表　　表 7-17

流域分区	农业需水量（万 m^3）			
	2010	2015	2020	2030
窟野河流域	3651.14	3294.32	3662.83	3866.67
秃尾河流域	4715.6	4254.76	4730.71	4993.97
无定河流域	30347.63	27381.83	30444.86	32139.11
佳芦河流域	1592.63	1436.99	1597.73	1686.65
牲畜用水量	4083.29	4383.06	4915.81	5379.76
总计	44390.29	40750.96	45351.94	48066.16

预计到 2015 年、2020 年、2030 年榆林市灌溉农田面积分别为 150.25 万亩、170 万亩、180 万亩，主要分布在无定河、榆溪河流域沿岸地区，作物种植类型为小麦、玉米与杂粮等农产品；牲畜、家禽类动物总量在 2020 年、2030 年分别为 2012.08 万只（头）、2262.52 万只（头），相应的需水量为 1945.81 万 m^3、5379.76 万 m^3。仍按照现有动物数量及变化趋势发展养殖业，其中羊的饲养量最多，且主要分布在无定河、榆溪河和芦河三大河流地区，行政区以榆阳区、定边县和靖边县为主；综上所述，预计到 2015 年、2020 年、2030 年农业需水总量分别为 4.08 亿 m^3、4.54 亿 m^3、4.81 亿 m^3。相较现状

年榆林市用水量而言，农业示范园区节水效果显著，2020 年、2030 年农业需水增量仅为 961.65 万 m^3、2714.22 万 m^3。

7.3.3 农业节水的途径及措施

1）榆林市特色农业优势明显，玉米、大豆、马铃薯等杂粮发展潜力巨大

榆林市昼夜温差大，光照充分，北部风沙草滩区地下水源丰富、土壤类型多样等自然条件为特色农业发展提供有利的生产条件；经过长期物竞天择和人工培育，成为绿豆、荞麦等 12 类小杂粮作物优势产区；另一方面，特色作物的单产量大，玉米单产突破 1100kg，创百亩连片全国单产最高纪录；马铃薯单产突破全国单产最高纪录。据国际农业生物技术应用服务组织（ISAAA）测算，到 2025 年，中国对玉米的需求会在 2013 年的基础上增长 80%，对大豆的需求会增长 20%。而目前中国 80% 以上的大豆都是靠进口来供应的，单纯依赖进口解决粮食供应则无法保障粮食安全，十八届三中全会也因此将粮食安全作为首要战略。可见玉米、大豆、马铃薯等杂粮的生产具有巨大的市场潜力。但由于自然、经济和区位条件的限制，小杂粮的生产还未形成全国性的主导特色产业，如榆林市 20 万亩果园中优质园所占的比例不足 20%；杂粮种植面积普遍比较分散，仍未形成规模。桑蚕的主要产地吴堡县，坡地桑园只有 400 公顷左右，占总桑园的 30%，仍有可利用的 25° ~ 30° 陡坡地 6600 公顷待开发利用。因此，榆林发展现代特色农业具有生产规模还有进一步扩大的潜力。

2）调整种植结构即改变用水结构，有利于提高水资源的农业承载力

就现实而言，在缺水地区生产高耗水作物，总体上要耗费更多的水资源，这造成了水资源使用效率的低下。例如，据联合国教科文组织提供的数据，生产 1t 谷物所需的水量：小麦是 150m^3，大米是 2659m^3，玉米是 450m^3，大豆是 2300m^3，平均需水约 1000m^3。与水源丰富的地区相比，在缺水地区生产谷物需要消耗两倍的水量：A.Y. Hoekstra（2005）等学者的研究显示，在气候适宜的环境下，生产 1kg 的谷物需要 2000kg 的水；而在干旱国家，生产同样数量的谷物则需要 5000kg 的水。这一区别在很大程度上是由高温、高蒸发量、土壤条件及其他气候因素造成的，这与灌溉定额的制定原则相关——农业生产环境条件决定了作物种植制度、栽培方式。区域内不同的微地形、地貌、气候特点、土壤类型、作物种类对灌溉要求不同，作物的需水程度亦有所不同。榆林市位于黄土高原腹地，降水稀少且时空分布不均，蒸发量大，以马铃薯、玉米、水稻一年一熟轮作为典型种植结构，尤其水稻灌溉定额较高。因此，和其他周边地区相比，生长在榆林市的作物灌溉定额偏大；此外，无定河流域沿河地区又种植了大量水稻，因而需水量巨大。农业种植结构决定了用水结构，榆林市的水资

源禀赋已不适合种植耗水量大的作物，应以水定结构，通过种植结构调整，将无定河、榆溪河和芦河三大河流地区 7 万亩水稻转换为水浇地，每亩灌溉用水由 1200m^3 降低为 350m^3，可节水 0.6 亿 m^3。

3）优化特色农业空间格局有利于提高水资源的农业承载力

榆林市的特色产业正处于初级发展阶段，榆林南北区域、各县区自然资源禀赋、资源条件差异显著，“一村一品”的产业格局发展仍不平衡。按照不同区域的不同特点，因地制宜，建立不同类型的农业和农村经济结构模式，有利于发挥特色产业的优势。依据因地制宜的原则，北部风沙草滩区，林草、植被覆盖度高，如靖边、定边、榆阳等县（区），可重点发展舍饲养畜等产业；南部丘陵沟壑区为旱作农业区，人口密度较大，土壤质地较好，适宜发展小杂粮、杂果和药材产业；定边、靖边、横山等县处于无定河流域，是马铃薯、油料和荞麦等的优生区；东部黄河沿岸土石山区，土地瘠薄，水土流失严重，温湿条件较好，如佳县、吴堡、清涧县，可发展红枣、蚕桑等产业。

结合各地区、各流域的水资源条件，无定河、榆溪河和芦河三大河流地区耕地质量较高，是榆林市粮、菜、油的主产区，而农业生产条件分析结果表明，这片区域更适宜作为特色草畜区，发展舍饲养畜、马铃薯等产业；此外，无定河流域又同时支撑榆横、定靖化工园区的工业发展，工业用水日益紧缺，挤占农业用水常有发生。综合以上分析，结合《榆林市土地整治规划（2011 ~ 2020 年）》的要求，将长城沿线以北地区、无定河沿岸水稻面积部分转化为玉米、小麦等耗水少的作物，同时对农民减少的收益进行补贴，通过调整作物种植类型改变灌溉定额，从而使灌溉用水得以减少，提高水资源的农业承载力。灌溉用水节约的水量，可通过水权置换用于工业生产，实现水资源的高效利用（图 7-7）。

4）提高农业用水、节水技术可实现农业用水总量不增加

目前，每生产 1kg 粮食，在亚洲需要消耗水资源 1.01m^3，非洲需消耗 0.68m^3，北美洲需消耗 0.33m^3，欧洲需消耗 0.23m^3，而我国每生产 1kg 粮食所消耗的水资源量是发达国家的 2 ~ 2.5 倍，仍处于落后水平。农业灌溉技术中，漫灌一亩地大约需要 400m^3 的用水量，喷灌可节约一半，而滴灌仅需要 100m^3。2000 年到 2010 年，榆林市农业灌溉用水量占国民经济用水总量的比例由 92.35% 下降到 2013 年 71.09%。而每下降 10 个百分点，就节约出 1.05 亿 m^3 的水量，可供大型能源化工区 1 年的工业生产和居民生活用水需求。在不采用节水措施的情况下，神木现代特色农业示范园区面积 5000 亩的项目年总需水量为 84.37 万 m^3，在高效节水条件下的需水总量为 47.5 万 m^3，充分节水高达 43.69%。若将现状供水水源为地下水的北部风沙滩井灌区 70 万亩灌溉农田发展为喷灌、滴灌等微灌农田，每亩灌溉节约用水 100m^3，年可节水 0.70 亿 m^3。

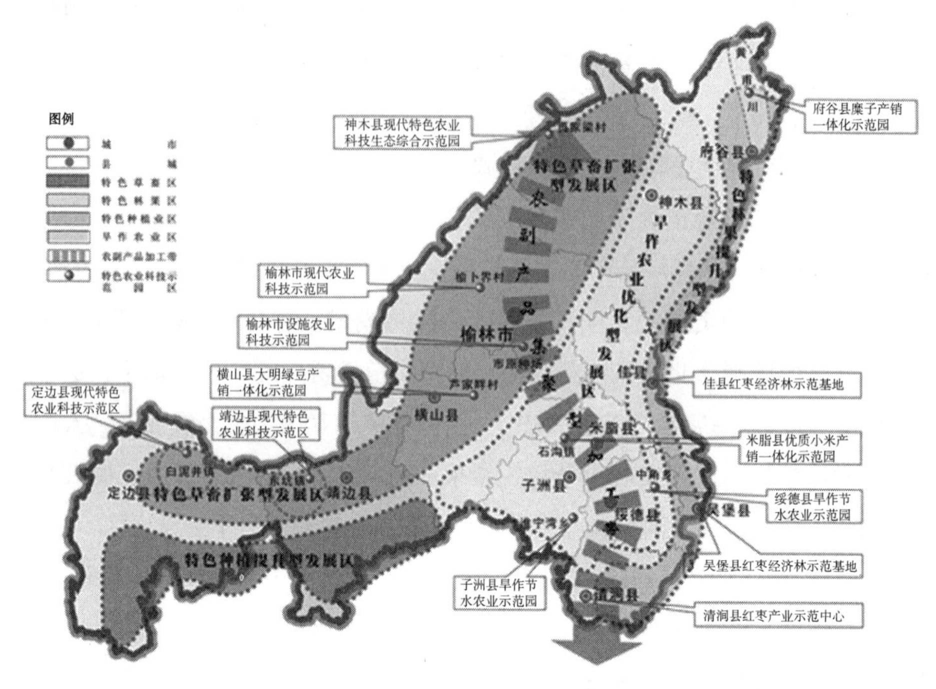

图 7-7　榆林市农业发展空间布局示意图

（资料来源：根据 2010 年《榆林市国民经济社会发展总体规划》）

以 28 条国营灌区（约 35 万亩）为重点，兼顾其他小型民营渠道，通过渠道改造、暗管输水、小畦灌溉等措施，完成改造面积 60 万亩，渠系水利用系数由 0.3 提高到 0.6，年可节水 0.75 亿 m^3。

此外，榆林市节水、集水水平有待提高。在亚洲，新加坡和以色列为节水成果最好的代表。新加坡采取的主要措施是积极利用先进水技术、着力解决管道漏水问题、大力提高储水能力、提高水资源管理水平；以色列（谷智生，1999）则通过减少水污染，提高水质、开发污水再利用技术、广泛采用节水灌溉技术和居民有效节约用水等途径进行有效节水。由此可见，只要增加科技投入使用水效率提高，完全可以在用水总量不增加甚至减少的条件下，实现国民经济各部门的用水需求。

7.4　水资源的工业承载力测算

7.4.1　主导产业需水量预测

工业需水包括采掘业、火力发电、煤化工、盐化工需水。榆林市用水量较大的采掘业主要包括煤炭、石油和天然气的开采，开采量分别根据《总体规划》确定的产能计算，单位产品用水定额采用《陕西省行业用水定额》（2013 年修订）的规定值。火力发电用水量按照装机容量、年利用小时数和装机取水定额确定，其中装机容量根据《总体规划》确定，年利用小时数按 5500h 计，装机取水定额按照《陕西省行业用水定额》（2013 年修订）确定。煤化工和盐化工由于产品众多，且缺乏部分产品的用水定额，因此按照产量和用水定额逐一测算需水量存在较大难度，则参考其他省市同行业用水定额，并根据实际情况进行调整。采用工业需水量预测式（3-18）、式（3-19），计算过程与结果如下：

1）煤炭产品产量及需水量预测

榆林市主要煤炭矿区有神府矿区、榆神矿区、榆横矿区、府谷矿区、吴堡矿区。根据煤炭资源勘查报告，榆林市煤矿矿区资源储量及开采能力如表 7-18 所示。

榆林市煤矿矿区资源储量及开采能力统计表　　表 7-18

矿区名称		井田面积（km^2）	资源储量（Mt）	估算可采量（Mt）	设计或规划能力（Mt/a）	服务年限（a）
侏罗纪煤田	神府矿区	2101.49	20226.14	12456.05	195.3	62.4
	榆神矿区一期	793.2	15387.7	9858.69	90.3	68.67
	榆神矿区二期	291	2812.1	1822.62	22.4	65.27
	榆神矿区三期	717	11249.92	5524.34	53	73.6
	榆神矿区小计	1801.2	29449.72	17205.65	165.7	69.18
	榆横矿区北区	2573	25801.18	14277.98	106	94.45
	榆横矿区南区	1795.7	8012.91	5437.42	43.2	75.56
	榆横矿区小计	4368.7	33814.09	19715.4	149.2	85.05
石炭二叠纪煤田	府谷矿区	226.9	5682.22	2994.07	31.4	78.13
	古城矿区	161.5	5235.07	1697.56	15	75
	吴堡矿区	33.2	451.72	271.03	3	64.5
	全市总计	14862.89	158122.77	91260.81	874.5	73.81

榆林市已探明的煤炭资源储量达 1490 亿 t 左右，截至 2010 年保有资源储量为 1470 亿 t，且尚有预测资源量 1220 亿 t 左右。若按保有资源储量计算，榆林市在 100 年内可平均每年生产 10 亿 t 煤的资源条件；如果加上预测资源量，可平均每年生产 13 亿 ~ 15 亿 t 煤，榆林市资源储量的保障能力强大，为煤炭产业长期可持续发展奠定了资源基础。然而，从开采煤炭对水资源的破坏方面分析，榆林市煤炭开采引起的地下水资源总量的约束值为 3.1 亿 ~ 4.1 亿 m^3，以此选取采煤破坏地下水资源系数为 0.8 ~ 0.9，则允许基地开采煤炭规模大体在 4 亿 t 左右。根据煤炭开采用水量的计算

方法，煤炭开采需水量将在 0.6 亿 ~ 1 亿 m^3 左右，需水量巨大。

2）电力产业的需水量预测

2010 年，榆林市发电装机容量达到了 753 万 kW，年发电量 356 亿 kW·h，发电量占陕西省发电总量 1032 亿 kW·h 的 34.40%。相比 2005 年发电量，榆林市 2010 年的发电量增加了 5.2 倍，电力产业的发展非常迅速；榆林市人均装机容量 2.22kW/ 人，分别为陕西省和全国人均装机容量 0.63kW/ 人和 0.72kW/ 人的 3.5 倍和 3.1 倍，可见榆林市的电力产业极为发达（表 7-19）。

榆林市现有主要燃煤电厂列表　　表 7-19

发电厂名称	所在地	机组台数及单机容量（万 kW）	容量（万 kW）
锦界电厂	神木	4×60	240
庙沟门电厂	府谷	2×60	120
清水川电厂	府谷	2×30	60
郭家湾矸石电厂	府谷	2×30	60
店塔电厂	神木	2×13.5	27
沙川沟电厂	府谷	2×13.5	27
银河电厂	榆林	2×13.5	27
国华神木电厂	神木	2×10	20
	小电厂等		172
合计			753

根据电力部门的规划，结合调研，“十二五”榆林市电力用电量的年增长率为 18%，2010 年用电量 144 亿 kW·h，用电最大负荷 240.3 万 kW，随着产业结构趋于合理和节能新技术的推广应用，电力消耗强度将会有明显下降。根据榆林市主要现有及在建的燃煤电厂发电能力规划，发电容量总计 2475 万 kW，即需水量约 9664.88 万 m^3，新增需水量 2267 万 m^3。

2015 年榆林市主要燃煤电厂发电能力规划列表　　表 7-20

名称	机组台数及单机容量（万 kW）	容量（万 kW）	名称	机组台数及单机容量（万 kW）	容量（万 kW）
锦界电厂	4×60+2×100	440	清水川煤矸石电厂	2×30	60
庙沟门电厂	2×60+2×100	320	段寨煤矸石电厂	2×30	60
榆横电厂	2×66	132	红柳林煤矸石电厂	1×30	30
店塔电厂	2×66	132	神木热电厂	1×30	30
清水川煤电铝电厂	2×35	70	店塔电厂	2×13.5	27

续表

名称	机组台数及单机容量（万 kW）	容量（万 kW）	名称	机组台数及单机容量（万 kW）	容量（万 kW）
榆阳热电厂	2×35	70	沙川沟电厂	2×13.5	27
清水川电厂	2×30	60	银河电厂	2×13.5	27
郭家湾煤矸石电厂	2×30	60	国华神木电厂	2×10	20
榆树湾电厂	1×33	33	合计		1598

3）煤化工主要产品产量及需水量预测

目前，我国现代煤化工产业正处于起步阶段，大规模成套产品生产技术还未成熟。现有进入工艺技术示范的产品有：煤制油、煤制烯烃、煤制天然气、煤制乙二醇、二甲醚、醇醚燃料以及煤制芳烃等。国务院批准的《工业转型升级规划（2011 ~ 2015 年）》要求：在传统煤化工领域，不再审批单纯扩能的焦炭、电石项目，结合淘汰落后产能，对合成氨和甲醇等通过上大压小、产能置换等方式提高竞争力。

根据国内外煤化工产业发展态势和周边地区煤化工产业发展特点，以及国内外市场需求，榆林煤化工产业构建煤炭热解、煤制烯烃、煤制芳烃、煤制油、煤盐化一体化的五大产业链体系，预计新增生产规模合计为：甲醇 1280 万 t/ 年、煤制烯烃（MTO、DMTO、MTP）455 万 t/ 年、醋酸 60 万 t/ 年、二甲醚 180 万 t/ 年；低温煤干馏 1920 万 t/ 年、煤焦油加氢 170 万 t/ 年；合成氨 180 万 t/ 年、尿素 220 万 t/ 年；烧碱 232 万 t/ 年、纯碱 220 万 t/ 年、PVC80 万 t/ 年。

根据国内同类项目资源消耗水平，结合榆林当地情况，预计每年新增耗水 3.37 亿 m^3，且主要集中在榆林市北部的榆横、榆神煤化学工业园区（表 7-21）。

榆林市能源化工区煤化工产业新增需水量统计表　　表 7-21

能源化工园区名称	煤化工产业新增需水量（万 m^3）
榆横煤化学工业园区	17354.1
榆神煤化学工业园区	10773.56
神府经济开发区	197.6
府谷煤电化工业园区	4435.26
吴堡煤焦化工业园区	72
榆林南部盐化工工业园区	841.6
总计	33674.12

4）盐化工主要产品产量及需水量预测

榆林市是主要盐化工产品如纯碱、烧碱、聚氯乙烯（PVC）、甲烷氯化物、氯化铵、氯酸钠、金属钠、小苏打、真空盐等。至2010年，榆林市已建成的盐及盐化工项目有：定边盐化厂年产10万t粉洗盐、中盐榆林盐化公司年产60万t真空盐、陕西北元化工集团年产80万t烧碱和100万t聚氯乙烯、陕西金泰氯碱公司米脂一期年产10万t烧碱和10万t聚氯乙烯等项目，原盐产量为41万t、烧碱14.5万t、聚氯乙烯16.4万t。根据《陕西省盐化工产业发展规划》，榆林市盐及盐化工项目近期每年总用水量为7010万m^3；远期工业盐产量规划为540万t、精制卤水2650万t，据测算需水量为9400万t。

7.4.2 工业产品及用水量的变化趋势

在我国经济发展过程中，工业产品产量对工业总产值或GDP影响较大。根据榆林市历年统计资料，榆林市2010年主要工业产品产量及增长率如表7-22所示。1980年以来，除白酒外，榆林市其他主要工业产品产量大幅增长。2005年后，由于大规模的能源化工项目陆续开工，原煤、发电量、原油加工量、合成氨、兰炭、电石、水泥、金属镁等工业产品的产量显著增加。其中，兰炭、合成氨的产量增长速度最快，分别比1980年增长了121.64%、113.08%，比2000年增长了168.51%、156.52%，比2005年增长了273.35%、196.18%，这类能源化工加工产品的增长速度逐渐加快。玻璃、原油的产量均增长了50%以上，电石、原煤、精甲醇、水泥、原油加工量、原盐、天然气的增长率介于15%～32%，白酒的产量在2002年后呈现出逐渐减少的趋势，比2000年减少了2.92%。

榆林市主要工业产品产量与历年增长率统计表　　表7-22

主要工业产品	2010年产量	比2005年增长（%）	比2000年增长（%）	比1980年增长（%）
原煤/万t	25732	35.13	32.77	27.66
原油/万t	983	15.73	46.91	49.14
原盐/万t	40.98	35.23	24.94	18.46
精甲醇/万t	119.38	26.02	26.38	26.38
天然气/亿m^3	109.83	10.95	14.56	14.56
合成氨/万t	1.75	196.18	156.52	113.08
原油加工量/万t	260.96	27.59	20.82	20.82
兰炭/万t	959.56	273.35	168.51	121.64
电石/万t	92.91	31.85	31.81	29.75
水泥/万t	109.31	35.11	21.25	18.65
白酒/千L	1398.68	−3.65	−2.92	−0.23
玻璃/万重量箱	683.38	26.74	99.04	76.93

续表

主要工业产品	2010 年产量	比 2005 年增长（%）	比 2000 年增长（%）	比 1980 年增长（%）
发电量 / 亿 kW · h	356.27	46.61	39.76	33.99
金属镁 / 万 t	18.93	154.55	—	—

1980 ~ 2010 年，榆林市工业用水量总体呈迅速增长趋势，年均增长率达 5.96%。从水资源分区情况来看，工业用水量增长最快的是窟野河流域、秃尾河流域，年均增长率达到 10%；从行政分区来看，工业用水量增长最快的是神木县，年均增长达到 13%；全市生产用水量占总用水量的 91.44%。表 7-23 为“十一五”期间榆林市主要工业产品产量及用水量的统计情况，结果显示，在高、低方案下，主要工业用水量为 3.21 亿 m^3、2.83 亿 m^3。

“十一五”期间榆林市主要工业产品产量及用水量统计表　　表 7-23

产品名称	单位	新增产能	高用水定额	低用水定额	单位	高用水量（万 m^3）	低用水量（万 m^3）
原煤	万 t	19172	0.25	0.15	m^3/t	4793.00	2875.80
天然气	亿 m^3	49.36	0.25	0.15	m^3/ 万 m^3	12.34	7.40
发电量	亿 kW · h	287.54	0.71	0.71	m^3/(MW·h)	20415.34	20415.34
甲醇	万 t	150	12	7.5	m^3/t	1800.00	1125.00
兰炭	万 t	1064	0.2	0.15	m^3/t	212.80	159.60
电石	万 t	52	1	0.8	m^3/t	52.00	41.60
原油	万 t	820	4	3	m^3/t	3280.00	2460.00
原盐	万 t	13.98	2	1	m^3/t	27.96	13.98
聚氯乙烯	万 t	70	10.5	8.5	m^3/t	735.00	595.00
醋酸	万 t	35	7	6	m^3/t	245.00	210.00
煤焦油加氢	万 t	50	9	7.5	m^3/t	450.00	375.00
金属镁	万 t	14	2	0.61	m^3/t	28	8.54
总计						32051.44	28287.26

根据“十二五”规划对能源重化工重点工业产品的生产要求，测算出基于高用水定额、低用水定额下的工业需水量。结果显示，工业产品的产量有了较大幅度的增加，且产品的种类有所调整，以原煤原油开采及粗加工为主的工业产品转为深加工的煤化工下游产品为主。计算结果显示，在高、低方案下，主要工业用水量为 6.50 亿 m^3、4.35 亿 m^3，相比“十一五”期间用水量增加了近两倍。产业结构的调整不但没有减少工业用水量，而是随着煤化工、盐化工等下游工业产品较高的用水定额成倍地增加了工业用水量（表 7-24）。

"十二五"期间榆林新增能源化工重点工程用水量测算表 表 7-24

产品名称	2015 年新增工程量		用水定额			高用水量（万 m^3）	低用水量（万 m^3）
	数量	单位	高用水定额	低用水定额	单位		
煤炭	1.8	亿 t	0.25	0.15	m^3/t	4500	2700
电力	1500	万 kW	0.71	0.71	m^3/（MW·h）	5857.5	5857.5
石油	600	万 t	4	3	m^3/t	2400	1800
天然气	90	亿 t	0.25	0.15	m^3/ 万 m^3	31275	18765
煤制甲醇	1000	万 t	10	6.5	m^3/t	10000	6500
煤制烯烃	300	万 t	20	15	m^3/t	6000	4500
煤制芳烃	100	万 t	7.5	6.1	m^3/t	750	610
煤制油	100	万 t	10	7.5	m^3/t	1000	750
兰炭	1500	万 t	0.2	0.15	m^3/t	300	225
冶金焦	300	万 t	3.5	0.5	m^3/t	1050	150
聚氯乙烯	70	万 t	10.5	8.5	m^3/t	735	595
纯碱	100	万 t	6.5	6	m^3/t	650	600
电石	300	万 t	1	0.8	m^3/t	300	240
金属镁	25	万 t	6.7	6.7	m^3/t	167.5	167.5
总计						64985	43460

7.4.3 工业园区需水预测

榆神煤化工业区供水水源包括瑶镇水库、李家梁水库、中营水库、采兔沟水库、香水水库，共计供水量 2.90 亿 m^3。园区现状高、低用水方案下的用水量为 1.07 亿 m^3、1.13 亿 m^3，项目用水能够得到满足；远期高、低用水方案下的需水量预计为 3.13 亿 m^3、1.85 亿 m^3，供水量不足。若黄河东线府谷大泉引水工程得以实施，即实现可利用水量约 5.2 亿 m^3，否则清水工业园区的 600 万 t 煤液化项目、陶氏煤制甲醇及下游产品项目无法得到水资源的保障。

榆横煤化学工业区供水来源为王圪堵水库。王圪堵水库供水总量为 1.36 亿 m^3，在满足城镇、农村居民、下游生态需水的基础上，为园区提供水量 1.23 亿 m^3。根据园区内工业项目规模及用水量测算，园区现状高、低用水方案下的用水量为 0.5 亿 m^3、0.84 亿 m^3，项目用水能够得到满足；远期园区内高、低用水方案下的需水量预计为 1.87 亿 m^3，供水量不足，已经无法满足该工业区 2010 年后拟进入项目的用水需求。根据拟建项目规模及产品用水定额，甲醇、煤制油项目耗水量较大，适宜缩小拟建规模，或通过调用无定河水量增加供水量。

府谷工业区的供水来源采用岩溶水及第四系松散层孔隙潜水，水资源量约 2.3 亿

m^3，其中岩溶水 1.27 亿 m^3，第四系松散层孔隙潜水 9 个水源地为 1.03 亿 m^3，根据现状及未来项目发展规模，园区用水能够得到保证（表 7-25）。

榆林市各工业区高、低方案下现状用水量统计表 表 7-25

工业区名称		现状用水量（万 m^3）	
		高需水总量	低需水总量
神府经济开发区	锦界工业园区	4679.79	3689.79
	店塔工业园区	3623.38	1783.38
	小计	8303.17	5473.17
榆神煤化工业区	榆树湾煤化工区	669.45	572.95
	大河塔工业区	755.67	515.27
	清水工业园	6085.00	6484.00
	其他	3803.20	3083.20
	小计	11313.32	10655.42
府谷煤电化载能工业区	清水川工业集中区	2828.64	2768.64
	皇甫川工业园区	1242.02	995.02
	郭家湾工业集中区	892.7	892.7
	庙沟门工业集中区	5240.88	5150.88
	小计	9311.54	8914.54
靖边能源化工产业园		1500.00	975.00
榆横工业园区		5000.00	8430.00
绥米佳盐化工区		1263.00	917.75
榆林经济开发区		1109.24	795.74
定靖油气产能园		3200.00	2400.00
吴堡煤焦化工业园		0	0
总计		70821.00	64497.45

注：单机容量 300MW 级包括：300MW ≤ 单机容量 ＜ 500MW 的机组，单机容量 600MW 级及以上包括：单机容量 ≥ 500MW 的机组。

靖边能源化工基地目前取水方式为靖边县污水处理厂、煤矿输矸水、芦河与红柳河库坝群以及直接取水于无定河，取水量约为 0.5 亿 m^3。目前无用水规模，而远期由延长石油集团规划的 500 万 t 甲醇项目在高、低用水方案下的需水量分别为 0.33 亿 m^3、0.5 亿 m^3。然而采用芦河水将对无定河下游河道生态、生活等用水产生影响，而采用红柳河、无定河上游水，将对榆横工业区用水产生影响。基于水资源承载力的角度，应缩小或取消拟建的甲醇项目，或挖掘污水处理厂及煤矿输矸水的供水潜力。

吴堡煤焦化工业园区现状无用水需求，拟建的甲醇、焦化厂在高、低用水方案下的需水量共计0.14亿m^3、0.11亿m^3，则通过黄河引水工程计划供给0.1亿m^3来保障项目用水需求。

绥米佳盐化工区供水来源为王圪堵水库，供水量为0.1亿m^3。园区现状高、低用水方案下的用水量分别为0.13亿m^3、0.09亿m^3，根据拟建项目规模测算远期园区新增需水量约0.04亿～0.05亿m^3，仅依靠王圪堵水库的供水量已无法满足现状高方案的用水量，远期新建项目的供水无法得到满足（图7-8）。

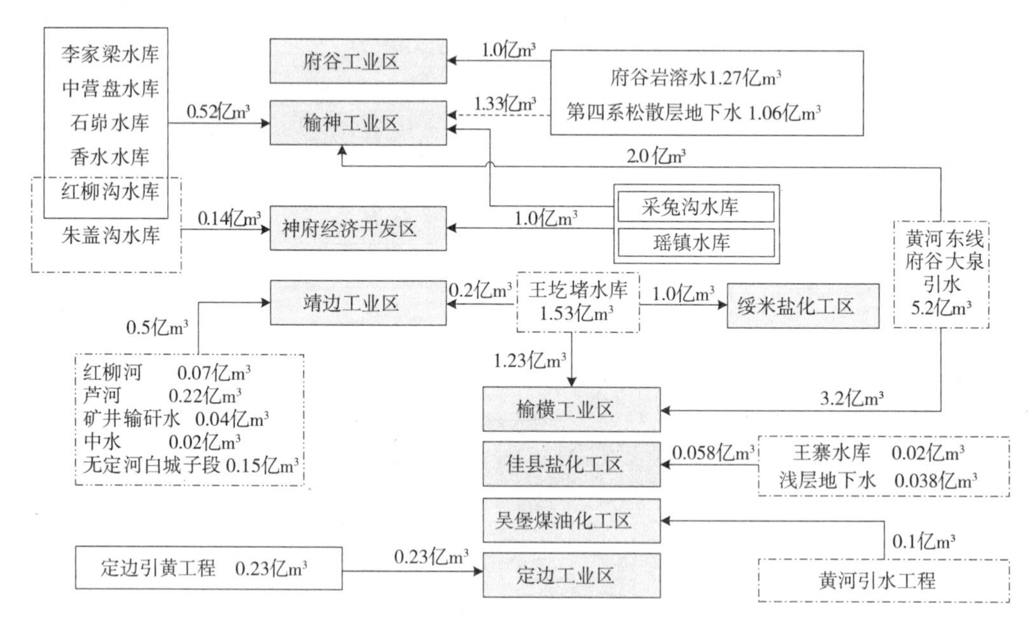

图7-8 榆林市各能源化工园区供水来源及供水量示意图

（注：虚线为正在建设中、未能实现供水的水源工程）

7.4.4 水资源可承载的工业规模

通过对榆林市各能源化工园区供水来源及供水量进行统计分析，计算未来各工业园区在高、低用水定额方案下的水资源承载状况，用水量余缺这一指标进行表示。从目前建成能化重点项目的发展战略分析，榆林市6个工业区在高、低方案下的现状年用水量分别为4.25亿m^3、3.77亿m^3，根据现有水源工程和规划水源工程可供水量计算，瑶镇、采兔沟、李家梁、香水、硬地梁应急供水、府谷岩溶水等供水工程实现供水，年可供水量可达到9.64亿m^3，总缺水量为2.73亿m^3，主要缺水地区为榆神、榆横和靖边工业区及生态用水；按照《陕北能源化工基地规划（2006～2020）》发展要求，远期榆林市在高、低方案下的用水量分别为7.97亿m^3、6.51亿m^3，水资源超载量约为3.07亿m^3、1.03亿m^3。

供水方面，到 2020 年，王圪堵水库、府谷岩溶水、第四系松散层孔隙潜水等向榆神工业区供水，中水回用、矿井疏干水等，年可供水量为 10.95 亿 m^3，总缺水量为 4.61 亿 m^3，主要缺水地区为府谷、榆神、榆横和靖边工业区及生态用水；到 2030 年，朱盖沟、红柳沟等供水工程建成，中水回用、矿井疏干水等，年可供水量为 11.94 亿 m^3，总缺水量为 5.2 亿 m^3，如建成黄河东线府谷大泉引水工程，府谷、榆神、榆横工业园区基本可以实现供需平衡。南部盐化工区也存在缺水情况，绥米佳盐化工区现有工业规模在高、低方案下的缺水量分别为 0.13 亿 m^3、0.09 亿 m^3。具体结果如表 7-26 所示。

根据现状工业园区的项目规模与发展趋势，结合各项区域发展规划、行业发展规划及目标，榆林市能源基地各个工业园区均有不同程度的水资源超载已得到论证。若现在的发展速度不加以控制，榆林市经济发展势必会受到水资源短缺的限制。本书采用工业需水量预测模型 [式（3-18）、式（3-19）]，对各个工业园区规划新建项目需水量进行逐一计算，综合分析各个工业项目需水量的大小及项目新建必要性，对榆林市应该发展何种工业项目以及工业项目应该具有多大的发展规模进行讨论（表 7-27）。

从表 7-27 中可以看出，榆林市计划扩建、规划新建工业项目在 2020 年、2030 年的平均需水量分别为 4.61 亿 m^3、3.71 亿 m^3。新建、扩建的工业项目类型还可划分为煤炭板块、电力板块以及煤化工板块。从用水定额大小的角度来看，煤化工项目耗水量相对巨大，仅 MTO 这一项单位产品的耗水量约为 30 ~ 40t，即使在水资源较丰富的地区，这类工业项目的建设也同样具有较大挑战性；“榆林版”煤制油虽已达到世界先进水平，但吨油耗水量也高达 6 ~ 10t，且能达到这一耗水水平的企业为数不多。《陕北大型煤炭示范基地开发方案》指出，“加快建设高产高效现代化矿井，适度发展煤电、煤化等相关产业……”是未来榆林市能源化工产业的发展方向及重点，考虑到矿产资源的产业发展优势、提高产品附加价值、市场需求量等因素，为达到水资源维持在承载范围之内的目标，榆林市的工业项目应进行以下调整：

1）合并小型煤炭板块工业项目

《榆林市现代产业体系总体规划》提出煤矿建设原则上以建设大型矿井为主，鼓励建设 1000 万 t 以上的特大型矿井。根据规划提出的这一原则及建设标准，结合当地的水资源条件，即将建成的府谷岩溶水、第四系松散层孔隙潜水供水工程将提供 2.3 亿 m^3 的水资源量，可以满足现有规划项目的工业用水需求，但适宜将清水川、皇甫川、庙沟门计划新建的大型煤矿矿井集中布局在府谷煤电化载能工业园的清水工业园区内，通过合并重组的方式扩大煤矿矿井的开发规模。一方面，秃尾河流域水量相对丰富，采兔沟水库的供水保证率高，煤矿开采和洗选业受水资源的约束相对较小，且煤矿企

榆林市高、低方案下各工业园区水资源承载量统计表 表 7-26

工业区名称	供水来源	所属流域	工业城镇现状供水量（亿 m^3）	工业城镇规划供水量（亿 m^3）	高方案（亿 m^3）				低方案（亿 m^3）			
					近期用水量	水量余缺	远期新增水量	水量余缺	近期用水量	水量余缺	远期新增水量	水量余缺
府谷煤电工业园	府谷岩溶水	其他	0	1.27	0.93	-0.93	1.77	-0.4	0.89	-0.89	0.83	0.58
	第四系松散层孔隙潜水		0	1.03								
	供水小计		0	2.30								
榆神煤化学工业园	府谷岩溶水	窟野河流域	0	1.33	1.85	-0.21	3.64	-0.88	1.79	-0.15	3.13	-0.31
	香水水库		0.06	0.06								
	朱盖沟水库		0.07	0.07								
	瑶镇水库	秃尾河流域	0.76	0.76								
	采兔沟水库		0.55	0.55								
	李家梁 / 中营水库	无定河流域	0.2	0.2								
	供水小计		1.64	1.64								
榆横煤化学工业园	王圪堵水库	无定河流域	0	1.23	0.84	-0.84	1.87	-1.48	0.5	-0.5	1.87	-1.14
靖边能源化工基地	煤矿疏干水		0.04	0.04	0.5	-0.09	0.5	-0.11	0.5	-0.09	0.5	-0.11
	芦河库坝群		0.22	0.22								
	红柳河库坝群		0	0.07								
	无定河（白城子）段		0.15	0.15								
	供水小计		0.41	1.71								
绥米佳盐化工区	王圪堵水库	无定河流域	0	0.1	0.13	-0.13	0.05	-0.06	0.09	-0.09	0.04	-0.01
	王寨水库	佳芦河流域	0	0.02								
	供水小计		0	0.12								
吴堡焦煤油化工园	黄河引水		0	0	0.1	0	0	0.14	-0.14	0	0.14	-0.14
供水合计			2.05	7.2	4.25	-2.2	7.97	-3.07	3.77	-1.72	6.51	-1.03

2010 ~ 2030 年榆林市计划扩建、规划新建工业项目及平均需水量预测表　　表 7-27

工业园区名称	项目名称	项目内容	2020 年需水量（万 m^3）	2030 年需水量（万 m^3）
府谷煤电化载能工业园	清水川工业集中区二期	600 万 t/ 年煤矿	150	90
		2×600MW 电厂	468.6	468.6
	皇甫川工业集中区	600 万 t/ 年煤矿	150	90
		180 万 t 甲醇	1800	1170
		30 万 t 合成氨	300	240
		大唐 60 万 t MTP	2028	2028
	庙沟门工业集中区	600 万 t/ 年煤矿	150	90
		6×600MW 电厂	1405.8	1405.8
	小计		6452.4	5582.4
榆神煤化学工业园	锦界工业区		10849.805	9209.845
	陶氏煤化工项目一期、二期	600 万 t 甲醇	6000	3900
		200 万 t MTO	6760	6760
		300 万 t 甲醇	3000	1950
	陶氏煤化工项目三期	100 万 t MTO	3380	3380
	神华萨索煤液化一期	300 万 t 油品	1800	1800
	神华萨索煤液化二期	300 万 t 油品	1800	1800
	小计		22740	19590
榆横煤化学工业园	陕煤 DMTO 工业项目	240 万 t 甲醇	2400	1560
		80 万 t MTO	1600	1200
	中化益业	180 万 t 甲醇	1800	1170
		80 万 t MTO	1600	1200
	兖矿煤液化示范项目	100 万 t 油品	1070	750
	兖矿煤液化项目一期	400 万 t 油品	4280	3000
	榆横电厂二期	2×1000MW 电厂	781.6	781.6
	延长石油醋酸项目一期	120 万 t 甲醇	1200	780
		41 万 t 醋酸等	289.46	246
	小计		15021.6	10687.6
靖边能源化工园	延长石油集团项目	150 万 t 甲醇等	1500	975
吴堡焦煤油化工园	吴堡焦煤化工园区	焦油煤化工	180	180
绥米佳盐化工区	陕西金泰氯碱化工二期	15 万 t PVC	135	97.5
	中盐皓海化工	20 万 t 真空盐	24	16
总计			46052.46	37128.5

业集中采煤规模越大，机械化率越高，设施完善，集中开采对地下水的破坏相对较小；另一方面，清水工业区内电厂建设规模较大，有利于煤炭就地转化。

2）电力板块工业项目应普遍采用高度节水的空冷方式发电

根据调查统计，一个百万千瓦的火力发电厂循环水量大约为 7.5 万 t/h，而循环水的补充水大约为 2250t/h（田银娥，2011），耗水量巨大。循环冷却水一般占总耗水量的 70% 以上，水冷发电需水水平为 13 万 m^3/d，而空冷发电为 3.4 万 m^3/d。当汽轮机采用空冷系统时，耗水量仅为传统蒸发式冷却水塔耗水量的 1/3。若榆林能源化工基地的所有发电厂循环冷却系统均采用锦界国华发电厂的空冷方式，即使各规划新建、扩建的项目规模不变，也将节省 30% 的水量，约为 2343 万 m^3，节水量非常可观。

3）以煤焦油技术为煤化工发展重点，限制南部缺水地区的煤化工项目

榆林市煤化工的优势项目应布局在秃尾河流域的榆神煤化工业园区，其中神木陶氏煤化工项目为世界最大的单体煤化工项目，煤制甲醇产能 600 万 t/ 年，甲醇制烯烃 MTO 产能 200 万 t/ 年。对于园区来说最大考验在于工业用水需求，当前以水库引水为主，基本上能够满足园区内工业用水，但未来年需水量将增加至 2.5 亿 m^3 左右，远大于水库容量。一方面，限制园区内其他工业项目的用水规模，可有效缓解陶氏煤化工项目的用水紧张程度；另一方面，从控制产能过剩和限制“两高一资”行业的角度出发，国家对煤化工下游工业产品，如金属镁、电解铝、多晶硅行业的调控力度进一步增大，这就意味着榆林市内其他园区的煤化工项目也应限制发展规模，才能保证榆神煤化工业园区的用水要求。因此，南部水资源稀缺地区，如吴堡焦煤油化工业区的焦油煤化工项目、绥米佳盐化工区陕西金泰氯碱化工二期的 15 万 t/ 年 PVC 项目应暂缓或取消建设计划，相应节水量约为 3929 万 m^3。

榆横煤化学工业区的工业项目以兖矿 1000 万 t/ 年煤制油项目和 160 万 t/ 年的 MTO 项目为主。由于兖矿自主研发的煤制油技术已被鉴定为达到国际先进水平，同时也具有相对耗水量小的生产能力，年需水量至少约为 6000 万 m^3；而甲醇制烯烃 MTO 耗水量极大，下游产品如煤制甲醇用水定额较高，年需水量约 1.7 亿 m^3，王圪堵水库水量无法同时满足二者的工业生产用水需求。因此，保留榆横煤化工业区的煤制油项目；通过与榆神煤化工业园区 MTO 生产工艺进行对比，缩小陕煤、中化益业的 MTO 生产规模，以生产甲醇为主，可减轻水资源短缺度。这一措施可将节约水量 3200 万 m^3。

通过以上分析，可得出各个工业区可承载的水资源量与重点发展的工业项目及规模，如表 7-28 所示。

榆林市 2020 ~ 2030 年水资源适载工业项目类型及规模计算结果表　　表 7-28

工业园区名称	新增供水量（亿 m^3）	可承载工业项目	适载工业项目规模
府谷煤电工业园	2.3	煤矿	1800 万 t/ 年
		电厂	4 × 1000MW 机组
		甲醇	300 万 t/ 年
		合成氨	100 万 t/ 年
		MTP 及下游产品	80 万 t/ 年
榆神煤化学工业园	2.97	MTO 及下游产品	300 万 t/ 年
		甲醇及下游产品	1180 万 t/ 年
		PVC	100 万 t/ 年
		锦界发电厂	4 × 1000MW 机组
榆横煤化学工业园	1.23	煤制油	1000 万 t/ 年
		MTO 及下游产品	60 万 t/ 年
		甲醇及下游产品	200 万 t/ 年
		热电厂	2 × 1000MW 机组
靖边能源化工基地	0.48	甲醇及下游产品	150 万 t
绥米佳盐化工区	0.12	真空盐	20 万 t
吴堡焦煤油化工园	0.1	不宜建设煤油化工项目	

7.5　河道外生态需水

河道外生态需水主要包括城市生态需水和农村生态需水。农村生态需水已经在农村居民生活用水定额中考虑，在此不再重复计算。考虑到河道内需水量不参与河道外水资源供需平衡分析，因此在预测分析中不予计算。城镇生态环境美化依据城市人口多少及人均生态环境美化需水量确定。结合榆林市实际，根据经济和社会发展的规模及需要，城市生态需水主要考虑绿地需水。按照《榆林市国民经济和社会发展第十二个五年规划纲要》，2015 年、2020 年和 2030 年榆林市绿地率为 31%、36%、40%；城镇人均绿地面积分别为 $9m^2$、$12.2m^2$、$13.6m^2$。按照前述人口预测结果，参考《陕西省行业用水定额修订稿》（2013 年）将生态用地用水定额标准制定为 $300m^3$/ 亩，则 2015 年、2020 年、2030 年榆林市城市生态需水量分别为 369.77 万 m^3、604.56 万 m^3、922.04 万 m^3，这部分生态需水量是维持生态环境不被破坏的最低限值，应得到保障。

7.6 小结

1）全市供水量逐年增加，各行业用水量持续增长，用水结构变化显著，用水水平有所提高

1980 ~ 2010 年间，研究区总供水量有较大增长，新增供水量集中在无定河流域、秃尾河流域。地表水仍为榆林市主要供水水源，但供水量的比重有所减少，而地下水供水量虽略低于地表水源，但比例逐年增加，其他水源供水量趋于减少。各行业用水量持续增加，用水结构变化显著。农业用水量所占用水总量的比重明显减少，工业用水量、居民生活用水量比重大幅增加，工业、农业、生活用水的比例由 1.56 ∶ 92.35 ∶ 6.08 变为 18.73 ∶ 68.59 ∶ 12.68。用水量在空间上分布不均，但与工农业生产、城市布局相适应，北六县用水量约为南六县的 7 倍，且以农业生产、工业生产用水为主；南部六县用水量普遍较少，以生活用水为主。1980 ~ 2010 年榆林市人均总用水量有所减少，万元 GDP 用水效率显著提高，规模以上工业万元增加值用水量远高于全国平均水平，农田灌溉用水指标略有减少，无定河流域的灌溉水平有所提高。

2）城镇人口始终处于超载状态，农村人口在水资源的承载范围内

水资源的承载状况在城镇、农村呈现出显著的差异。城镇人口始终处于超载状态，且超载程度在加重，2020 年、2030 年可承载的城镇人口数量分别为 110.48 万人、151.18 万人，预测结果分别超载 36.98 万人，27.05 万人；农村人口在水资源可承载范围内，2020 年、2030 年可承载的农村人口数量分别为 274.84 万人、252.70 万人，均高于预测的农村人口数量。

3）灌溉农业可稳定在水资源的可承载范围内，可通过调整作物种植结构、改造灌溉设施、提高灌溉水平等措施降低农业需水量

预测至 2020 年、2030 年，榆林市各流域灌溉面积可增至 170 万亩、185 万亩，分别高于现状面积 35.91 万亩、45.91 万亩，主要分布在无定河、榆溪河流域沿岸地区，作物种植类型为小麦、玉米与杂粮等农产品；各类牲畜数量在 2020 年、2030 年可分别增加 361.19 万只（头）、611.83 万只（头），相应的新增水量为 1945.81 万 m^3、5379.76 万 m^3。提高水资源的农业承载力途径主要有：一是通过调整种植结构，将 7 万亩水稻转换为水浇地，主要生产玉米、小麦等耗水少的作物，每亩灌溉用水由 1200m^3 降低为 350m^3，可节水 0.6 亿 m^3；二是提高灌溉技术，将北部风沙滩井灌区 70 万亩灌溉农

田发展为喷灌、滴灌等微灌农田，每亩灌溉节约用水 100m^3，年可节水 0.70 亿 m^3；三是改善灌溉条件，通过对 35 万亩国营灌区实施灌溉渠道改造、暗管输水、小畦灌溉等措施，并将渠系水利用系数由 0.3 提高到 0.6，年可节水 0.75 亿 m^3。预计到 2020 年、2030 年农业需水增量仅为 961.65 万 m^3、2714.22 万 m^3。

4）现状工业园区存在用水缺口，榆横、榆神工业区尤为显著，未来工业应向秃尾河流域集聚

现状供水能力与保证率为 50% 的需水量进行平衡分析结果显示，榆林市供水能力尚缺 3209 万 m^3；当保证率为 75%、95% 时，全市缺水总量高达 12724 万 m^3、23769 万 m^3。从目前建成能化重点项目的发展战略分析，按照相关规划设定的产业项目，榆林市六个工业区在高、低方案下的近期需水量分别为 4.25 亿 m^3、3.77 亿 m^3，缺水量分别为 2.2 亿 m^3、1.72 亿 m^3，主要缺水地区为榆神、榆横和靖边工业区及生态用水；远期需水量分别为 7.97 亿 m^3、6.51 亿 m^3，缺水量分别为 3.07 亿 m^3、1.03 亿 m^3，主要缺水地区为府谷、榆神、榆横和靖边工业区及生态用水；如建成黄河东线府谷大泉引水工程，府谷、榆神、榆横工业园区基本可以实现供需平衡。

通过对各个工业园区规划新建项目需水量进行逐一计算，推算出榆林市水资源可承载的工业规模。府谷煤电化载能工业园内，水资源可承载的工业项目及规模，分别为 4×1000MW 机组的发电厂、300 万 t/ 年的甲醇、100 万 t/ 年的合成氨以及 80 万 t/ 年的 MTP，同时对园区内煤矿矿井项目进行合并重组，形成 1800 万 t/ 年的煤矿矿井，且集中布局在清水工业园区内；榆神煤化工业园区仅适宜发展神木陶氏煤化工项目，包括 1180 万 t/ 年的煤制甲醇、300 万 t/ 年的甲醇制烯烃 MTO、锦界 100 万 t/ 年的 PVC 及 4×1000MW 机组的国华二期、三期发电厂；保留榆横煤化工业区 1000 万 t/ 年的煤制油项目，缩小陕煤、中化益业的 MTO 生产规模至 60 万 t/ 年；吴堡焦煤油化工业区的焦油煤化工项目、绥米佳盐化工区陕西金泰氯碱化工二期的 15 万 t / 年 PVC 项目应暂缓或取消建设计划。

CHAPTER 8

第8章 结论及对策建议

8.1 主要结论

本书在对水资源承载力研究历程与研究成果进行梳理总结的基础上，通过借鉴国内外关于水资源承载力前沿学术思想和研究思路，搭建了区域水资源承载力评价总体框架，构建了水资源人口和产业承载力评价指标体系、方法及模型；针对榆林能源化工基地建设，以人口数量和产业规模作为承载对象，通过建立供水单元与最小用水单元的量化连接关系，按照不同情景下的高、低用水方案，测算了2020年、2030年锦界工业园区和榆林市的人口数量和产业规模，并提出了引导未来人口集聚和产业布局的对策建议。本书得出了以下一些基本结论。

1）榆林市水资源相对贫乏，可利用量有限，空间差异显著，工业用水增长显著

榆林市水资源相对贫乏，可利用量有限，空间差异显著，工业用水增长显著。榆林市人均水资源量876m^3，为全国平均值的42%，2010年全市水资源的利用量占总量的21.62%，低于黄河流域的平均水平（27%），北六县水资源量占全市的81.7%。1980 ~ 2010年，全市用水量持续增加，工业用水量快速增长，年均增长率为15.19%；农业用水比例显著下降，从92.35%降至71.09%；全市生活、生产、生态用水比例由3.69%、96.15%、0.16%变为9.68%、89.82%、0.50%。

2）锦界工业园区在低方案下水资源供需基本平衡，在高方案下存在用水缺口；远期在高、低用水方案下水资源缺口扩大

锦界工业园区水资源的人口与产业承载规模测算结果表明，园区现状供水量仅能满足低方案现状用水需求，2020年园区水资源可承载的人口增量在产业高、低方案下分别为4.88万人、1.66万人，2030年分别为8.68万人、7.31万人；2020年工业可供水增量为6465.5万m^3，缺水量在高、低方案下分别为2096.61万m^3、631.15万m^3；2030年工业可供水增量为7311.4万m^3，缺水量在高、低方案下分别为5828.1万m^3、4013.64万m^3。在满足人口生活用水和生产用水的情况下，到2020年、2030年水资源可承载的生态用地面积在高、低方案下分别为25.16km^2、22.01km^2。

3）榆林市城镇人口处于超载状态，农村人口在水资源的承载范围内

榆林市水资源的人口适度规模调整模型的计算结果表明，水资源的承载状况在城镇、农村呈现出显著差异。城镇人口始终处于超载状态，且超载程度在加重，2020年、2030年人口适宜发展规模约为385.32万人、403.88万人，其中城镇人口适宜发展规模

分别为 110.48 万人、151.18 万人，预测结果分别超载 36.98 万人，27.05 万人；农村人口在水资源可承载范围内，2020 年、2030 年可承载的农村人口数量分别为 274.84 万人、252.70 万人，农村人口分别有 28.97 万人、6.83 万人的承载潜力。

4）榆林市现状工业园区存在用水缺口，远期缺水量大；灌溉农业可稳定在水资源的可承载范围内

从目前工业园区建成能化重点项目的发展战略分析，按照相关规划设定的产业项目，榆林市六个工业区在高、低方案下的近期需水量分别为 4.25 亿 m^3、3.77 亿 m^3，缺水量分别为 2.2 亿 m^3、1.72 亿 m^3，主要缺水地区为无定河流域、窟野河流域的榆神、榆横和靖边工业区及生态用水；远期需水量分别为 7.97 亿 m^3、6.51 亿 m^3，缺水量分别为 3.07 亿 m^3、1.03 亿 m^3，主要缺水地区为窟野河流域的府谷县、榆神以及无定河流域的榆横、靖边工业区与生态用水。灌溉农业仍有一定承载潜力。预测至 2020 年、2030 年，榆林市各流域灌溉面积可增至 170 万亩、185 万亩，分别高于现状面积 35.91 万亩、45.91 万亩；各类牲畜数量在 2020 年、2030 年可分别增加 361.19 万只（头）、611.83 万只（头），相应的新增水量为 1945.81 万 m^3、5379.76 万 m^3。

5）窟野河流域已超载，无定河流域接近承载临界值，秃尾河流域有承载潜力

窟野河泥沙含量极高，加之汛期难以利用的洪水量较大，因此地表水可利用率为全市最低，仅为 20.5%；窟野河流域地下水开发利用率已高达 58.12%，远超出国际公认的地下水开发利用率 40% 的警戒线。总体看，窟野河流域水资源可利用潜力已极为有限。自能源化工基地建立以来，窟野河下游温家川水文站地表水径流的减少幅度已达 14.4%，流域水资源已超载。

无定河流域水资源可利用总量高达 7.79 亿 m^3，地表水资源可利用率为 40.6%，目前无定河流域内人口数量占榆林市人口总量的 64.74%，已是榆林市人口与产业高度集中的地区，且人口数量仍保持持续增长的趋势。在无新增供水来源的条件下，无定河流域仅能维持自身人口数量与产业规模的适度增长，已无力支撑更多的人口流入及产业集聚。

秃尾河的水资源可利用总量为 2.02 亿 m^3，地表水资源可利用率为 37.2%。流域水资源丰富，水库分布密集，工业区与水库的分布相适宜。目前，秃尾河流域地表水开发利用率仅 10.7%，远低于榆林市 32.4% 的平均值，仍有较大的开发利用潜力。

8.2 对策建议

榆林能源化工基地自建立以来，取得了经济高速增长和大规模工业化、城镇化的成就，同时也付出了沉重的资源代价。科学论证能源化工基地建设布局与水资源承载力适宜性，对促进经济社会可持续发展与水资源开发利用协调发展、严格水资源管理制度具有极为重要的作用。本书基于榆林能源化工基地水资源承载力评价分析结果，提出了以下几点对策建议。

1）调整空间布局，引导工业企业和人口向秃尾河流域集聚

窟野河流域应减少人口与产业集聚规模，对府谷煤电化载能工业园的煤矿项目进行合并重组，逐渐将煤电、煤化工等工业项目转移到尚有承载潜力的秃尾河流域的清水工业园区。位于无定河流域的榆横工业区现状用水已存在缺口，建议缩小或取消产能过剩、“两高一资”的工业项目新建扩建，保留榆横煤化工优势项目。秃尾河流域应保留陶氏煤化工、锦界国华电厂以及兖州煤矿煤制油等优势项目，暂缓或取消兖州煤矿煤化工筹建的180万t甲醇、80万t烯烃项目。

2）调整种植结构，挖掘农业节水潜力

一是通过调整种植结构，将无定河流域7万亩水稻转换为水浇地，种植玉米、小麦等低耗水作物，每亩灌溉用水由1200m^3降低为350m^3，可节水0.6亿m^3；二是改善灌溉条件，通过对35万亩国营灌区实施灌溉渠道改造、暗管输水、小畦灌溉等措施，并将渠系水利用系数由0.3提高到0.6，年可节水0.75亿m^3。三是提高灌溉技术，将北部风沙滩井灌区70万亩灌溉农田发展为喷灌、滴灌等微灌农田，每亩灌溉节约用水100m^3，年可节水0.70亿m^3。

3）限制产能过剩行业发展规模，设定行业水耗准入标准

根据《榆林市现代产业体系总体规划》对传统煤化工产业的发展现状分析，现有的甲醇和电石行业的开工率仅为41%和56%，该类产能过剩的行业不宜扩大生产规模。参照《北京工业能耗水耗指导指标》，为主要工业行业设定水耗准入标准，建议榆林市煤制油项目以水耗6～10t为新建、扩建标准；不宜新建和扩建水泥制造、平板玻璃制造等水耗较大的工业项目；淘汰生产规模较小的土炼焦、小电石、硅铁等高耗水企业。

4）增强水源供给能力，保障中远期用水需求

榆林市矿井疏干水、中水等非常规水源供水占供水总量的比重仅为0.15%，尚有

较大的可利用空间，应积极挖掘此类水源的开发利用潜力。加快已完成规划的朱盖沟水库、清水沟水库、红柳沟水库及引水工程建设进度，保障中期榆神工业园区的用水需求。黄河东线府谷大泉引水工程已列入《陕甘宁革命老区振兴规划》和《呼包银榆经济区发展规划》，建议及早开建该工程，实现年调水量 7.09 亿 ~ 9.28 亿 m^3，为府谷煤电载能工业区、榆神煤化学工业区以及神木、店塔等城镇解决远期用水缺口。

5）创新水资源管理制度，建立水权转换机制

根据宁东能源基地水权转换的成功实践，水权转换的水量可保障宁东基地约 30% 的工业用水；鄂尔多斯也通过水权转换实现转换水量 7778 万 m^3，基本解决了该市煤化工项目的水源问题。榆林市未来应推行水权转换制度，将无定河流域 7 万亩水稻转换为水浇地，同时提高灌溉技术、改善灌溉条件，将农业节水指标用于工业生产，水权转换费用用于农田水利工程改造，以缓解榆神、榆横和靖边工业区水资源的供需矛盾。

参考文献

[1] 毕岑岑，王铁宇，吕永龙 . 基于资源环境承载力的渤海滨海城市产业结构综合评价 [J]. 城市环境与城市生态，2011，24（2）：19-22.

[2] 曹小星，延军平，闫军辉 . 工业活动对地下水影响程度分析——以陕西省榆林市为例 . 云南师范大学学报 [J]，2009，29（5）：62-66.

[3] 曾维华，程声通 . 区域水资源集成规划刍议 [J]. 水利学报，1997（10）：77-82.

[4] 陈百明 . 中国土地资源生产能力及人口承载量研究方法论概述 [J]. 自然资源学报，1991，6（3）：197-205.

[5] 陈百明 . 中国土地资源生产能力与人口承载力量研究 [M]. 北京：中国人民大学出版社 .2001：1-23.

[6] 陈冰 . 柴达木盆地水资源承载力方案系统分析 [J]. 环境科学，2000，14（3）：17-21.

[7] 陈成忠，林振山 . 中国生态足迹和生物承载力构成比例变化分析 [J]. 地理学报，2009，64（12）：1523-1533.

[8] 陈杰，欧阳志云 . 颍河流域水资源开发潜力与承载力分析 [J]. 农业系统科学与综合研究，2011，27（2）：129-134.

[9] 陈鲁莉等 . 区域水资源承载力研究综述 [J]. 中国农村水利水电，2006，（3）：25-28.

[10] 陈香生，刘昱，陈俊武 . 煤基甲醇制烯烃（MTO）工艺生产低碳烯烃的工程技术及投资分析 [J]. 煤化工，2005，（10）：6-11.

[11] 陈兴棚，戴芹 . 系统动力学在甘肃省河西地区水土资源承载力中的应用 [J]. 干旱区地理，2002，25（4）：377-381.

[12] 陈洋波，陈俊合 . 水资源承载能力研究中的若干问题探讨 [J]. 中山大学学报（自然科学版），2004（1）：181-185.

[13] 程国栋 . 承载力概念的演变及西北水资源承载力的应用框架 [J]. 冰川冻土，2002，24（4）：361-367.

[14] 崔凤军 . 城市水环境承载力及其实证研究 [J]. 自然资源学报，1998，12（1）：72-78.

[15] 邓伟 . 重建规划的前瞻性：基于资源环境承载力的布局 [J]. 中国科学院院刊，2009，24（1）：28-33.

[16] 邓永新 . 人口承载力系统及其研究——以塔里木盆地为例 [J]. 干旱区研究，1994，（6）：28-34.

[17] 董辅祥，董欣东 . 城市与工业节约用水理论 [M]. 北京：中国建筑工业出版社，2000.

[18] 董文，张新，池天河 . 我国省级主体功能区划的资源环境承载力指标体系与评价方法 [J]. 地球信息科学学报，2011，13（2）：177-183.

[19] 樊杰，等 . 国家汶川地震灾后重建规划：资源环境承载能力评价 [M]. 北京：科学出版社，2009.

[20] 樊杰，等 . 冀都市圈区域综合规划研究 [M]. 北京：科学出版社 .2009.

[21] 樊杰，陶岸君，陈田，等 . 资源环境承载能力评价在汶川地震灾后恢复重建中的基础性作用 [J]. 中国科学院院刊，2008，23：387-392.

[22] 樊杰 . 玉树地震灾后恢复重建：资源环境承载能力评价 [M] 北京：科学出版社，2010.

[23] 范立民 . 黄河中游一级支流窟野河断流的反思与对策 [J]. 地下水，2004，25（4）：236-241.

[24] 方创琳，宋吉涛，张蔷，等 . 中国城市群结构体系的组成与空间分异格局 [J]. 地理学报，2005，60（5）：827-840.

[25] 方创琳，余丹林 . 区域可持续发展 SD 规划模型的实验优控——以干旱区柴达木盆地为例 [J]. 生态学报，1999，19（6）：764-774.

[26] 封志明 .http：//wenku.baidu.com/link ？ url=NuOO1ZKsVg4ZA9LPZ0rWmFgV8ZvWTwq2GJm0iRkFNqWjBolw31tbmtLiXBMMhBL0CKH_plazuf7pH0tRY3wOhaTUEb6HObDbk2mHxsC0FUa.

[27] 冯尚友，傅春 . 我国未来可利用水资源量的估测 [J]. 武汉水利电力大学学报，1999，32（6）：6-9.

[28] 冯尚友，刘国金 . 水资源生态经济复合系统及其持续发展 [J]. 武汉水利电力大学学报，1995，28（6）：624-629.

[29] 冯尚友 . 水资源持续利用与管理导论 [M]. 北京：科学出版社，2000，24（2）213- 215.

[30] 冯耀龙，韩文秀 . 区域水——经济复合系统可持续发展的综合评价 [J]. 系统工程，1999，12（1）：28-32.

[31] 冯耀龙，等 . 区域水资源承载力研究 [J]. 水科学进展，2003，14（1）：109-113.

[32] 傅春，冯尚友 . 水资源持续利用（生态水利）原理的探讨 [J]. 水科学进展，2000，23（2）：436-440.

[33] 傅湘，纪昌明 . 区域水资源承载能力综合评价——主成分分析法的应用 [J]. 长江流域资源与环境，1999，8（2）：168-173.

[34] 高国力 . 如何认识我国主体功能区划及其内涵特征 [J]. 中国发展观察，2007（3）：23-25.

[35] 高吉喜 . 可持续发展理论探索——生态承载力理论、方法与应用 [M]. 北京：中国环境出版社，2001：69-78.

[36] 高明杰 . 区域节水型种植结构优化研究 [D]. 中国农业科学院，2005.

[37] 高彦春，刘昌明 . 区域水资源开发利用的阈限研究 [J]. 水利学报，1997，（8）：73-79.

[38] 谷智生 . 以色列水资源的开发与利用 [J]. 节水灌溉，1999（6）：34-35.

[39] 顾晨洁，李海涛 . 基于资源环境承载力的区域产业适宜规模初探 [J]. 国土与自然资源研究，2010（2）：8-10.

[40] 关良宝，李曦，陈崇德 . 农业节水激励机制探讨 [J]. 中国农村水利水电，2002（9）：19-21.

[41] 管恩宏，高娟，王小军，于义彬 . 强化大型煤电基地规划水资源论证工作的思考 [J]. 水资源管理，2014，（13）：19-21.

[42] 国家发展改革委 . 发改能源〔2004〕864 号 .《国家发展改革委关于燃煤电站项目规划和建设有关要求的通知》. http：//www.nea.gov.cn/2012-01/04/c_1312 62602.htm

[43] 国家发展改革委 . 发改能源〔2012〕640 号 .《煤炭工业发展“十二五”规划》. http：//www.gov.cn/zwgk/2012-03/22/content_2097451.htm

[44] 国家发展改革委 . 国发〔2013〕2 号 .《能源发展“十二五”规划》. http：//www.gov.cn/zwgk/2013-01/23/content_2318554.htm

[45] 国家发展改革委 .《煤炭产业政策》.http：//www.nea.gov.cn/2013-02/04/c_1 32149959.htm

[46] 国务院，国发〔2010〕46 号 . 全国主体功能区规划 . 2010.http：//www.gov.cn/zwgk/2011-06/08/content_1879180.htm

[47] 国务院 . 国发〔2012〕3 号 .《国务院关于实行最严格水资源管理制度的意见》. http：//www.gov.cn/zwgk/2012-02/16/content_2067664.htm

[48] 国务院 . 国民经济和社会发展第十二个五年规划纲要 . http：//www.gov.cn/2011lh/content_1825838.htm.

[49] 国务院 . 国民经济和社会发展第十二个五年规划纲要 .http：//www.gov.cn/2011lh/content_1825838.htm.

[50] 国务院 . 国民经济和社会发展第十一个五年规划纲要 . http：//www.gov.cn/gongbao/content/2006/content_268766.htm.

[51] 国务院办公厅 .2007. 国发〔2007〕21 号 . 国务院关于编制全国主体功能区规划的意见(内部资料).

[52] 韩买良 . 火力发电行业用水分析及对策 [J]. 工业水处理，2010，30（2）：4-6.

[53] 和刚，吴泽宁，胡彩虹 . 基于定额定量分析的工业需水预测模型 [J]. 水资源与水工程学报，2008，19（2）：60-63，67.

[54] 洪阳，叶文虎 . 可持续环境承载力的度量及其应用 [J]. 中国人口· 资源与环境，1998，8（3）：54-58.

[55] 胡建，董春诗 . 论环鄂尔多斯能源经济区的构建——资源禀赋、产业基础与发展规划 . [J]. 西安财经学院学报，2013.26（6）：23-27.

[56] 胡锦涛 . 坚定不移沿着中国特色社会主义道路前进为全面建成小康社会而奋斗—在中国共产党第十八次全国代表大会上的报告 [R]. 北京：人民出版社，2012.http：//cpc.people.com.cn/18/n/2012/1109/c350821-19529916.html

[57] 惠泱河，蒋晓辉，黄强，等 . 二元模式下水资源承载力系统动态仿真模型研究 [J]. 地理研究，2001，20（2）：191-198.

[58] 惠泱河 . 水资源承载力评价指标体系研究 [J]. 水土保持通报，2001，12（2）：85-89.

[59] 贾嵘 . 区域水资源承载力研究 [J]. 西安理工大学学报，1998，14（4）：382-387.

[60] 贾绍凤，发达国家产业结构升级与产业用水量下降之间的关系 [J]. 地理科学进展，2001，20（1）：51-59.

[61] 贾绍凤，张士锋，夏军，等 . 经济结构调整的节水效应 [J]. 水利学报，2004（3）：111-116.

[62] 贾绍凤，张士锋，杨红，等. 工业用水与经济发展的关系——用水库兹涅茨曲线 [J]. 自然资源学报，2004，(3)：279-284.

[63] 蒋晓辉，谷晓伟，何宏谋. 窟野河流域煤炭开采对水循环的影响研究 [J]. 自然资源学报，2010，25（2）：300-307.

[64] 景春丽. 鄂尔多斯市生态环境建设研究 [D]. 中国地质大学，2007.

[65] 康绍忠，贺正中，张学. 陕西省作物需水量及分区灌溉模式 [M]. 北京：中国水利电力出版社，1991.

[66] 雷社平，解建仓，阮本清. 产业结构域水资源相关分析理论及其实证 [J]. 运筹与管理，2004，13（1）：100-105.

[67] 李国平，刘治国. 陕北煤炭资源开采过程中的生态环境损失 [J]. 河南科技大学学报，2006，24(4)：74-77.

[68] 李和平，等. 区域水资源高效利用与可持续发展关键技术研究——以国家能源重化工基地鄂尔多斯市为例 [M]. 北京：中国水利水电出版社，2011.

[69] 李建中，张琦. 陕北能源重化工基地的新甩发展模式分析 [J]. 两北大学学报，2007.5.

[70] 李丽娟. 柴达木盆地水资源承载力研究 [J]. 环境科学，2000，23（2）：20-23.

[71] 李令跃，甘泓. 试论证水资源合理配置和承载力概念与可持续发展之间的关系 [J]. 水科学进展，2000，11（3）：307-313.

[72] 梁仁彩. 工业区与工业布局研究 [M]. 北京：经济科学出版社，2010.

[73] 刘昌明，陈志恺. 中国水资源现状评价和供需发展趋势分析 [M]. 北京：中国水利水电出版社，2001.

[74] 刘昌明，何希吾. 中国 21 世纪水方略 [M]. 北京：科学出版社，1998：12-19.

[75] 刘昌明，王红瑞. 浅析水资源与人口、经济和社会环境的关系 [J]. 自然资源学报，2003，18（4）：635-644.

[76] 刘昌明等. 二十一世纪中国水资源若干问题讨论 [J]. 水利水电技术，2002（1）：15-19.

[77] 刘殿生. 资源与环境综合承载潜力分析 [J]. 环境科学研究，1995，8（5）：7-12.

[78] 刘恒，等. 区域水资源可持续利用评价指标体系的建立 [J]. 水科学进展，2003，14（3）：265-270.

[79] 刘红英，蔡焕杰，王小军，等. 榆林市用水指标变化原因及节水潜力分析 [J]. 节水灌溉，2009，(5)：66-70.

[80] 刘建兴. 中国经济发展与生态足迹的关系研究 [J]. 资源科学，2005，27（5）：33-39.

[81] 刘强，杨永德，等. 从可持续发展角度探讨水资源承载力 [J]. 中国水利，2004，21（3）：11-14.

[82] 刘水泉. 山西水资源可持续利用对策思考 [J]. 水资源管理，2009，(5)：44-45.

[83] 刘通，王青云. 我国两部资源富集地区资源发面临的二人问题：以陕两省榆林市为例 [J]. 经济研究参考，2006，(25)：34-36.

[84] 刘晓琼，刘彦随，任日照．陕西榆林能源重化工基地生态环境问题及防治对策 [J]. 灾害学，2010，25（2）：129-133.

[85] 刘燕华．柴达木盆地水资源合理利用与生态环境保护 [M]. 北京：科学出版社，2000：204-212.

[86] 刘育平，侯华丽．区域资源环境承载力的研究趋势及建议 [J]. 环境经济，2009，22（9）：19-21.

[87] 龙腾锐，姜文超，何强，水资源承载力内涵的新认识 [J]. 水利学报，2004（1）：38-45.

[88] 龙腾锐，姜文超．水资源（环境）承载力的研究进展 [J]. 水科学进展，2003（2）：249-253.

[89] 陆大道，刘毅，樊杰．我国区域政策实施效果与区域发展的基本态势 [J]. 地理学报，1999，54（6）：496-508.

[90] 吕鸣伦，刘卫国．区域可持续发展的理论探讨 [J]. 地理研究，1998，17（2）：131-137.

[91] 毛汉英，于丹林．区域承载力定量研究方法探讨 [J]. 地球科学进展 .2001，16（4）：549-555.

[92] 闵庆文，余卫东，张建新．区域水资源承载力的模糊综合评价分析方法及应用 [J]. 水土保持研究，2004，11（3）：14-16.

[93] 牟海省．水资源内涵及价值评估若干模式的探讨 [M]// 刘昌明等主编．中国水问题研究．北京：气象出版社，1996：9-12

[94] 彭文启．流域水生态承载力理论与优化调控模型方法 [J]. 中国工程科学，2013，15（3）：33-43.

[95] 齐亚彬．资源环境承载力研究进展及其主要问题剖析 [J]. 中国国土资源经济，2005，（5）：7-11.

[96] 曲耀光，樊胜岳．黑和流域水资源承载力分析计算与对策 [J]. 中国沙漠，2000，20（1）：1-8.

[97] 全国资源环境承载能力监测预警项目组．全国资源环境承载能力监测预警评价报告 [R]. 2014.

[98] 阮本青．区域水资源适度承载能力计算模型研究 [J]. 土壤侵蚀与水土保持学报，1998，4（3）：57-61.

[99] 施雅风，曲耀光．乌鲁木齐河流域水资源承载力及其合理利用 [M]. 北京：科学出版社，1992.

[100] 石玉林，卢良恕．中国农业需水与节水高效农业建设 [M]. 北京：中国水利水电出版社，2001.

[101] 史安娜．国民经济发展对水利的宏观及微观需求预测分析 [D]. 河海大学．

[102] 舒平．人口通论（上册）[J]. 人口研究，1978，71.

[103] 水利部．《关于做好大型煤电基地开发规划水资源论证工作的意见》，办资源〔2013〕234 号．http：//www.mwr.gov.cn/zwzc/tzgg/tzgs/201312/t20131217_5207 99.html

[104] 水利部南京水文资源研究所，中国水利水电科学研究院水资源研究所 .21 世纪中国水供求 [M]. 北京：中国水利水电出版社，1998

[105] 水与可持续发展（定义与内涵）（一）、（二）、（三）[J]. 水科学进展，1997.4；1998.1；1995.2

[106] 汤奇成．塔里木盆地水资源与绿洲建设 [J]. 自然资源，1989（6）：28-34.

[107] 汪党献，王浩，马静．中国区域发展的水资源支撑能力 [J]. 水利学报，2000，21（11）：21-26.

[108] 汪一鸣，赵亚峰．宁东能源化工基地的环境保护与生态建设 [J]. 宁夏工程技术，2008.7（2）.190-193.

[109] 王浩，陈敏建，秦大庸．西北地区水资源合理配置和承载能力研究 [M]. 郑州：黄河水利出版社，2003.

[110] 王浩．区域缺水状态的识别及其多维调控 [J]. 资源科学，2003，25（3）：66-74.

[111] 王煌，杨立彬，等．西北地区水资源承载能力研究 [J]. 水科学进展，2001，12（2）：523-529.

[112] 王建华，等，水资源承载力的概念与理论 [J]. 甘肃科学学报，1999，23（2）：1-4.

[113] 王清发．榆林北部风沙草滩区浅层地下水资源评价与保护 [J]. 地下水，2008，30（1）：52-53.

[114] 王士武，等．水资源承载能力及其定量衡量 [J]. 黑龙江水专学报，1998，10（2）：24-26.

[115] 王书华，等．土地综合承载力指标体系设计及评价 [J]. 自然资源学报，2001，16（3）：248-254.

[116] 王岩，王洪瑞．北京市的水资源与产业结构优化 [M]. 北京：中国环境科学出版社，2007.

[117] 吴九红，曾开华．城市水资源承载力的系统动力学研究 [J]. 水利经济，2003，21（3）：36-39.

[118] 吴振良．基于物质流和生态足迹模型的资源环境承载力定量评价研究 [D]. 中国地质大学，2010.

[119] 夏军，朱一中．水资源安全的度量：水资源承载力的研究与挑战 [J]. 自然资源学报，2002，17（3）：262-269.

[120] 肖满意，董翊立．山西省水资源承载能力评估 [J]. 山西水利科技，1998，15（4）：5-11.

[121] 谢高地，周海林，等．中国水资源对发展的承载能力研究 [J]. 资源科学，2005，27（4）：2-7.

[122] 谢高地．中国的生态空间占用研究 [J]. 资源科学，2001，23（6）：20-23.

[123] 徐良芳，冯国章，刘俊民．区域水资源可持续利用及其评价指标体系研究 [J]. 西北农林科技大学学报，2002，20（6）：119-122.

[124] 徐中民，程国栋．黑河流域中游水资源需求预测 [J].2002，22（2）：139-146.

[125] 许新宜，王浩，甘泓，等．华北地区宏观经济水资源规划理论与方法 [M]. 郑州：黄河水利出版社，1997，12（3）：24-38.

[126] 许有鹏．干旱区水资源承载能力综合评价研究——以新疆和田河流域为例 [J]. 自然资源学报，1993，8（3）：229-237.

[127] 薛小杰．城市水资源承载力及其实证研究 [J]. 西北农业大学学报，2000，28（6）：135-139.

[128] 杨阳．生态约束与能源化工基地建设影响下的榆林城市规划研究 [D]. 西安：西北大学，2009.

[129] 杨银峰，石培基．甘肃省城市可持续发展系统协调发展评价研究 [J]. 经济地理，2011，31（3）：66-71.

[130] 姚治君，王建华，江东，等．区域水资源承载力的研究进展及其理论探析 [J]. 水科学进展，2002，13（1）：111-115.

[131] 尹学康，韩德宏．城市需水量预测 [M]. 北京：中国建筑工业出版社，2006.

[132] 余卫东，闵庆文，李湘阁．水资源承载力研究的进展与展望 [J]. 干旱区研究，2003，10（1）：60-66.

[133] 榆林市榆阳区发展计划委员会 . 榆林市榆阳区国民经济和社会发展第十一个五年规划汇编 [R]. 2006.http：//www.yyqfgw.gov.cn/dy_ReadNews.asp？ newsID=289.

[134] 张斌成，张健 . 陕北能源化工基地采煤生态环境破坏及补偿机制研究 [J]. 中国煤炭地质，2010，22（9）：38-43.

[135] 张传国，方创琳 . 干旱区绿洲系统生态—生产—生活承载力相互作用的驱动机制分析 [J]. 自然资源学报，2002（3）：181-187.

[136] 张杰，赵明，钟丹，等 . 工业节水新方法的研究与实践 [J]. 中国给水排水，2006，22（9）：193-197.

[137] 张勤，李慧敏 . 城市供水规划中人均综合用水量指标的确定方法 [J]. 中国给水排水，2007，23（22）：45-48.

[138] 张文鸽，何宏谋，殷会娟 . 黄河流域水权转换地区水资源论证特点研究 [J]. 中国水利，2009（11）：7-9.

[139] 张燕，徐建华，曾刚，等 . 中国区域发展潜力与资源环境承载力的空间关系分析 [J]. 资源科学，2009，31（8）：1328-1334.

[140] 张正陵，白建华，郑海峰 . 合理配置水资源，加快发展煤电基地 [J]. 中国电力，2007，40（11）：20-24.

[141] 张志国 . 关新玉，张紫平，等 . 浅析解决煤化工产业水资源缺乏的途径 [J]. 煤炭工程，2010，（3）：12-14.

[142] 赵建世，王忠静，秦韬，等 . 双要素水资源承载能力计算模型及其应用 [J]. 水力发电学报，2009，28（3）：176-180.

[143] 赵静，张克强 . 探讨榆林能源化工基地建设资源节约型、环境友好型社会中的水问题 [C]. “建设资源节约型、环境友好型社会”高层论坛本书集，2007：204-207.

[144] 赵鑫霈 . 长三角城市群核心区域资源环境承载力研究 [D]. 北京：中国地质大学，2011.

[145] 郑在洲，耿雷华 . 工业节水潜力计算方法探讨 [J]. 水利水电技术，2004，35（1）：71-74.

[146] 中共中央关于全面深化改革若干重大问题的决定 . http：//www.gov.cn/ldhd/2013-11/15/content_2528186.htm.

[147] 中国 21 世纪议程 . 中国 21 世纪人口、环境与发展白皮书 [M]. 北京：中国环境科学出版社，1994：20-38.

[148] 中国城市承载力及其危机管理研究课题组 . 中国城市承载力及其危机管理研究综合报告 [M]. 北京：科学出版社 .2007.

[149] 中国工程院“21 世纪中国可持续发展水资源战略研究”项目组 . 中国可持续发展水资源战略研究综合报告 [J]. 中国工程科学，2000，2（8）：1-17.

[150] 中国科学院地理科学与资源研究所陆地水循环与地表过程重点实验室，绿色和平 . 噬水之煤：煤电基地开发与水资源研究 [M]. 北京：中国环境科学出版社，2012.

[151] 中国科学院可持续发展研究组 . 中国可持续发展战略报告 [M]. 北京：科学出版社，1999.

[152] 中国水利水电科学研究院 . 实施最严格水资源红线要求约束煤炭开发利用 [R].2014.

[153] 中国水利水电科学研究院 . 西北地区水资源合理开发利用与生态环境保护研究 [R]. 中国水利，2001.

[154] 中国土地资源生产能力及人口承载量研究课题组 . 中国土地资源生产能力及人口承载量研究 [M]. 北京：中国人民大学出版社，1991.

[155] 中国自然资源丛书编委会 . 中国自然资源丛书（水资源卷）[M]. 北京：中国环境科学出版社，1995.

[156] 中野秀章 . 森林水文学（译本）[M]. 北京：中国林业出版社，1983.

[157] 朱锁，丛立明，陈信民 . 内蒙古鄂尔多斯地区水资源现状分析及可持续利用对策 [J]. 地下水，2009，31（5）：51-53.

[158] 朱照宇，欧阳婷萍 . 珠江三角洲经济区水资源可持续利用初步评价 [J]. 资源科学，2002，24（1）：55-61.

[159] 祝尔娟，祝辉 . 基于多重视角的承载力理论分析与路径选择 [J]. 首都经济贸易大学学报，2013（5）：39-43.

[160] 左建兵，陈远生 . 北京市工业用水分析与对策 [J]. 地理与地理信息科学，2005，21（2）：86-90.

[161] A.M.Carr-Saunders. Eugenics in the light of population trends [J]. Eugen Rev. 1935，27（1）：11-20.

[162] Andrewartha，H. G.，Biological Research in the University of Adelaide [C]. Melbourne，Melbourne University Press，1954.

[163] Arrow K.，Bolin B.，Costanza R.. Economic growth，carrying capacity，and the environment [J]. Science.1995，268（28）：520-521.

[164] Bishop A，Fullerton，Crawford A. Carrying Capacity in Regional Environment Management [M]. Washington：Government Printing Office，1974.

[165] Brush Stephen. The concept of carrying capacity for systems of shifting cultivation [J].American Anthropologist，1975，77（4）：799-811.

[166] Buckley R. An ecological perspective on carrying capacity [J]. Annals of Tourism Research，1999，26（3）：705-708.

[167] Butcher，J. B. . Forecasting Future Land Use for Watershed Assessment [J]. JAWRA Journal of the American Water Resources Association.1999，35：555-565.

[168] Cannon E.A review of economic theory [M]. A.M. Kelley，New York，1929.

[169] Chapman，R.N.. Animal Ecology with Special Reference to Insects [C]. 1931，McGraw Hill，New York.

[170] Cohen Joel E. Population Growth and Earth's Human Carrying Capacity [J]. Science. 1995. 269：341-346.

[171] Committee to review the Florida Keys Carrying Capacity Study, National Research Council Interim Review of the Florida Keys Carrying Study[DB/OL]. Washington DC: National Academy Press, 2001.

[172] Daily G. C., Ehrlich P. R.. Population, sustainability, and earth' s carrying capacity [J]. Bioscience, 1992, 42 (10): 761-771.

[173] David Price. Carrying Capacity Reconsidered [J]. Population and Environment, 1999, 21 (1):5-26.

[174] Ehrlich P. R., Daily G. C., Ehrlich A. H., et al. Global Change and Carrying Capacity: Implications for Life on Earth [C]. Washington, DC: National Academy Press, 1989: 16-26.

[175] FAO, Potential Population Supporting Capacities of Lands in Developing World [R], Rome, 1982.

[176] FAO. Crop water requirements, FAO Irrigation and Drainage Paper 24[R].Rome, 1977.

[177] Flakenmark Malin. Water scarcity and population growth: A spiraling risk [J]. Ecodecision: Environment and Policy Magazine, 1992, 6: 21-23.

[178] Freyberg D. L., Converse A. O.. Watershed carrying capacity as determined by waterborne waste loads [J]. Journal of Urban and Regional Analysis, 1974, 2(1): 3-20.

[179] G. Guariso, D. Maidment, S. Rinaldi, R. Soncini-Sessa. Supply-demand coordination in Water Resources management [J]. Water Resource.1981, 17 (4): 776-782.

[180] Hardin G.. Cultural Carrying Capacity: A Biological Approach to Human Problems [J]. Bioscience, 1986, 36(9): 599-606.

[181] Harris Jonathan M., et al. Carrying capacity in Agriculture: Globe and regional issue [J]. Ecological Economics.1999, 129 (3): 443-461.

[182] Hoekstra A.Y., Huang P.Q. Globalization of water resources: international virtual water flows in relation to crop trade [J]. Global Environmental Change, 2005, 15: 45-56.

[183] House P W.. The Carrying Capacity of a region: a planning model [J]. Omega.1974, 2 (5): 667-676.

[184] Hrlich, Anne H.. Looking for the Ceiling: Estimates of the Earth's carrying capacity [J]. American Scient, Research Triangle Park, 1996, 84 (5): 494-499.

[185] IrmiSeidl, Clem A. Tisdell. Carrying capacity reconsidered: from Malthus's population theory to cultural carrying capacity [J]. Ecologic Economics, 1999, 31: 395-408.

[186] J. Rockström, et al. Planetary boundaries: exploring the safe operating space for humanity [J]. Ecology and Society, 2009, 14 (2): 32.

[187] Jensen A. L.. Assessing environmental impact on mass balance, carrying capacity and growth of exploited populations [J]. Environmental Pollution Series A: Ecological and Biological, 1984, 36 (2): 13-145.

[188] Lindberg K., McCool S., Stankey G.. Rethinking carrying capacity [J]. Annals of Tourism Research, 1997, 24 (2): 461-465.

[189] Lindsay J.J.. Use of natural recreation resources and the concept of carrying capacity [J]. Tourism Recreation Research, 1984, 9(2): 3-6.

[190] Malthu T.R.. An essay on the principle of population [C].1798. Johnson, London.

[191] Meadows D. H., Meadows D. L., Randers J., et al. The limits to Growth: a Report for the Club of Rome's Project on the Predicament of Mankind [C]. New York: Universe Books, 1972.

[192] Meier R. L.. Urban carrying capacity and steady state considerations in planning for the Mekong Valley region [J]. Urban Ecology, 1978, 3 (1): 1-27.

[193] Millington R., Gifford R. et al. Energy and How We Live [M].Australian UNESCO Seminar, Committee for Man and Biosphere, 1973.

[194] Montesquieu. The Spirit of the Laws [C](《论法的精神》译本). 中国政法大学出版社 .2003.

[195] National Research Council. A Review of the Florida keys Carrying Capacity Study [C]. Washington D.C.. National Academy Press, 2002.

[196] New Delhi declaration. International conference on sustainable development of water resources [C], New Delhi, 2000.

[197] Pablo del Monte-Luna, Barry W. Brook, Manuel J. Zetina-Rejón, et al. The carrying capacity of ecosystems [J]. Global Ecology and Biogeography, 2004, 13(6): 485-495.

[198] Paul L. Errington. Vulnerability of Bob-White Populations to Predation [J]. Ecology, 1934, 15: 110-127.

[199] Paul R. Ehrlich, John P. Holdren. Impact of Population Growth [J]. Science, New Series, 1971. 171 (3977): 1212-1217.

[200] Raymond Pearl, Lowell J. Reed. On the Rate of Growth of the Population of the United States [J]. Proceedings of the National Academy of Sciences, 1920, 6: 275-288.

[201] Rees W. E.. Revisiting carrying capacity: area based indicators of sustainability [J]. Population and Environment. 1996.17 (3): 195-215.

[202] Rijsberman, et al. Different approaches to assessment of designed management of sustainable urban water system [J]. Environment Impact Assessment Review, 2000, 129 (3): 333-345.

[203] Robert Engelmann, Pamela LeRoy. Sustaining water population and the Future of Renewable water Supplies [R]. Population and Environment Program, population Action International, 1993.

[204] Saveriades A.. Establishing the social tourism carrying capacity for the tourist resorts of east coast of the Republic of Cyprus [J]. Tourism Management, 2000, 21 (2): 147-156.

[205] Seidl I., Tisdell C.. Carrying Capacity Reconsidered: From Malthus' Population Theory to Cultural

Carrying Capacity [J]. Ecological Economics, 1999, 31: 395-408.

[206] T. Sawunyama, A. Senzanje, A. Senzanje, A. Mhizha. Estimation of small reservoir storage capacities in Limpopo River Basin using geographical information systems (GIS) and remotely sensed surface areas: Case of Mzingwane catchment [J]. Physics and Chemistry of the Earth, Parts A/B/C. 2006, 31 (15-16): 935-943.

[207] UN. The Millennium Development Goals Report 2011 [R].Mexico, 2011.

[208] UN. Water development and management[C]. Proceedings of UN Water Conference 1977, part 4.Oxford: Programon Press, 1978.

[209] UNESCO FAO. Carrying capacity assessment with a pilot study of Kenya: A resource accounting methodology for exploring national options for sustainable development [M]. Paris and Rome, 1985.

[210] United Nations (Commission of Sustainable Development) .Comprehensive assessment of the freshwater resources of the world [R]. 1977.

[211] United Nations. Indicators of Sustainable Development: Guidelines and Methodologies [C]. Washington D.C.: United Nations, 2001.

[212] Wackernagel M., Rees W. E.. Perceptual and structural barriers to investing in natural capital: economics from an ecological footprint perspective [J]. 1997. Environmental Initiatives, Toronto. 4-12.

[213] Water, a Shared Responsibility, The United Nations World Water Development Report 2[R/OL]. http: //www.unesco.org/water/wwap/wwdr2/pdf, 2006-04-28.

[214] Whipple W Jr. et al. A proposed Approach to Coordination of Water Resources Development and Environmental Regulations [J]. Journal of the American Water Resource Association, 1999, 35 (4).

[215] William E. Rees. Ecological footprints and appropriated carrying capacity: what urban economics leaves out [J]. Environmental Studies, 1992, 4 (2): 121-130.

[216] World Bank, Addressing China's Water Scarcity: Recommendations for Selected Water Resource Management Issues [R].2009.

[217] World Health Organization. Guidelines for Drinking Water Quality (2nd edition) [R].1993, Recommendations. Geneva: WHO, 1993.

[218] World Water Council. World water vision 2025 [M].Earthscan Publications Ltd., 2000.

附件　部分彩图

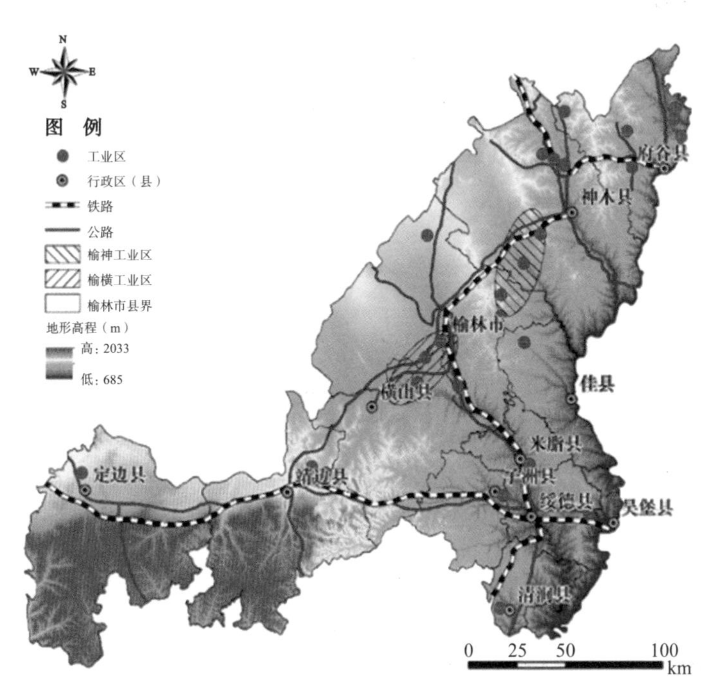

图 1-4　榆林市各区县现有园区交通区位优势图

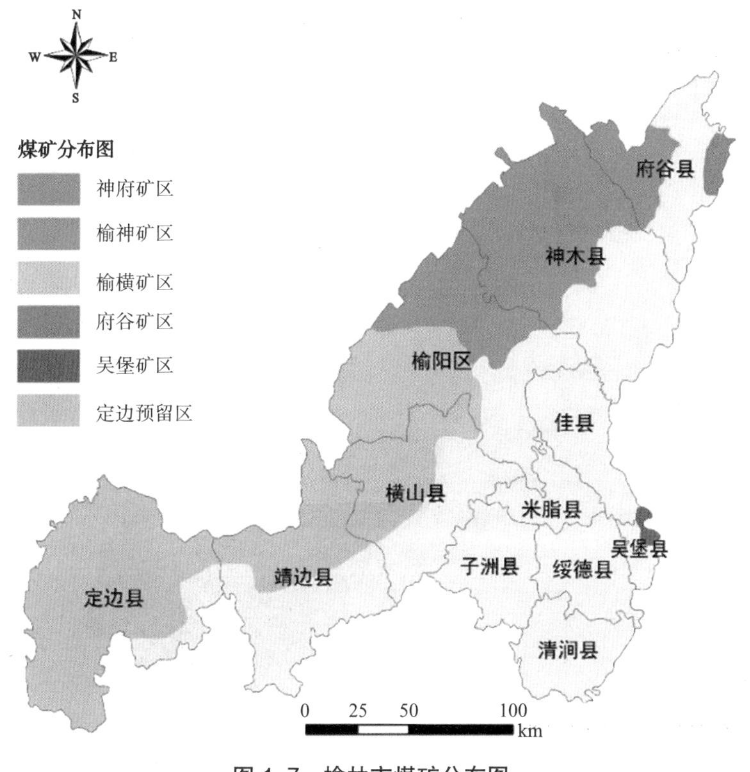

图 1-7　榆林市煤矿分布图

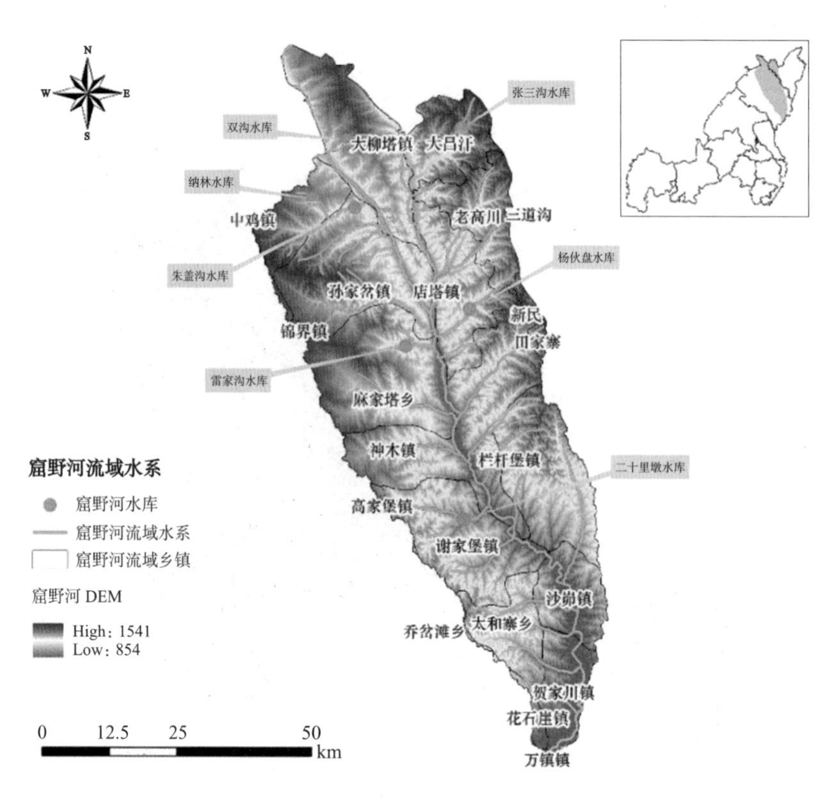

图 4-2 窟野河流域水系图

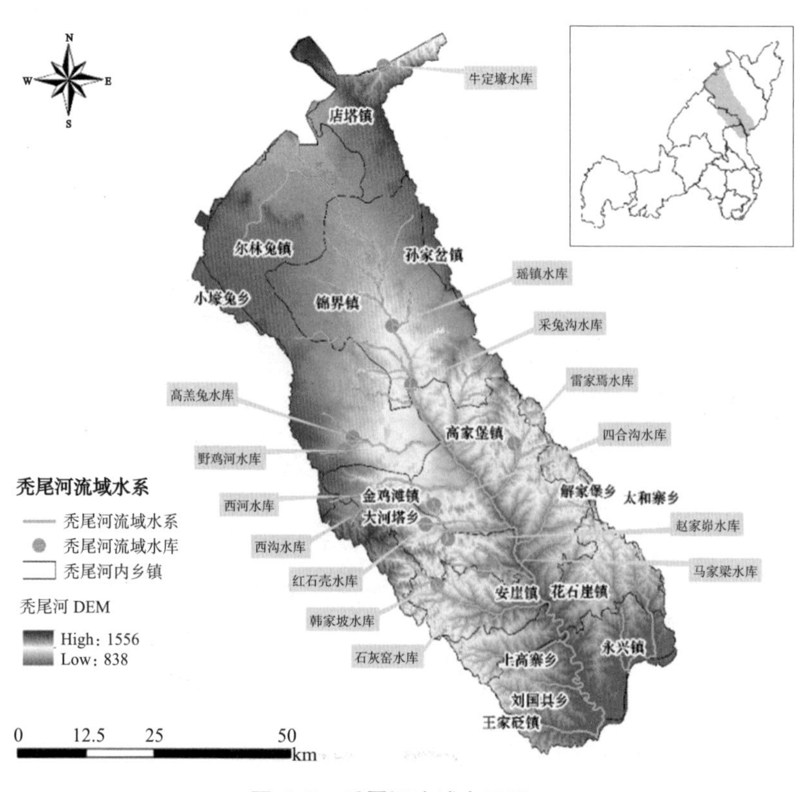

图 4-3 秃尾河流域水系图

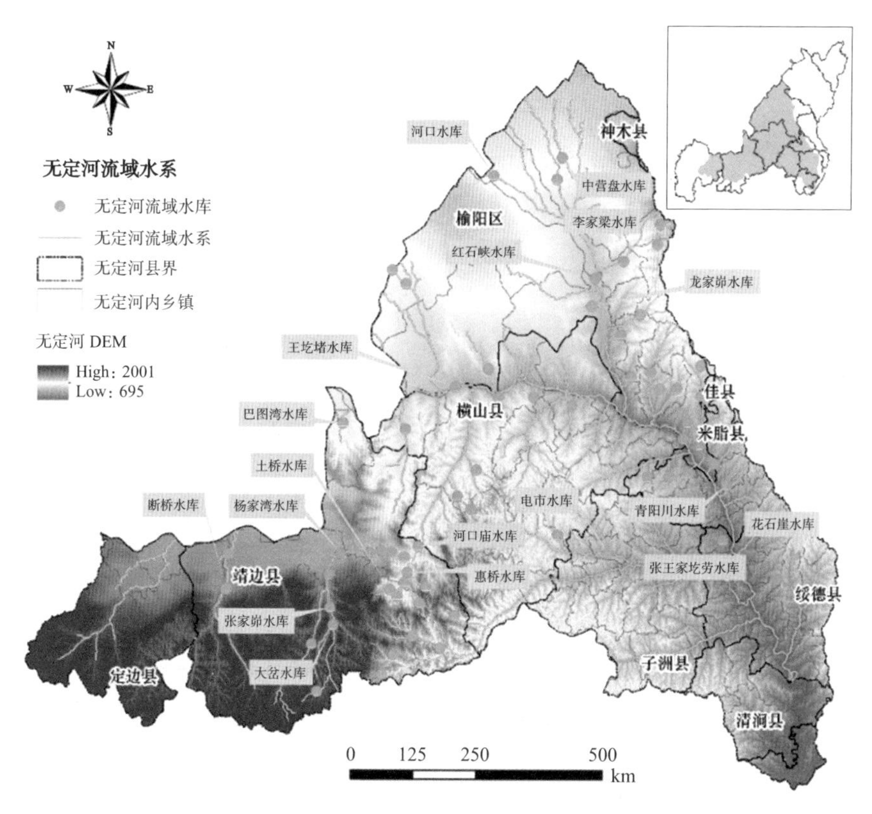

图 4-4　无定河流域水系图

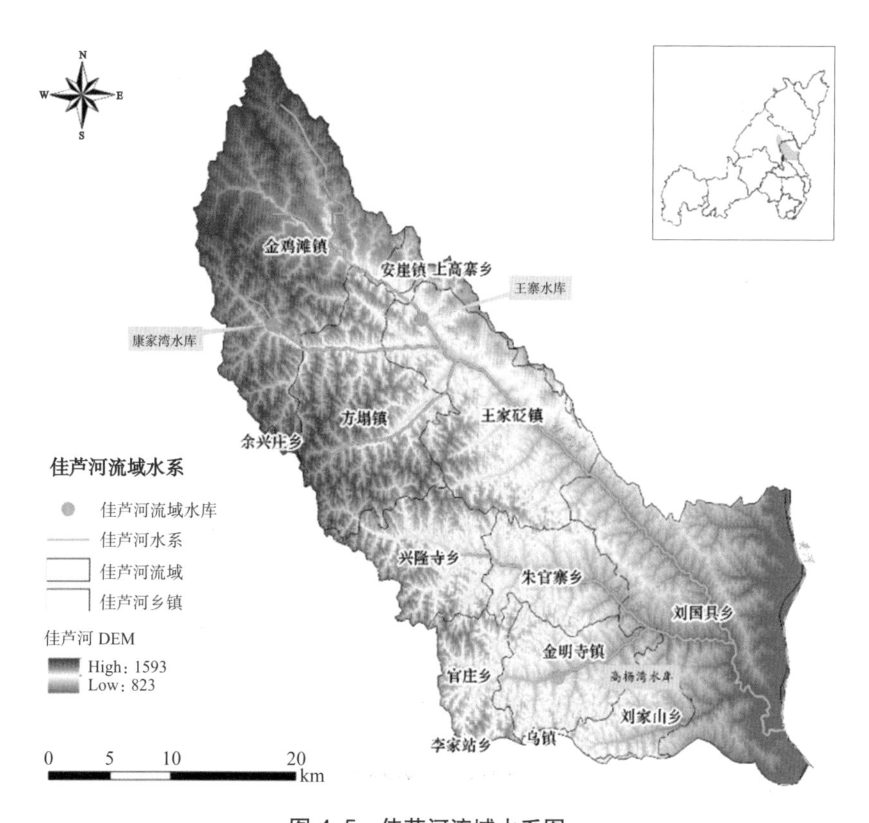

图 4-5　佳芦河流域水系图

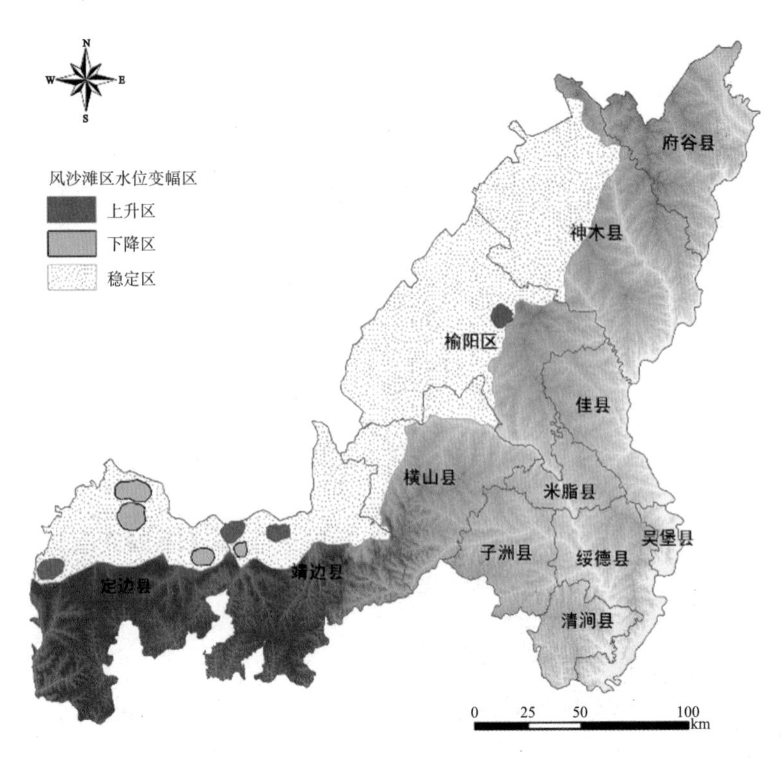

图 4-9　榆林市风沙草滩区地下水水位变幅示意图

（资料来源：根据陕西省地下水管理监测局 2010 年第一期地下水通报数据绘制）

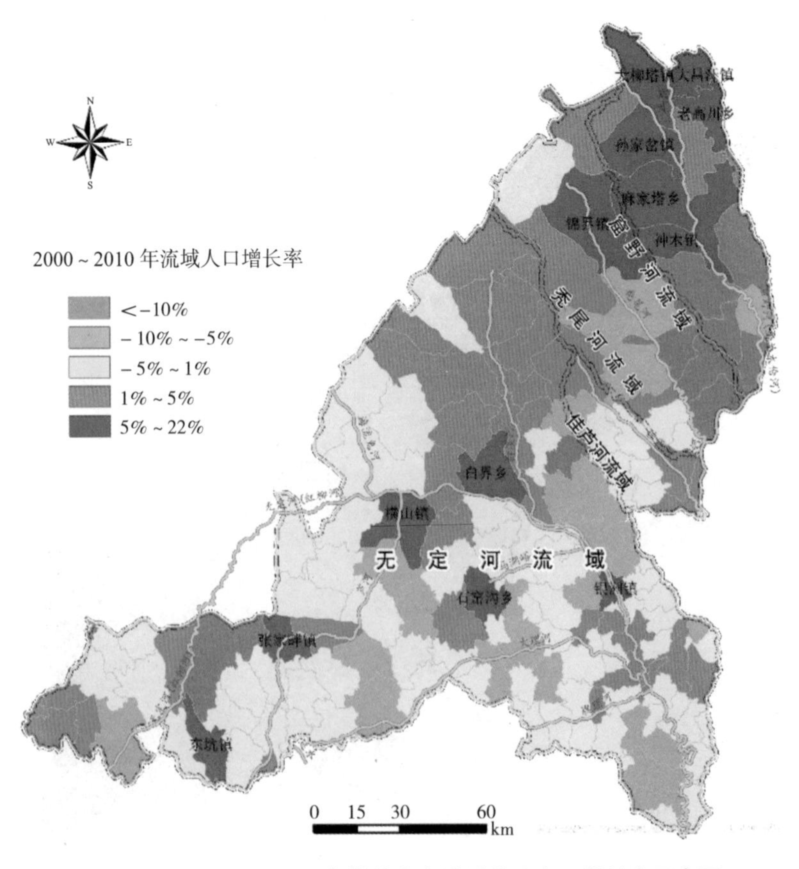

图 5-2　2000 ~ 2010 年榆林市各流域分区人口增长率示意图

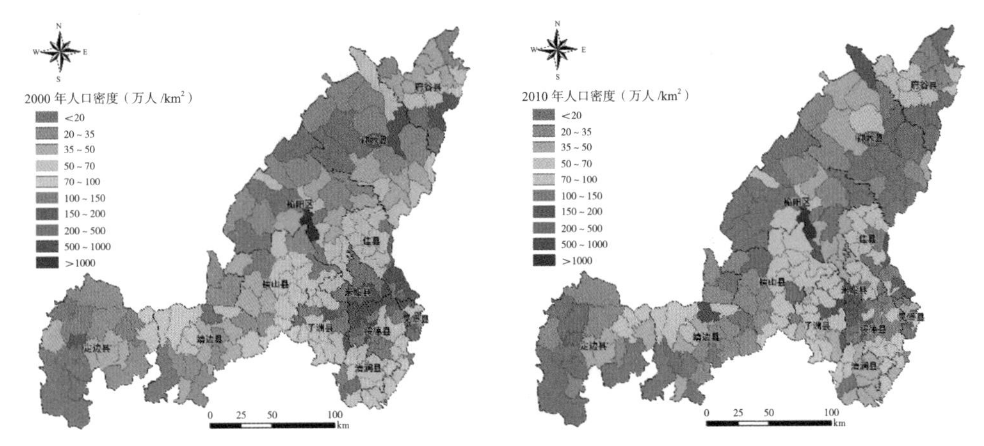

图 5-3　2000 年、2010 年榆林市分乡镇人口密度空间分异图

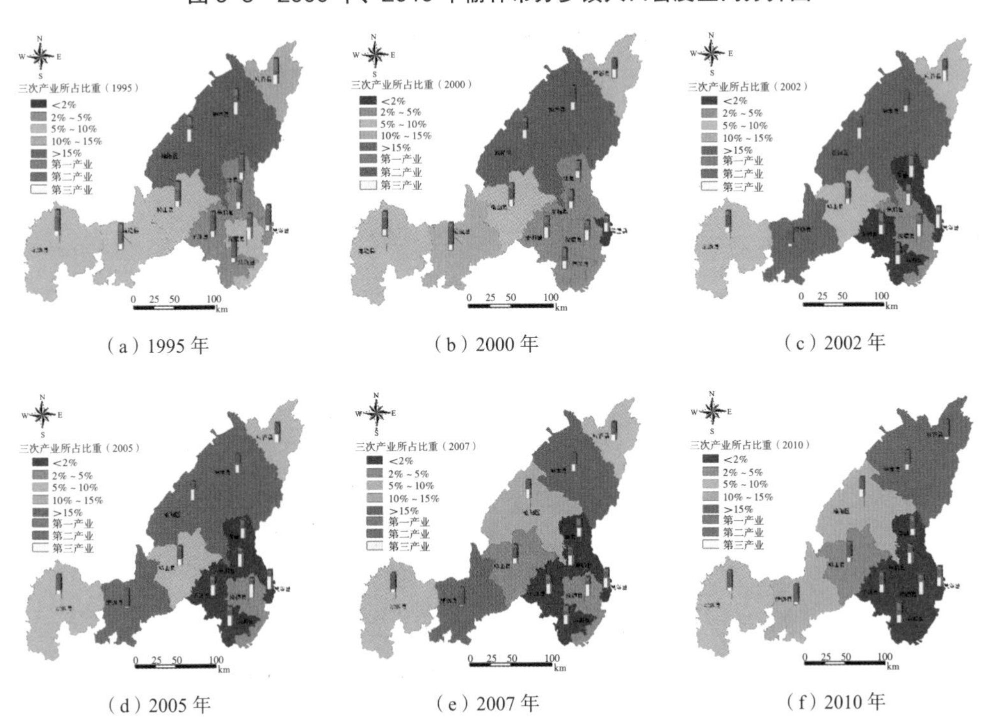

（a）1995 年　（b）2000 年　（c）2002 年

（d）2005 年　（e）2007 年　（f）2010 年

图 5-15　1990 ~ 2010 年榆林市各县区三次产业所占全市 GDP 比重变化图

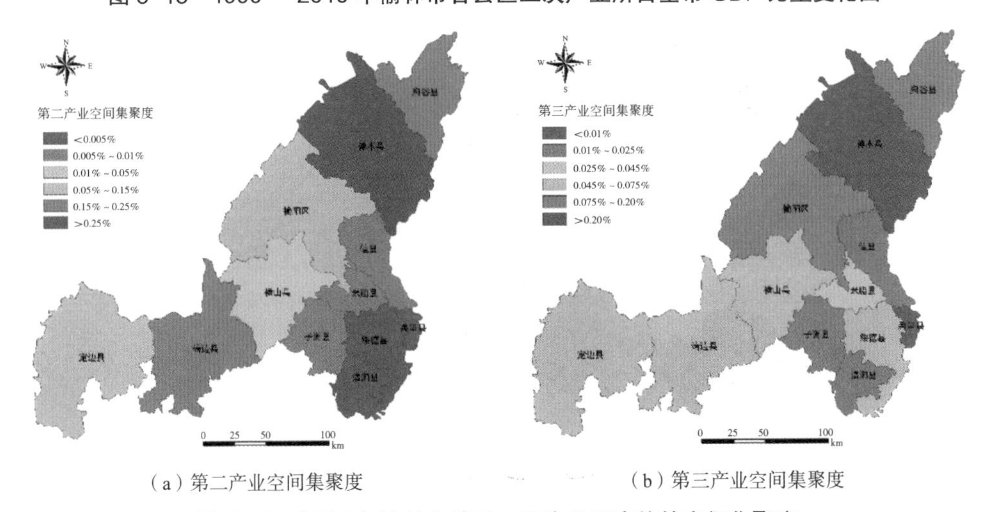

（a）第二产业空间集聚度　（b）第三产业空间集聚度

图 5-16　2010 年榆林市第二、三产业总产值的空间集聚度

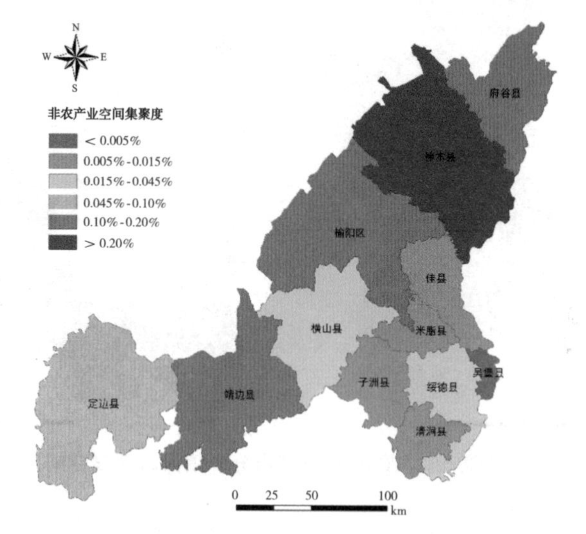

图 5-17　2010 年榆林市非农产业总产值的空间集聚度

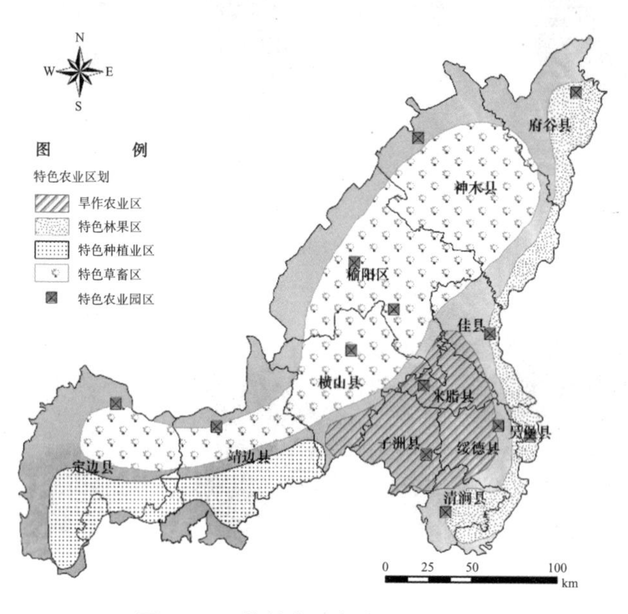

图 5-22　榆林市特色农业区划图

（资料来源：榆林市农业局，2009）

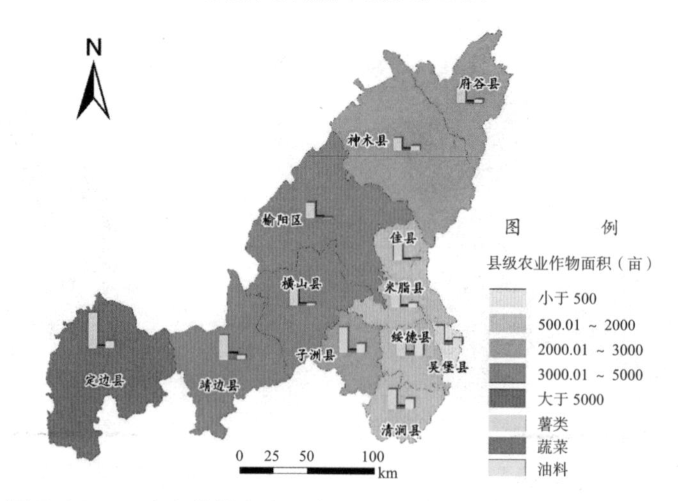

图 5-27　2010 年榆林市分县（区）农作物种植面积的分布情况图

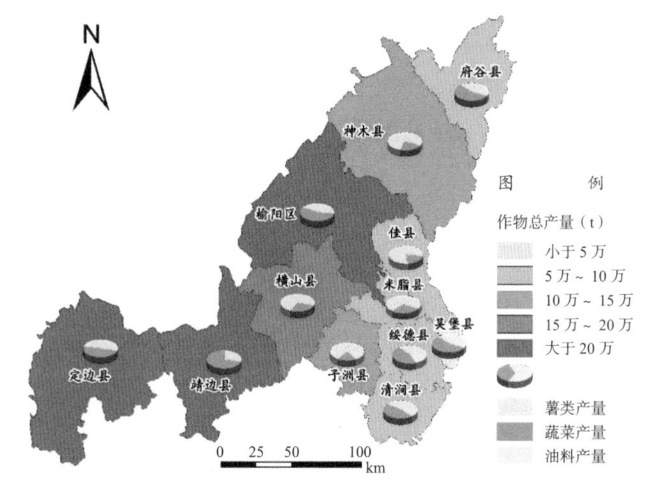

图 5-30　2010 年榆林市分县（区）农作物产量分布情况图

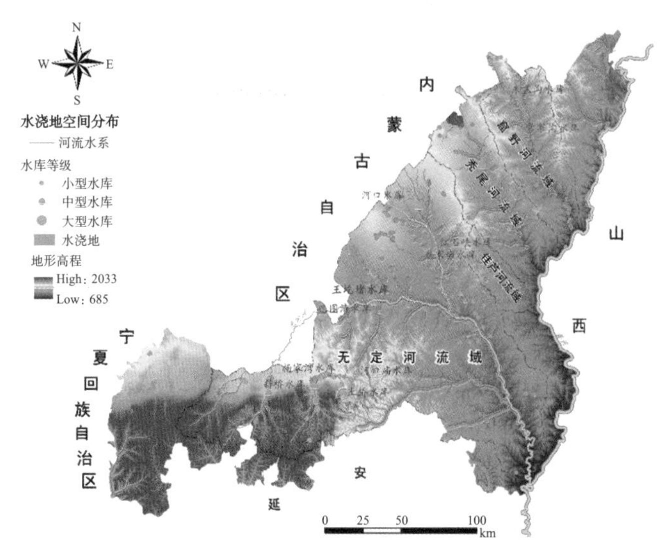

图 5-31　榆林市各流域水浇地空间分布图

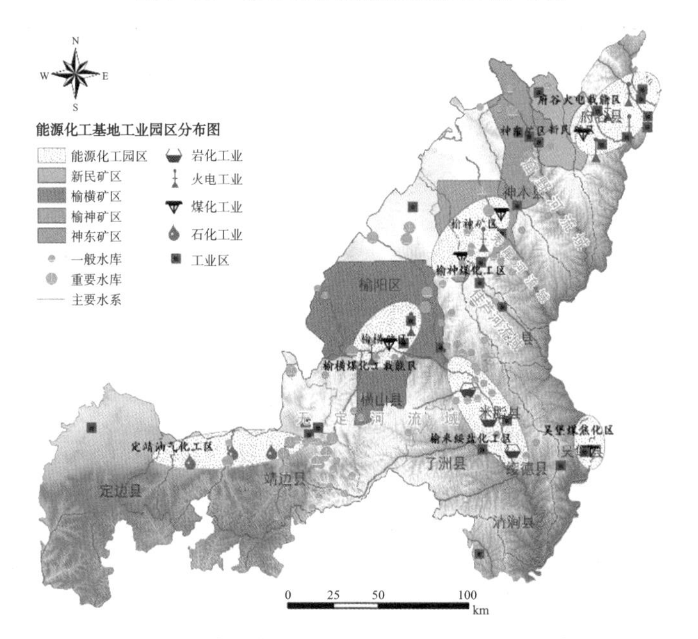

图 5-37　榆林市能源化工工业与主要矿区分布图

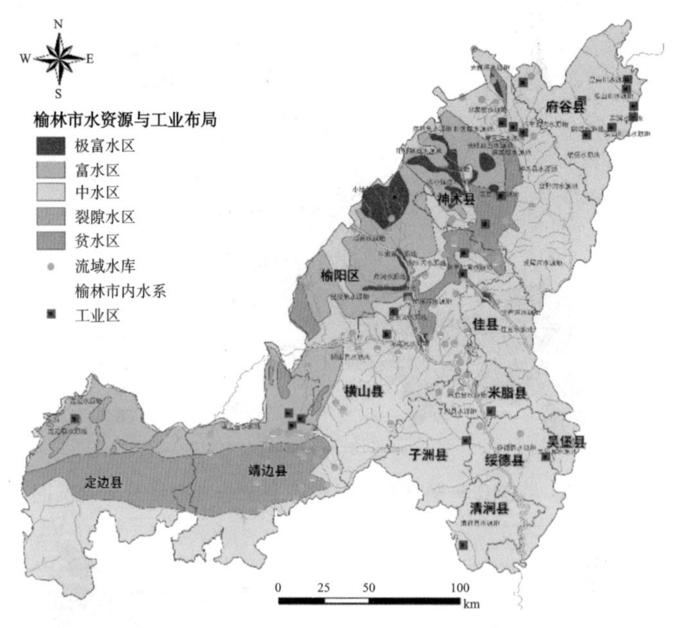

图 5-39　榆林市水资源与工业区分布图

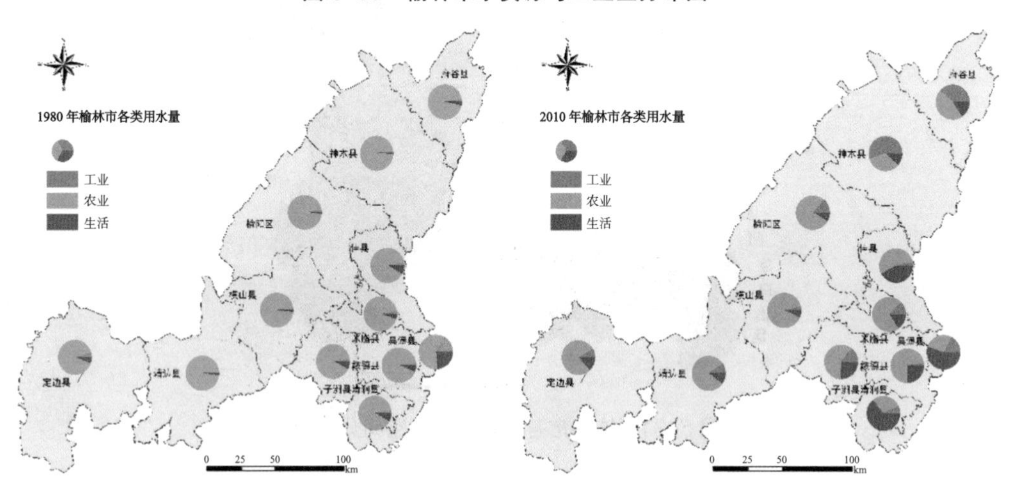

图 7-5　1980 ~ 2010 年榆林市分类用水量的空间分布图

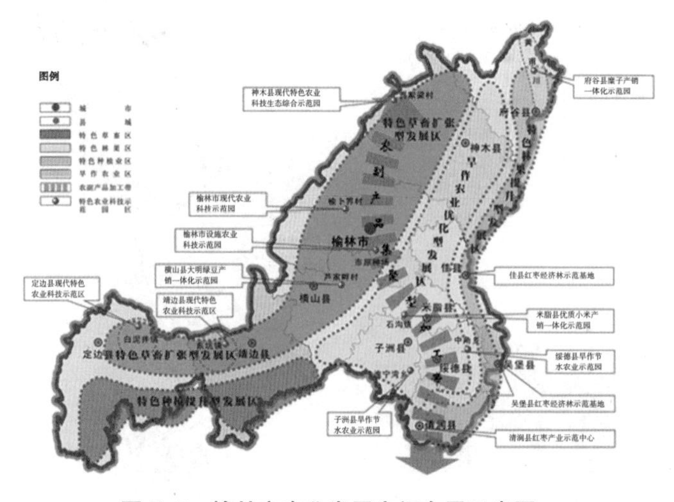

图 7-7　榆林市农业发展空间布局示意图

（资料来源：根据 2010 年《榆林市国民经济社会发展总体规划》）